FISCHE
im Aquarium

DER GROSSE NATURFÜHRER

FISCHE
im Aquarium

Arten · Pflege · Ernährung · Fortpflanzung
Kalt-, Warm- und Salzwasserbecken

Mauro Mariani

Fotografien von
Carlo Dani

VERLEGT BEI
KAISER

Titel des italienischen Originals: »Pesci d'Acquario«
Einzig berechtigte Übertragung aus dem Italienischen:
Mag. Ruth Karzel
Fachlich redigiert: Oberstudienrat Mag. Klaus Kugi

Redaktion: Valeria Camaschella
Bildredaktion: Centro Iconografico dell' Istituto Geografico De Agostini
Bildnachweis: Fotos von Carlo Dani mit Ausnahme von: E. Cozzi (Seiten 72, 109);
Farabolafoto/E. Malagodi (Seite 209); Jacana (Seite 142);
Oxford Scientific Films/Max Gibbs (Seiten 123, 126, 140, 152, 157,
172/73, 197 (oben), 219); G. H. Thompson (Seite 143)
Herausgegeben von: Studio Booksystem, Novara

Deutsche Erstausgabe

Inhaltsverzeichnis

Deutsches Artenverzeichnis
Fische – Pflanzen – Wirbellose

**(Am Anfang jeder Beschreibung befindet sich unter dem Titel
»Visitenkarte« der deutsche Name der jeweiligen Spezies)**

Einführung

Das Aquarium

DAS BECKEN

Die richtige Auswahl eines geeigneten Beckens ist der erste und wohl wichtigste Schritt für jeden zukünftigen Aquarienliebhaber. Bis vor wenigen Jahren standen noch Becken mit Metallrahmen in Verwendung, in denen seitlich die Glasscheiben verankert waren, während heute ausschließlich Becken aus geklebten Glasteilen in Fachgeschäften angeboten werden. Mit ein wenig Geduld und Geschick kann man auch darangehen, selbst ein Becken zu basteln. In diesem Fall sollte man besonders auf die Wahl des Klebstoffes achten, denn es darf nur Silikonkleber verwendet werden, der für Aquarienbau geeignet ist.

Ein traditionelles Becken hat zumeist die Form eines Quaders (Parallepipeds), wobei Höhe und Tiefe gleich groß sein sollten, um eine vollständige Beleuchtung und eine gute Wasserzirkulation zu gewährleisten. Jedes Aquarium muss unbedingt auf einer robusten Unterlage stehen, die dem großen Gesamtgewicht des Beckens in gefülltem Zustand standhält. Das Wasservolumen in Litern und damit dessen Masse erhält man, indem man die drei Maße des Beckens, Länge, Breite und Höhe (in Dezimetern) miteinander multipliziert. Das Produkt dieser Multiplikation ergibt die Masse des Wasserkörpers, denn ein Liter Wasser entspricht ungefähr einem Kilogramm Masse. Dazu kommt noch die Masse des Beckens selbst.

Eine wesentliche Entscheidung für den Aquarianer ist die Wahl des Platzes, an dem das Becken aufgestellt werden soll. Ideal ist ein nicht zu stark von der Sonne beschienener Standort im Bereich einer Steckdose, der nicht zu nahe an Heizkörpern gelegen ist. Auf Seite 2 eine Gruppe von Goldfischen.

9

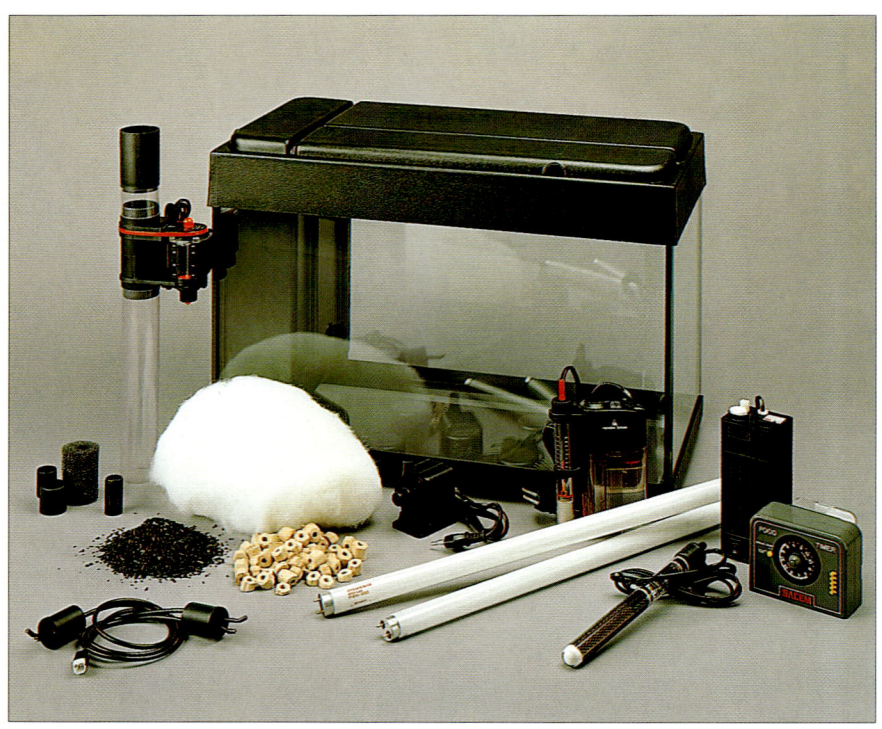

Kleines Aquarium und dafür notwendige Utensilien: Filtermaterialien (synthetische Wolle und Aktivkohle), Leuchtstoffröhren, Thermostat, Zeitschaltuhr usw.

AUFSTELLUNG DES BECKENS

Seit Ganzglasbecken in den unterschiedlichsten Formaten und Größen im Handel angeboten werden, ist es nicht schwer, ein zu den besonderen architektonischen Gegebenheiten der eigenen Wohnung passendes Aquarium zu finden. Darüber hinaus gibt es eine breite Palette von Unterstellschränken, die sich perfekt in jedes Ambiente einfügen.

Bei der Wahl für den Aufstellungsort eines Beckens gilt es einige Grundregeln zu beachten:

● Der Standort darf nicht zu sonnenbeschienen sein, da intensive Sonnenbestrahlung eine übermäßige Erwärmung des Wassers verursachen kann und darüber hinaus zu einer unerwünschten Vermehrung von Algen führt. Es muss ja nicht erwähnt werden, dass heute jedes Aquarium dank der elektrischen Beleuchtung vom Tageslicht unabhängig ist.

● Aus demselben Grund wie oben sollte das Aquarium weit entfernt von Heizkörpern oder anderen Wärmequellen stehen.

● Ein idealer Aufstellungsort liegt auch in der Nähe eines Wasserabflusses, der zumindest einen teilweisen Wasserwechsel ohne große Umstände ermöglicht.

● Nahe dem Becken muss sich unbedingt eine Steckdose befinden.

● Das Aquarium sollte niemals in der Nähe von wertvollen und empfindlichen Einrichtungsgegenständen wie Teppichen und Antiquitäten stehen, da Wasserspritzer unvermeidlich sind.

● Die Tragfähigkeit des Fußbodens und der Decke ist von allergrößter Bedeutung bei großen Becken, die länger als 140 cm sind. Die Unterlage darf nicht zwischen zwei tragenden Deckenbalken aufgestellt werden.

● Gelegentlich ergibt sich als einziger geeigneter Aufstellungsort die Wand gegenüber einem Fenster, welches sich dann allerdings immer auf dem Glas des Aquariums spiegelt. Um diese Störung zu vermeiden, kann man die Frontscheibe des Aquariums um ca. 10–15° neigen, sodass der Reflex nicht auf das Auge des Betrachters trifft.

VOR- UND NACHTEILE DER HÄUFIGSTEN BECKENTYPEN

BECKENTYP	VORTEILE	NACHTEILE
ganz aus dickem Spezialglas	modern, geeignet für jedes Ambiente	schwer, weil es dicke Scheiben erfordert; empfindliche Ecken
ganz aus Normalglas	leicht zu bewegen, kann ohne Probleme sterilisiert werden; für die Fortpflanzung geeignet	beschränkte Kapazität; eher zerbrechlich
aus Kunststoff	sehr leicht; als Reservebecken geeignet	beschränkte Kapazität; leicht zerkratzbar
aus Glas mit Kunststoffrahmen	leicht	nur für kleine Becken geeignet
aus Glas mit Metallrahmen	robust, auch dank des Eckenschutzes	aufgrund der Gefahr einer Vergiftung des Wassers mit Metallionen vom Markt fast verschwunden
Becken, in ein Möbel integriert	sehr dekorativ, fügt sich elegant in die Einrichtung	ziemlich teuer; beansprucht viel Raum

DIE FILTERANLAGE

Der Filter hat die Aufgabe, das ökologische Gleichgewicht im Aquarium aufrechtzuerhalten, was in der Natur durch Mikroorganismen besorgt wird, die organische Abfallsubstanzen zu einfachen anorganischen Substanzen abbauen. Im Becken kann dieses System nicht im Gleichgewicht bleiben, da die Besatzdichte der Fische immer höher ist als in einem vergleichbaren Wasservolumen in freier Natur. Ein Becken kann optisch wohl sauber erscheinen, aber dennoch für Fische lebensbedrohlich hohe Ammoniakkonzentrationen oder Nitrit aufweisen, die notwendigerweise schon vor deren Anhäufung eliminiert werden müssen, indem man das Wasser durch ein oder mehrere Filtermaterialien schleust.

Es gibt drei Haupttypen von Filtern, mechanische, chemische und biologische Filter. Die für Aquarien verwendeten Systeme sind gewöhnlich eine Kombination aus zumindest zweien von ihnen.

Durch **mechanische Filter** werden die im Wasser schwebenden festen Partikel aufgefangen und anschließend bei der Filterreinigung entfernt. Die für diesen Filtertyp am häufigsten verwendeten Filtermaterialien sind synthetische Wolle, Polyesterschaum, Kies und Sand.

Chemische Filter enthalten Materialien, die die Zusammensetzung des Wassers verändern können. So wird zum Beispiel durch die Verwendung von Torf oder kalkhaltigem Material der pH-Wert (Säure-Basen-Wert) verändert, durch Ionenaustauscher aus Kunstharz die Wasserhärte reduziert. Stoffwechselprodukte wie Kohlendioxid und Ammoniak werden mit Aktivkohle oder Zeolithen eliminiert. Chemische Filter halten darüber hinaus auch kompakten *Detritus* (organische Partikel) fest.

Biologische Filter gewährleisten Bedingungen, die für das Wachstum eines natürlichen, am Stickstoffkreislauf beteiligten Bakterienbestands geeignet sind, das heißt, sie bieten Oberflächen für die Ansiedelung eines Bakterienrasens, liefern organische Substanz für deren Abbautätigkeit und eine konstante Sauerstoffzufuhr. Den Filter bildet das Substrat selbst, während der Wasserdurchfluss den Bakterien eine konstante Zufuhr von Stoffwechselendprodukten und Sauerstoff bietet. Eine biologische Filterung findet automatisch in jedem mechanischen oder chemischen Filter statt, der genügend lange im Einsatz ist, um die Entwicklung eines Bakterienrasens zu ermöglichen.

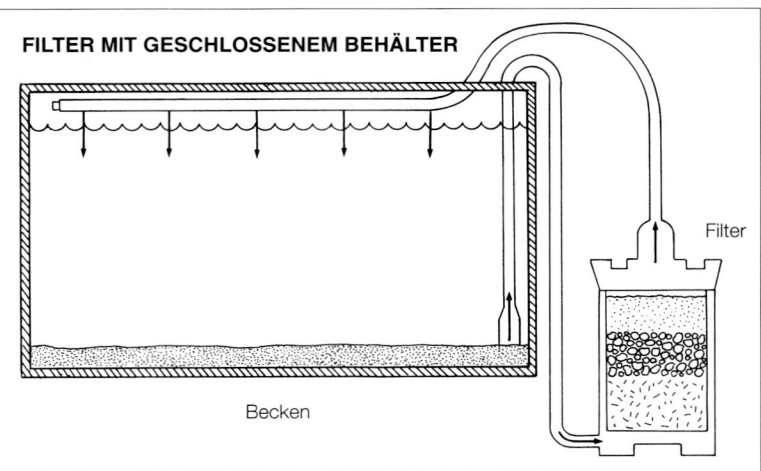

FILTER MIT GESCHLOSSENEM BEHÄLTER

Filter

Becken

Rechts: Filter im geschlossenen außen liegenden Behälter: Nachdem das Wasser aus dem Becken angesaugt und filtriert wurde, fließt es über ein durchlöchertes Rohr wieder ins Aquarium zurück. Unten zwei Bodenfilter: oben der gewöhnliche Typ, unten einer mit Turbine.

DIE FILTER

Die Leistungsfähigkeit eines Filters wird einerseits von der Größe des Beckens, andererseits aber vor allem von der Anzahl der darin lebenden Organismen und damit von der Menge der produzierten Ausscheidungsstoffe bestimmt. In jedem Fall sollte der Filter so wirksam wie möglich sein, mit Ausnahme von Becken mit besonders reicher Vegetation. Im Folgenden listen wir die am häufigsten verwendeten Filtersysteme und ihre Grundmerkmale auf.

Es gibt **Filtersysteme in geschlossenen Behältern,** welche das komplette Filtermaterial und auch eine elektrische Pumpe für die Wasserzirkulation enthalten.

Sie können als Außenfilter ausgeführt sein, mit Ansaug- und Rückflussrohren ins Aquarium, oder als Innenfilter, die mit Ansaugschlitzen und einer Ausströmöffnung aus der Pumpe versehen sind. Bei beiden handelt es sich um Systeme, die sowohl mechanisch als auch biologisch Filterung bewerkstelligen und auch chemisch aktiv werden können.

Bodenfilter bestehen aus einem Kunststoffgitter, das zwischen Aquariumboden und Substrat eingebracht wird. Sie haben eine oder mehrere Ausströmöffnungen. Das Wasser wird durch das Bodensubstrat hindurch nach unten angesaugt, gefiltert und kehrt durch die Ausströmöffnungen gesäubert in den Kreislauf zurück. Das Bodenmaterial des Beckens fungiert hier sozusagen als

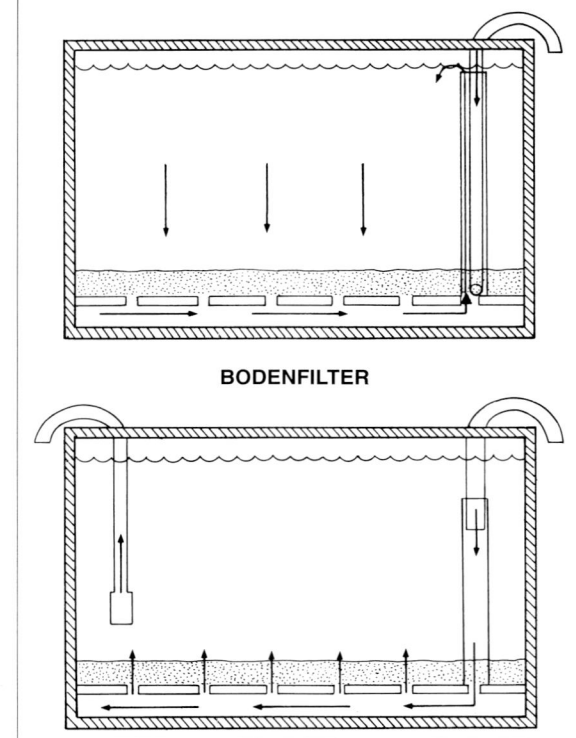

BODENFILTER

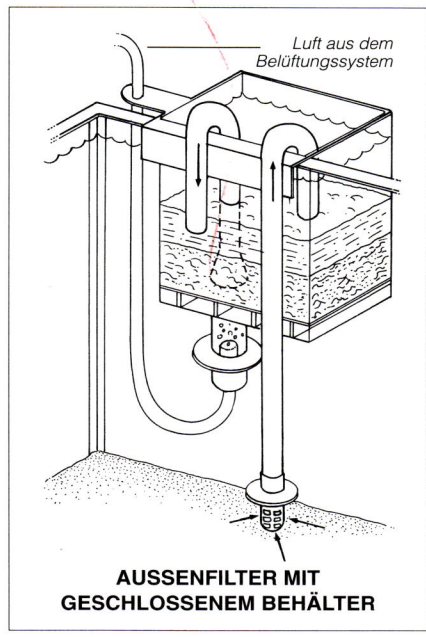

Luft aus dem
Belüftungssystem

**AUSSENFILTER MIT
GESCHLOSSENEM BEHÄLTER**

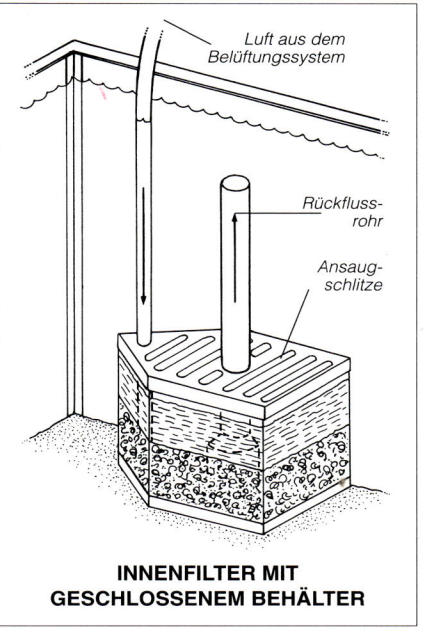

Luft aus dem
Belüftungssystem

Rückfluss-
rohr

Ansaug-
schlitze

**INNENFILTER MIT
GESCHLOSSENEM BEHÄLTER**

Filter sowohl mit biologischer als auch mechanischer und gelegentlich auch chemischer Funktion. Um eine maximale Wirksamkeit dieses Filtertyps zu garantieren, sollte das Substrat in einer Dicke von mindestens 5 bis 7,5 cm aufgebracht werden. *Detritus* wird optimal abgefiltert, und den Bakterien steht zur Besiedelung eine große Oberfläche zur Verfügung. Der Hauptnachteil dieses Filtersystems besteht in der Notwendigkeit, das ganze Becken leeren zu müssen, sobald das System verstopft ist oder gereinigt werden soll.

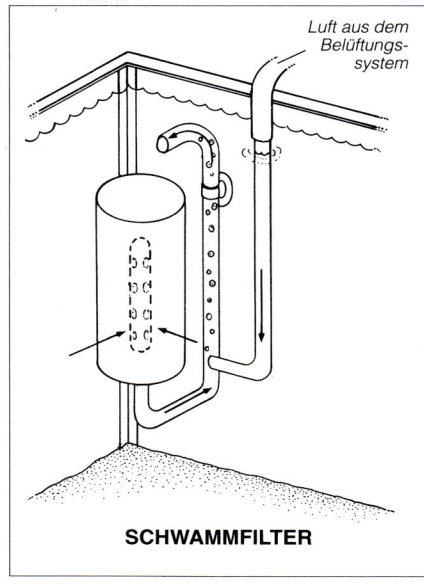

Luft aus dem
Belüftungs-
system

SCHWAMMFILTER

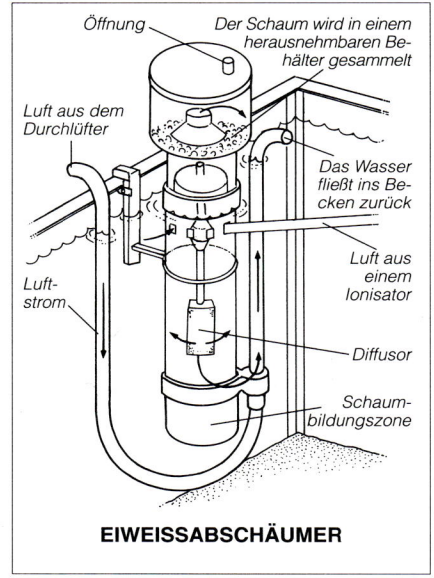

Öffnung

Der Schaum wird in einem
herausnehmbaren Be-
hälter gesammelt

Luft aus dem
Durchlüfter

Das Wasser
fließt ins Be-
cken zurück

Luft aus
einem
Ionisator

Luft-
strom

Diffusor

Schaum-
bildungszone

EIWEISSABSCHÄUMER

DURCHLÜFTUNG

Fast alle Wasserorganismen, mit Ausnahme einiger Bakterien, sind aerob, das heißt, sie brauchen Sauerstoff, um leben zu können. Unter Atmung versteht man nicht nur die Aufnahme des Sauerstoffes, der bei Fischen beispielsweise durch die Kiemen bewerkstelligt wird, sondern die Gesamtheit aller Stoffwechselreaktionen, die Sauerstoff benötigen, um die energiehaltigen organischen Substanzen unter Energieproduktion zu Kohlendioxid und Wasser abzubauen.

Es ist äußerst wichtig, dass das Wasser stets eine geeignete Menge Sauerstoff enthält, von der sowohl das Leben der im Becken vorhandenen Großorganismen als auch das richtige Agieren der Bakterien im Filter abhängt. Sauerstoff wird einerseits von Wasserpflanzen und Algen produziert, die das Aquarium besiedeln, löst sich andererseits aber dank des Gasaustausches, der an der Oberfläche zwischen dem Wasser und der Außenluft stattfindet, aber auch in gewissen Mengen.

Der Zweck der ständigen Durchlüftung ist vielfältig und dient dazu

● einen Wasserstrom im Becken zu erzeugen und damit eine vollständige Durchwälzung des Wassers zu gewährleisten;
● die Wasseroberfläche in Bewegung zu bringen, um den Gasaustausch mit der darüber liegenden Luft zu erleichtern;
● die Funktion der meisten Filteranlagen zu sichern und deren Leistung zu verbessern.

Die Funktion des Belüftungssystems ist sehr einfach: Eine Luftpumpe saugt die Luft an und leitet sie in eine Reihe von Röhrchen, die ihrerseits in »poröse Steine« münden, welche aus mineralischem Material bestehen. Die Luft, die durch die Poren streicht, tritt in Form kleinster Bläschen ins Wasser aus, welche sich nach oben bewegen, wobei sie das Wasser mit sich reißen und so eine aufsteigende Strömung erzeugen, die die Oberfläche stetig kräuselt. Die Wahl des richtigen Durchlüfters wird bestimmt durch den Wasserdruck (Tiefe des Beckens) und den Strömungswiderstand im Rohr und im porösen Stein. Ganz wichtig ist es, das Durchlüftungssystem immer oberhalb der Wasseroberfläche anzubringen, um zu vermeiden, dass im Falle eines Stillstands der Pumpe das Wasser entlang des Schlauches zurückfließt und Überschwemmungen anrichtet.

DER BODENGRUND

Die korrekte Einrichtung eines Aquariums erfordert auch den sorgfältigen Nachbau natürlicher Lebensräume, so weit es der begrenzte Raum erlaubt. Steine, Sand, Äste und andere Dekorationsmaterialien können dabei mit etwas Gefühl so angeordnet werden, dass sie ein für Fische günstiges Habitat darstellen und gleichzeitig für den Betrachter einen angenehmen ästhetischen Effekt haben.

Gewöhnlicher **Sand,** wie man ihn am Ufer eines Flusses oder eines Sees findet, ist für ein tropisches Süßwasseraquarium deshalb nicht geeignet, da dieser immer kalkhaltiges Material in unterschiedlicher Konzentration enthält. Kalziumsalze sind relativ leicht wasserlöslich und machen das Wasser »hart«, also ungeeignet für tropische Fische, die aus Regionen mit weichem und leicht saurem Wasser stammen. Im Handel sind Quarzsand oder kieselhaltiger Sand, welche die Härte des Wassers nicht verändern, leicht erhältlich. Bei Meeresaquarien hingegen ist unbedingt Sand vonnöten, der reich an kalkhaltigen Materialien wie z. B. Korallenbruchstücken ist, um den pH-Wert des Meerwassers (generell zwischen 8,1 und 8,4) konstant zu halten.

Schön gezeichnete **Steine** haben im Aquarium die Funktion einer »Einrichtung« und sind vor allem dann nützlich, wenn es im Becken revierbildende Fische gibt. Darüber hinaus können Gesteinsbruchstücke angeordnet werden, dass sich Spalten und Verstecke für kleinere oder scheuere Fische bilden. Auch für Paare, die in Höhlen ablaichen und ihren Nachwuchs schützen, sind sie von großem Nutzen. Man muss die Steine unbedingt so anordnen, dass das Wasser gut zirkulieren kann und die Höhlungen und Spalten gut einsehbar sind. Eine der größten Gefahren besteht oft darin, dass ein Fisch in seinem Unterschlupf stirbt und dann der faulende Kadaver das ganze Wasser verpestet.

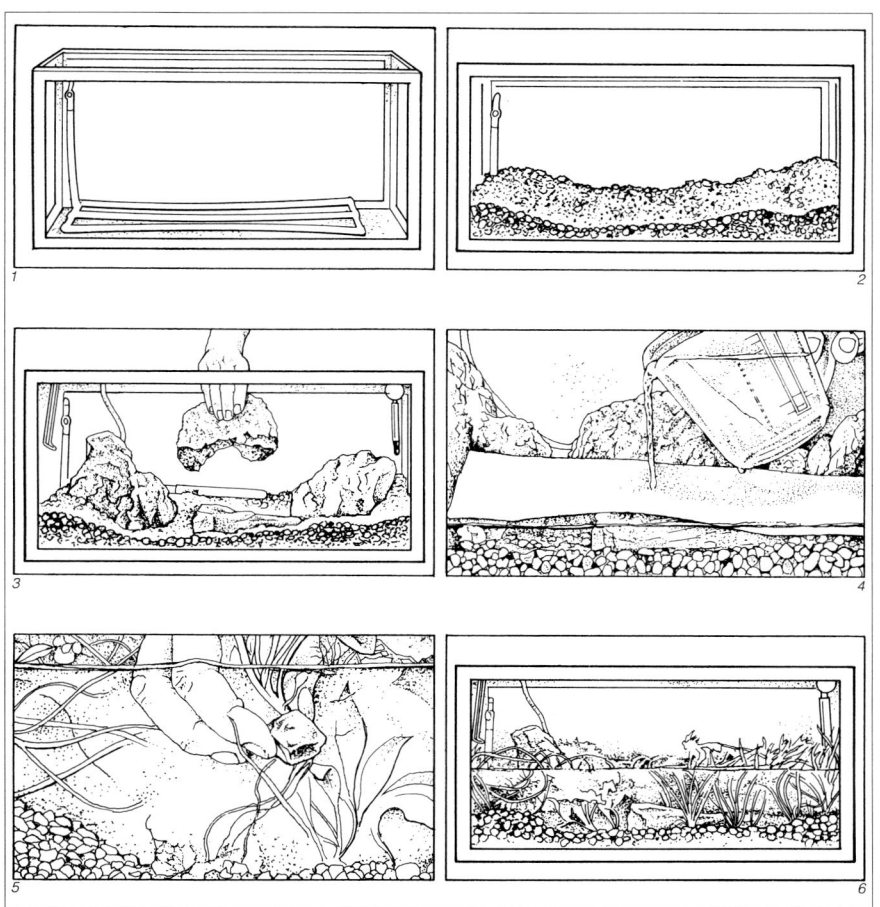

Will man tropische Süßwasserfische halten, die aus Regionen mit reicher Unterwasservegetation kommen, sollte man das Aquarium mit **Holzstücken** oder **Wurzeln** ausstatten, die für diesen Zweck erworben oder am Ufer eines Flusses gefunden wurden. Abgesehen von ihrem ästhetischen Effekt sorgen die Holzstücke auch dafür, dass sich aus ihnen langsam jene Substanzen lösen, die für das Habitat des überschwemmten Regenwaldes charakteristisch sind. Verzweigte Äste können verschiedene Räume abgrenzen, die sich revierbildende Fische angeeignet haben.

Korallenfische leben in der Natur zwischen den Ästen der **Steinkorallen:** in dafür spezialisierten Geschäften kann man Steinkorallenskelette kaufen. Mit ihren Verzweigungen in den unterschiedlichsten Formen tragen sie zweifellos zur Verschönerung des Aquariums bei, können aber gefährlich werden. Werden lebende Korallenstücke getrocket, so enthalten sie meist noch die organische Substanz jener Hohltiere, die sie »gebaut« haben. Um ein Faulen im Wasser zu verhindern, ist es absolut unerlässlich, diese vorher zu entfernen.

Die **Schalen** und **Gehäuse** aller Weichtiere bestehen aus Kalk und können daher im Wasser ebenfalls jene Ionen freisetzen, die für die Fische aus den Korallenriffen lebensnotwendig sind. Ein großes Gehäuse einer Meeresschnecke kann sowohl als Einrichtung für das Becken als auch als Unterschlupf für Fische dienen. Einziger Nachteil: das in der Höhlung stagnierende Wasser.

Die Einrichtung eines Aquariums erfordert ein besonders sorgfältiges Vorgehen, wie die komplette Reinigung aller Teile, die mit dem Wasser in Berührung kommen (1). Daher müssen zuerst Sand oder Kies (2), dann die Steine (3), etwas Wasser (4) und schließlich die Wasserpflanzen (5 und 6) eingebracht werden.

15

DIE BELEUCHTUNG

Das Becken des Aquariums muss unbedingt mit einer Beleuchtungsanlage versehen werden, weil Licht für das Überleben von Tieren und Pflanzen von großer Bedeutung ist. Das Licht hat zwei Aufgaben: erstens soll es die Schönheit des Aquariums voll zur Entfaltung bringen und zweitens soll es die Photosynthese der pflanzlichen Organismen ermöglichen. Während dieses

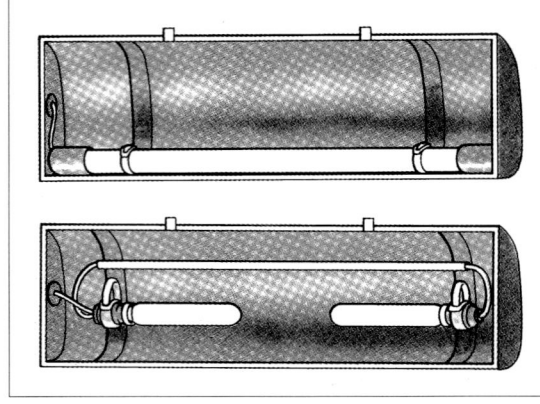

Prozesses verwandeln die Pflanzen Lichtenegie in chemische Energie, sie nehmen aus ihrer Umgebung Wasser und Kohlendioxid auf und erzeugen daraus Zucker und Sauerstoff.

Manchen Pflanzen genügen schon minimale Lichtmengen, um die Photosynthese auszuführen. Sollte das Aquarium zu stark beleuchtet sein, so fördert dies eine exzessive Vermehrung von winzigen Grünalgen, welche die Scheiben des Aquariums als unschöner Belag überziehen.

DIE LAMPEN

Handelsübliche **Leuchtstoffröhren** produzieren ein leicht violettes Licht, welches für das Pflanzenwachstum gut geeignet ist. Sie werden am besten über dem Becken, parallel zur Wasseroberfläche, angebracht. Diese Art der Beleuchtung hat den Vorteil, das Wasser nicht zu erwärmen und wenig elektrische Energie zu verbrauchen. Ein Nachteil besteht darin, dass das Aquarium ein unnatürliches Aussehen bekommt, weil das Licht sehr homogen wirkt, anders als das Sonnenlicht.

Glühlampen, die nur für kleine Becken empfehlenswert sind, bilden bei der Anschaffung die billigste Lichtquelle. Ihr erhöhter Anteil an roten und blauen Wellenlängen fördert jedoch das Pflanzenwachstum nicht unbedingt.

Glühlampen mit eingebautem Reflektor können in einigen Bereichen des Aquariums besondere Lichteffekte erzeugen, müssen jedoch weitab von möglichem Spritzwasser angebracht werden und erfordern daher offene Aquarien.

Quecksilberdampf - Hochdrucklampen (HQL) finden nur bei offenen Aquarien mit speziellen Fassungen Anwendung.

Halogenmetalldampflampen (HQI) mit sehr hoher Lichtleistung werden ebenfalls über offenen Aquarien in besonderen Fassungen angebracht. Unbedingt nötig ist dabei der Einsatz spezieller Filter, um die harten UV-Strahlen zu eliminieren. Diese Lampen erreichen ihre volle Leuchtkraft erst einige Minuten nach dem Einschalten.

Oben zwei Aquarienlampen: eine Leuchtstoffröhre (oben) und zwei Glühlampen (unten). Nebenstehend eine Aquarienheizung mit dazugehörigem Thermostat.

DIE TEMPERATUR

Die richtige Temperatur ist einer der wichtigsten Ökofaktoren für das Aquarium, da diese auch alle anderen Umweltparameter beeinflusst. Organismen tropischen Ursprungs benötigen Temperaturen zwischen 24 und 28 °C und zeigen bei Abkühlung unter 20 °C typische Symptome des Unwohlseins. Im Unterschied dazu tolerieren Organismen aus kalten Meeren und aus dem Mittelmeer Temperaturwerte über 22 °C nicht. Um die Wassertemperatur gleichmäßig hoch zu halten, verwendet man **Heizstäbe,** die durch einen elektrischen Widerstand im Inneren eines Glasrohres Wärme erzeugen und diese an das umgebende Wasser abgeben. Es ist ratsam, ein Modell anzuschaffen, das mit einem regulierbaren **Thermostat** versehen ist, der durch automatisches Ein- und Ausschalten die Einhaltung der optimalen Betriebstemperatur ermöglicht.

Sehr wichtig, bei welchem Typ Heizung auch immer, ist eine gute Wasserzirkulation, um einen Wärmestau und damit das Ausschalten der Anlage zu vermeiden, ehe sich die Wärme im gesamten Becken ausbreiten kann. Heizung, Thermometer und Thermostate müssen stets außerhalb der Reichweite der Tiere im Aquarium angebracht werden, weil diese sie beschädigen könnten. Bei Meeresaquarien empfiehlt es sich, das Becken in einen kälteren, stagnierenden und einen wärmeren, ventilierten Bereich zu unterteilen, da mediterrane Fische an ein winterliches Absinken der Wassertemperatur auf ca. 13 °C gewöhnt sind. Will man künstlich kühlen, so kann das Absinken der Wassertemperatur mit einem selbst gemachten **Kühler** erzielt werden, indem man eine Kühlschlange, durch die kaltes Wasser läuft, ins Aquarium hängt. Die Anschaffung eines teuren Kühlaggregates erübrigt sich dadurch.

DAS ÖKOLOGISCHE GLEICHGEWICHT

Um das Gleichgewicht im Aquarium aufrechtzuerhalten, müssen einige wichtige chemische Parameter unbedingt unter Kontrolle gehalten werden. Analyse und Vergleich der vielen in der Natur existierenden Arten von Wasserlebensräumen zeigen, dass sich die Qualität und Quantität gelöster Gase und Salze sehr unterscheiden. Diese Unterschiede erlauben es uns, den Gewässertyp zuallererst einmal in Süß- und Meerwasser einzuteilen und dann die Klassifizierung verschiedener Untergruppen im Bereich dieser zwei Hauptgruppen durchzuführen.

Die chemische Zusammensetzung besonders von Süßwasser erweist sich von einem Gewässertyp zum anderen als sehr unterschiedlich. Zum Beispiel ist der **pH-Wert** der meisten Flüsse im Amazonasurwald typischerweise sauer, im Durchschnitt liegt er zwischen 5 und 5,6, während er in bestimmten Seen Zentralafrikas fast mit Meerwasser vergleichbar ist, das heißt zwischen 8 und 8,5 liegt. Der pH-Wert des Aquariums sollte praktisch täglich kontrolliert werden, dies vor allem in der Anfangsphase. Die Messung kann mit einem Indikator oder einem geeigneten Mess-Set rasch und einfach durchgeführt werden. Sollten die Werte von den Idealwerten abweichen, muss man sofort mit passenden Korrektiven eingreifen. Die Gründe für ein Variieren des pH-Wertes können vielfältig sein: ein Ansteigen kann zum Beispiel durch eine Anhäufung von Stickstoffverbindungen, durch Algenvermehrung etc. verursacht werden.

Ebenso veränderlich ist die **Wasserhärte,** welche die Menge der im Wasser gelösten Kalzium- und Magnesiumsalze angibt. Es gibt zwei Härtetypen: die permanente Härte (Gesamthärte) und die temporäre Härte (Karbonathärte). Die Gesamthärte (GH) hängt von der Menge an Kalzium und Magnesium ab, die in Form von Chloriden, Sulfaten, Phosphaten etc. vorliegen; die Karbonathärte (KH) hingegen hängt vom vorhandenen Kalziumbikarbonat ab. In der Aquaristik wird die Gesamthärte des Wassers in Deutschen Härtegraden (°dGH) gemessen; 1 °dGH entspricht 10 mg CaO (Kalziumoxid) in 1 Liter Wasser. Das Wasser wird zwischen 0 und 5 °dGH als weich definiert, mäßig hart zwischen 5 und 20 °dGH, hart zwischen 20 und 30 °dGH und sehr hart über 30 °dGH. Die Gewässer der tropischen Regionen sind im Wesentlichen weich, sofern sie durch vulkanische oder kristalline, nicht kalkhaltige Böden fließen. Wenn wir wollen, dass unsere tropischen Fische lange und bei guter Gesundheit am Leben bleiben sollen, dann ist auch eine regelmäßige Kontrolle der Härte des Wassers unerlässlich. Das Trinkwasser in unseren Leitungen kann mancherorts sehr hart sein. In diesem Fall muss man beim Wasserwechsel mit Aqua destillata verdünnen.

Beabsichtigt man, sich der Zucht von Fischen im Aquarium zu widmen, so ist auch die stete Beobachtung anderer chemophysikalischer, an **Sauerstoff** gebundener

MASSNAHMEN ZUR REGULIERUNG IM FALLE VON PROBLEMEN MIT DEN PARAMETERN DES WASSERS

Härte	Senkung	1) Hinzufügen von Aqua destillata ins Becken 2) Entmineralisieren des Wassers mit speziellen Verfahren (Harze, direkte oder Umkehr-Osmoseanlagen) 3) Filterung durch Torf
	Erhöhung	1) langsames Hinzufügen von Kalzium- oder Magnesiumsulfat 2) härteres Wasser hinzufügen 3) Filterung durch kalkhaltiges Material
pH-Wert	Senkung (säuern)	1) Filterung durch Torf 2) CO_2 einströmen lassen 3) Teilwasserwechsel
	Erhöhung (alkalisch machen)	1) langsames Hinzufügen von Natriumkarbonat 2) Erhöhung der Wasserbewegung, um gelöstes Kohlendioxid zu entfernen 3) Teilwasserwechsel
Nitrite und Nitrate	Senkung	1) Wasser in unterschiedlichen Intervallen je nach Größe des Beckens und Anzahl der Fische wechseln 2) die Filterwirkung erhöhen durch Hinzufügen von Produkten, die denitrifizierende Bakterien enthalten 3) regelmäßig Vorfilter reinigen und 4) die Art der Fütterung ändern 5) das Aquarium mit üppiger Vegetation ausstatten 6) alle Arten von organischem Material wie z.B. tote Fische, verfaulende Pflanzen, Futterreste regelmäßig entfernen

Parameter zu beachten. Der im Wasser vorhandene Prozentsatz an Sauerstoff entspricht etwa 35% aller gelösten Gase, wobei die Löslichkeit von Gasen im Wasser mit dem Sinken der Temperatur ganz allgemein zunimmt. Der im Aquarium vorhandene Sauerstoff stammt einerseits aus der darüber liegenden Luft, wobei die Größe der Luft-Wasser-Austauschfläche in Bezug auf das Volumen des Beckens wichtig ist und andererseits von den vorhandenen Pflanzen. Für den im Wasser gelösten Sauerstoff existiert ein jeweiliger Gleichgewichtswert, der abhängig ist von der vorherrschenden Wassertemperatur, dem atmosphärischen Druck und der Leitfähigkeit des Wassers.

Sollte das Sauerstoffniveau überschritten werden, so würden die meisten Fische mit schweren Überlebensproblemen konfrontiert, wogegen eine Verringerung der gelösten Sauerstoffmenge weniger besorgniserregend ist, weil die Fische ein System entwickelt haben, um einem derartigen Mangel gegenzusteuern: sie atmen schneller. Nur ein extremer Mangel an Sauerstoff, womöglich verstärkt durch andere negative Faktoren, verursacht bei Fischen den Erstickungstod. In einem gut funktionierenden Aquarium ist die Sauerstoffkonzentration am Morgen geringer als am Abend. Werte zwischen 3 und 7 mg/l bei einer Temperatur von ca. 25 °C können als normal betrachtet werden.

All dies besagt, wie wichtig die Kontrolle des vorliegenden Sauerstoffwertes und seine eventuelle Regulierung sind. Die Messung kann mit einem speziellen elektronischen Instrument durchgeführt werden, das mit einer Sonde versehen ist, die man einfach ins Wasser taucht. Es handelt sich dabei jedoch um ein sehr teures Gerät und ist daher wohl vor allem für einen Profi der Aquaristik geeignet. Gewöhnlich verwendet man flüssige Indikatoren, die jedoch einige Sorgfalt erfordern: Die Messung hat sofort nach der Entnahme der Wasserprobe zu erfolgen und mit den Reagenzien muss mit Vorsicht umgegangen werden, denn sie dürfen keinesfalls ins Wasser des Beckens gelangen.

Im Aquarium liegt stets eine unveränderliche Menge verschiedener organischer Verbindungen vor, wie z. B. Futterreste, Ausscheidungen und abgestorbene Pflanzenteile. Diese Substanzen werden von Bakterien zu einfacheren anorganischen Verbindungen abgebaut. Der Prozess hat große Bedeutung für den **Stickstoffkreislauf.** Gewisse Bakterien verwandeln das Eiweiß der organischen Substanzen in Ammoniumionen (NH_4^+). Das Ammonium wird sodann durch nitrifizierende Bakterien zunächst in Nitrite verwandelt, die sodann von anderen Bakterien in Nitrate umgewandelt werden. Nitrate sind also das letzte Glied des Abbaues und können von Unterwasserpflanzen für ihren Stoffwechsel erneut aufgenommen werden. Die Umwandlung des im Wasser gelösten Ammoniaks in Ammonium hängt vom pH-Wert ab: Ammoniumionen sind vorhanden, wenn der pH-Wert unter 7 liegt (sauer), während Ammoniak vorwiegend in basischer Umgebung vorliegt.

Die Kontrolle des Nitritgehaltes sollte bei länger bestehenden Aquarien einmal wöchentlich, in neu eingerichteten Becken hingegen einen Monat lang täglich durchgeführt werden. Die häufigsten Gründe für exzessive Nitrit- und Nitratkonzentrationen sind Überbesatz des Beckens, eine erhöhte Menge an verabreichtem Futter und eine zu spärliche Reinigung des Beckens.

DER STICKSTOFFKREISLAUF IM AQUARIUM

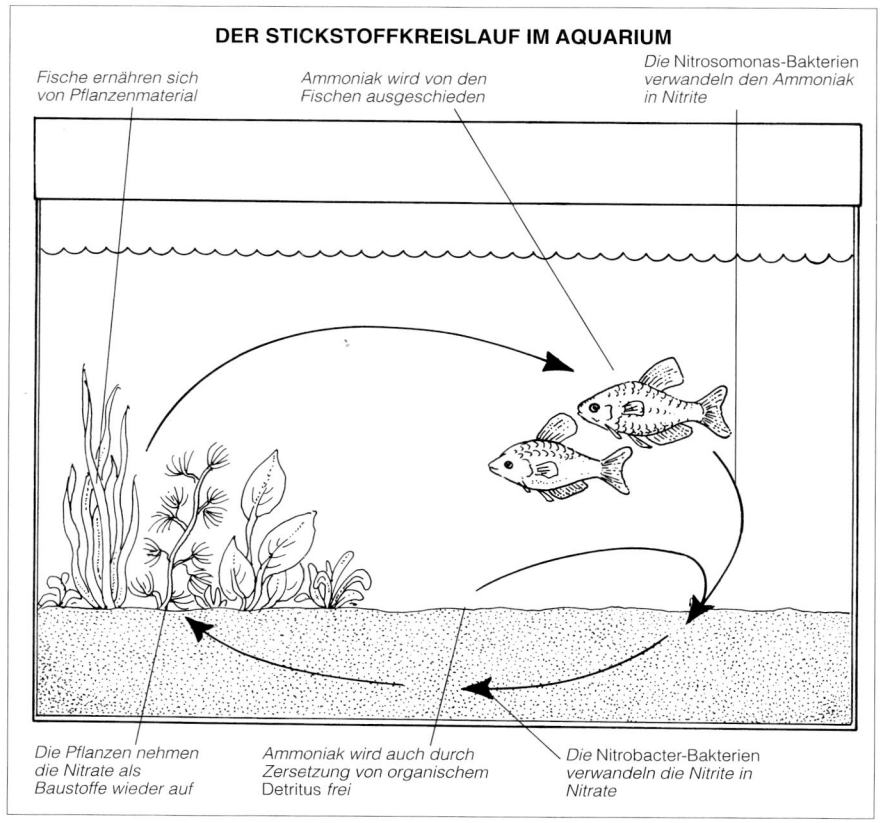

Fische ernähren sich von Pflanzenmaterial

Ammoniak wird von den Fischen ausgeschieden

Die Nitrosomonas-Bakterien *verwandeln den Ammoniak in Nitrite*

Die Pflanzen nehmen die Nitrate als Baustoffe wieder auf

Ammoniak wird auch durch Zersetzung von organischem Detritus frei

Die Nitrobacter-Bakterien *verwandeln die Nitrite in Nitrate*

Die geschichtliche Entwicklung der Aquaristik

DAS HOLLÄNDISCHE AQUARIUM

Holländer entwickelten das Aquarium als wahre Meister der Gartenkunst zu einer Art Unterwassergarten von unvergleichlicher Schönheit. So ist es bei diesem Aquarientyp üblich, die gesamte Fläche des Bodengrundes mit Unterwasserpflanzen zu versehen, während mineralische Einrichtungsstücke eine völlig marginale Rolle dabei spielen: die Einrichtung des Beckens wird somit höchstens auf eine oder zwei Moorholzwurzeln inmitten einer beeindruckend reichhaltigen Wasserpflanzenwelt reduziert.

Das Holländische Aquarium ist meist sehr lang und sehr breit, übersteigt aber eine Höhe von 50 cm kaum. Die Grundregel der Anlage heißt hier den gesamten Boden des Beckens mit Unterwassergewächsen sehr unterschiedlicher Herkunft zu bepflanzen. Was die Aufteilung betrifft, so wird hier ein gewisses Geschick wesentlich, die Pflanzen hinsichtlich ihrer Struktur und Größe sowie ihrer Farbe richtig zu verteilen. Die im Aquarium lebenden Fische sind zwar zahlreich, aber im Allgemeinen klein und werden vor allem nach ihrer Verträglichkeit mit den vorhandenen Pflanzen ausgewählt. Ihre Herkunft kann dabei durchaus unterschiedlich sein, bevorzugt werden im Allgemeinen Arten von Characiden und Cypriniden.

BIOTOPISCHES AQUARIUM

Ziel des Holländischen Aquariums ist es, einen Lebensraum zu schaffen, in dem verschiedene, aber in ähnlichen Regionen beheimatete Fischarten zusammenleben können. In erster Linie sind es daher Fische, und eventuell auch andere Wassertiere wie Krebse oder Mollusken, die den geschaffenen Lebensraumtyp widerspiegeln. Was die Pflanzenarten anbelangt, so kann man durchaus Kompromisse eingehen, auch wenn man ein spezifisches Lebensraumbecken schaffen will. Die natürlichen Lebensräume, welche als Vorlage für diesen Typ von Aquarium herangezogen werden, finden sich in den Gewässern Südostasiens, wo auch der Großteil der heute in Aquarien gehaltenen Fische herkommt. Dieses Aquarium spiegelt daher tropische Verhältnisse wider, mit Wassertemperaturen zwischen 22 und 30 °C.

Aus Südostasien stammen wichtige Arten der Gattungen *Barbus, Danio, Brachydanio* und *Rasbora,* zu denen zwar nicht sehr große, aber überaus lebhafte Arten, die fast immer Schwarmfische sind, gehören. Dabei handelt es sich um Fische, die besonders geschickte Schwimmer sind und von Natur aus Becken bevorzugen, die reich an Vegetation sind, aber genügend Raum geben, um sich darin auch fortzubewegen. Man kann im Aquarium die Verhältnisse eines Flusses oder auch die eines Baches nachahmen, indem man es mit Gesteinsstücken und Wurzeln einrichtet, aber dennoch viele Pflanzen einsetzt. Ebenfalls aus Asien stammen die meisten Arten der Anabantoiden, von denen sich einige besonders aggressive ausschließlich zur Haltung mit ihresgleichen eignen, während andere vergesellschaftet leben können. Zur ersten Gruppe gehören z. B. *Macropodus,* zur zweiten *Trichogaster* und *Colisa.* Labyrinthiden sind keine schnellen Schwimmer und können daher auch in eher kleinen Aquarien leben. Die Einrichtung eines Aquariums für diese Art von Fischen sollte die Verhältnisse in einem Teich nachahmen, mit vielen Verstecken zwischen Moorholzwurzeln und etlichen Schwimmblattpflanzen.

Schließlich noch ein Hinweis auf das Bodenfisch-Aquarium, wo man einige Arten von *Cobitidae,* wie *Botia* sowie *Labei,* halten kann. In diesem Aquarientyp sollten die chemophysikalischen Parameter des Wassers stets unter Kontrolle gehalten werden, und man darf auch nicht außer Acht lassen, dass gewisse Arten weiches und leicht saures Wasser benötigen. Auch in diesem Falle muss eine gute Vegetation vorhanden sein, und vor allem viele Verstecke.

In **Afrika** finden sich in der Natur zwei Biotope, die in Asien selten vorkommen: es handelt sich dabei um große abgeschlossene Seen und um temporäre Gewässer, also Wassertümpel, die einen mehr oder weniger langen Zeitraum komplett austrocknen können. Aus dem Tanganjikasee werden zahlreiche nur dort vorkommende Cichliden-Arten importiert. Das Wasser der für diese Fischarten geeigneten Bassins muss relativ hart (über 15 °dGH), alkalisch (pH-Wert um 8 bis 8,5) und manchmal sogar leicht brackig sein. Der Bodengrund ist vegetationsarm und zeichnet sich durch algenbedeckten, felsigen Grund oder durch sandigen Boden mit wenigen Pflanzen aus. Eine andere Gruppe von Fischen bevorzugt hingegen weiches und saures Wasser, nämlich Arten der Gattungen *Nothobranchius, Roloffia* und *Aplocheilichthys*. Ein Aquarium, das diese Arten beherbergen soll, muss spärlich beleuchtet sein und einen dunklen Bodengrund sowie viele Verstecke, aber auch genügend Freiraum zum Schwimmen aufweisen. Als Pflanzen empfehlen sich Arten der Gattungen *Cabomba* und *Myriophyllum*.

Die dritte für Aquarianer wichtige geographische Zone, aus der viele Arten stammen, ist **Südamerika,** genauer gesagt Amazonien. Hier finden wir eine außerordentlich große Zahl von Characiden und Cichliden – unter Letzteren Skalare, den Echten Diskus und die Gattungen *Apistogramma, Cichlasoma* und *Aequidens*. Wie riesig dieses Territorium ist, spiegelt sich auch in den höchst unterschiedlichen Gewässertypen wider: neben den so genannten »weißen« Gewässern existieren auch die »schwarzen« Gewässer.

Erstere sind hart, bei einem etwa neutralen oder leicht alkalischen pH-Wert, Letztere sind sehr weich, bei einem pH-Wert von ca. 5,5. Aquarien für südamerikanische Arten können wie die für asiatische ausgestattet werden, indem man die Verhältnisse in einem Bachbett, am Ufer eines Flusses oder in einem Teich nachbildet. Wichtig ist dabei immer, dass die Kapazität des Beckens und die chemischen Parameter des Wassers den Anforderungen der Fische entsprechen, die, obwohl sie alle aus Südamerika stammen, aus höchst unterschiedlichen Lebensräumen kommen können. Was die Pflanzen anbelangt, eignen sich die Gattungen *Cabomba, Ceratophyllum, Elodea, Myriophyllum* und *Vallisneria*.

DAS SPEZIALAQUARIUM

Es gibt verschiedene Gründe für Aquarianer, ein Becken nur für eine einzige Spezies zu reservieren. Meistens ist der Grund für eine derartige Entscheidung in der großen Aggressivität der gewünschten Art gegenüber anderen Arten zu suchen, wie z. B. bei Cichliden. Natürlich ist es jede Spezies wert, in einem Spezialaquarium gehalten zu werden, gleichgültig ob es für ein einziges Paar reserviert ist, wie etwa bei größeren Fischen mit Revierverhalten, oder auch um einen ganzen Schwarm. Bei dieser Art von Becken bietet sich die Möglichkeit, das Verhalten der einzelnen Bewohner genau zu beobachten oder deren Schönheit zu genießen. Darüber hinaus ermöglichen Spezialaquarien auch die Fortpflanzung von Arten, bei denen diese normalerweise als schwierig gilt.

Bei der Einrichtung solcher Aquarien wird man versuchen, so getreu wie möglich die natürlichen Habitate, aus denen die Fische stammen, nachzuformen und dabei nicht nur die chemischen Werte des Wassers in Betracht zu ziehen, sondern auch auf das Ambiente zu achten. Oft muss man dabei Kompromisse akzeptieren. Bei der Errichtung von Verstecken für Cichliden muss man z. B. auch auf künstliches Material zurückgreifen, um zu verhindern, dass aus Korallenkalk gebaute Grotten plötzlich wegen der »aushöhlenden Aktivitäten« dieser Fische in sich zusammenbrechen. Auch bei der Auswahl der Pflanzen entsprechen die Charakteristika des natürlichen Habitats nicht immer den Ansprüchen des Aquarienliebhabers. Ein Aquarium für Diskus zum Beispiel darf keine Pflanzen enthalten, während ein Becken für Skalare reich an großen Pflanzen sein muss. Es liegt daher am Gefühl und am Geschmack des Aquarianers, den richtigen Mittelweg zu finden und dabei dennoch die speziellen Ansprüche der Fische zu erfüllen.

Allgemeine Hinweise zu den Fischen

ANATOMIE DER FISCHE

Der Körper der Fische ist von einem Medium, nämlich Wasser, umgeben, dessen Dichte viel höher ist als die der Luft, sie brauchen also eine spezielle Körperform und angepasste Fortbewegungsorgane, die es ihnen ermöglichen, sich in der flüssigen Umgebung rasch zu bewegen. Ihr »Antriebsmotor« wird durch die gut entwickelte und kräftige Muskulatur gebildet, die fast den gesamten Körper des Fisches einnimmt. Der Vortrieb beim Schwimmen kommt hauptsächlich von den kräftigen Bewegungen der zu beiden Seiten der **Schwanzwirbelsäule** liegenden Muskulatur. Die verschiedenen Flossen haben je nach Funktion unterschiedliche Formen und Positionen. Die erste **Rückenflosse** hat die Aufgabe, den Fisch in Position zu halten und ein seitliches Kippen zu verhindern. Eine analoge Funktion erfüllen die zwei **Bauchflossen** und die **Afterflosse.** Darüber hinaus dienen die Bauchflossen auch dazu, den Fisch während seiner Steuermanöver zu stabilisieren. Die **Brustflossen** hingegen werden während des Schwimmens stets am Körper angelegt und erst beim Stillstehen abgespreizt. Geschickte Schwimmer, bei denen die Brustflossen besonders gut entwickelt sind, können mit ihrer Hilfe fast jede Position einnehmen und beibehalten. Gewöhnlich sind Fischarten, die sich für ein Leben im Becken eignen, größtenteils eher geschickte als schnelle Schwimmer und meist auch im Stande, sich in engen Räumen problemlos zwischen Pflanzen und Felsen fortzubewegen. Die **Schwanzflosse** oder der **Schwanz** fungiert bei ihnen abgesehen vom Vortrieb auch als Steuer. Die Schwanzflossen der verschiedenen Arten können je nach Lebensweise sehr unterschiedliche Formen annehmen: fächer-, halbmond-, sichel-, leierförmig usw. Oft hat die besonders lebhafte Färbung oder Zeichnung der Flossen und des Schwanzes auch die Funktion der sexuellen Anziehung oder aber der Warnung für andere Fische.

Die Haut der Fische ist von einander überlagernden **Schuppen** bedeckt, welche die hydrodynamischen Eigenschaften des Fischkörpers erhöhen. Sie sind mit einer **Schleimschicht** überzogen, die nicht nur die Haut vor Parasiten schützen soll, sondern auch das Gleiten des Fisches im Wasser begünstigt. Von den Kiemen bis zur Schwanzwurzel verläuft ein wichtiges Sinnesorgan, die **Seitenlinie**, eine deutlich sichtbare Linie, welche aus einer Reihe von Schuppen zusammengesetzt ist, die in ihrer Mitte eine Öffnung nach außen aufweisen. Alle Öffnungen münden nach innen in einem Kanal, der die gesamte Seitenlinie durchläuft und im Inneren mit hoch empfindlichen mechanischen Sinneszellen ausgestattet ist, welche kleinste

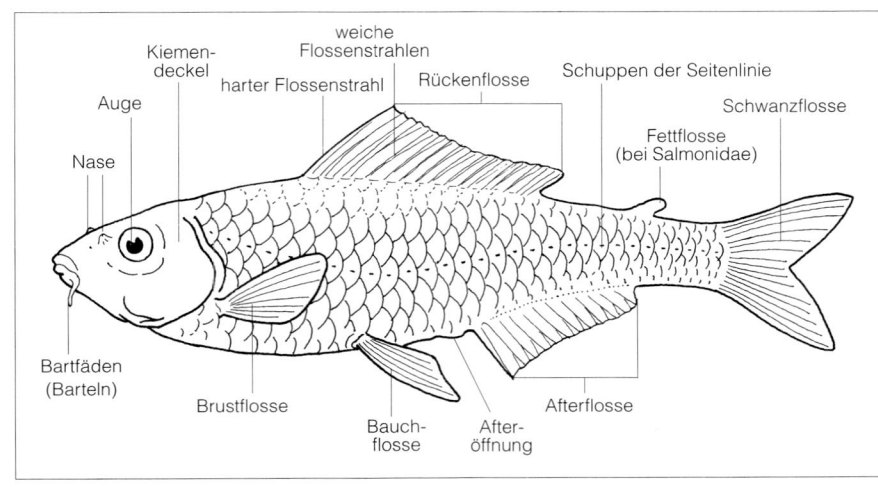

Druckschwankungen im Wasser registrieren können. Der Fisch ist damit ständig über seine Position im Raum, über die Strömung und Hindernisse informiert, auch wenn er sich im trüben Wasser befindet.

Die Muskulatur wird vom **Skelett** gestützt, das bei Haien und Rochen knorpelig ist, bei den Knochenfischen aber knöchern ist. Das gesamte Skelett besteht aus dem Schädelskelett, der Wirbelsäule, den Rippen und den Knochenstrukturen, welche die Flossen und Kiemen verstärken.

Ein für Fische charakteristisches Organ ist die **Schwimmblase,** die den Auftrieb des Fisches im Wasser reguliert, indem sie einfach Luft abgibt (Sinken) oder aufnimmt (Steigen).

Atmungsorgane der Fische sind die **Kiemen,** weiche, dünnhäutige, gut durchblutete Gebilde, die von knorpeligen Bögen gestützt werden. Sie sind mit einer großen Oberfläche ausgestattet, um die Aufnahme des Sauerstoffes und die Abgabe des Kohlendioxids zu erleichtern. Bei den Knochenfischen liegen die Kiemen geschützt unter einer beweglichen, knochengestützten Platte, dem **Kiemendeckel,** während sie sich bei den Knorpelfischen direkt über mehrere Kiemenspalten nach außen öffnen.

Der Kopf beherbergt wichtige Sinnesorgane: **Auge, Ohr, Geschmackssinn** und **Geruchssinn.** Die **Mundöffnung (Maul)** zeigt sich je nach dem Lebensraum, in dem der Fisch lebt, in unterschiedlichen Formen und Adaptierungen. Manche Fische weisen einen mit **Bartfäden (Barteln)** versehenen Mund auf, die mit ihrem empfindlichen Tastsinn nützlich für das Wühlen im Sand oder im Schlamm des Grundes sind.

Das **Ohr** enthält das eigentliche Hörorgan und ist mit einem **Labyrinth** ausgestattet, welches als Gleichgewichtsorgan dient; die Reize werden von demselben Nerv aufgenommen, der auch mit dem Seitenlinienorgan verbunden ist.

Die **Nieren** haben als Ausscheidungsorgane die Aufgabe, die Konzentration der Körperflüssigkeiten unabhängig von der Salzkonzentration der äußeren Umgebung aufrechtzuerhalten und Exkrete abzugeben. Der **Verdauungsapparat,** welcher in der Struktur jenem der anderen Wirbeltiere ähnelt, beginnt mit der **Mundöffnung** und endet mit der **Afteröffnung,** wo auch die Gänge des **Urogenitalsystems** münden.

Die allermeisten Fischarten sind getrenntgeschlechtlich, das heißt, der **Fortpflanzungsapparat** ist entweder männlich oder weiblich. Erstaunlicherweise ist es bei einigen Arten möglich, dass ein Individuum im Lauf seines Lebens das Geschlecht wechselt, indem es zu verschiedenen Zeiten die männlichen oder die weiblichen Keimdrüsen aktiviert.

Das **Kreislaufsystem,** das von Arterien, Venen und Herz gebildet wird, ist geschlossen. Das Herz besteht nur aus Vorkammer und Kammer, eine Herzscheidewand fehlt. Körperkreislauf und Lungenkreislauf sind daher nicht vollständig getrennt.

PHYSIOLOGIE DER FISCHE

Die **Atmung** der Fische erfolgt durch die Kiemen. Schwimmen und Atembewegungen schaffen eine stetige Wasserströmung, die durch die Mundöffnung eintritt, an den Kiemen vorbeiströmt und seitlich am Ende der Kiemendeckel wieder austritt. Fische, die lange unbeweglich über dem Bodengrund stehen, bewegen die Kiemendeckel rhythmisch, um die Kiemen mit sauerstoffhaltigem Wasser zu durchströmen.

Der **Blutkreislauf** der Fische ist einfach, weil das Herz nur aus zwei Kammern besteht. Venöses, sauerstoffarmes Blut wird vom Herz in die Kiemen gepumpt, wo es das Kohlendioxid abgibt und Sauerstoff aufnimmt. Von dort strömt es über die Aorta in alle Gefäße und in die arteriellen Kapillaren, welche den Kopf und alle anderen Teile des Körpers mit Sauerstoff und Nährstoffen versorgen. Schließlich sammelt sich das nun sauerstoffarme Blut in den Venenkapillaren und Venen und strömt für einen neuen Zyklus ins Herz zurück.

Die **Verdauung** der Fische erfolgt zumeist ziemlich rasch, dies hängt aber von der Art der Ernährung der Tiere ab. Fleischfresser verdauen ihre Beute rascher als Pflanzenfresser. Eine ganz wichtige Grundregel für den Aquarianer besagt, dass das verabreichte Fischfutter immer von bester Qualität zu sein hat, ganz frisch, ohne Fett und von möglichst einfacher Zusammensetzung. Frei lebende Tiere finden in der Natur nämlich keine künstlich angereicherten Nahrungsmittel, also haben sie auch nicht die Möglichkeit, solche zu verdauen. Überfütterung ist somit der häufigste Grund für den frühzeitigen Tod von Aquarienfischen, sei es wegen der ständigen Verschmutzung des Wassers durch faulendes, unverbrauchtes Futter, oder durch Verfettung

Die Fortpflanzungsstrategien bei den Fischen variieren beträchtlich. Auf dem Foto hat ein Paar der Spezies Amphiprion ocellaris *am Fuß »seiner« Seeanemone abgelaicht. Das Männchen (unten) ist damit beschäftigt, die Eier zu reinigen und mit frischem Wasser zu versorgen.*

der Tiere. Auch Erkrankungen des überforderten Verdauungstraktes führen nicht selten zum Tod der Aquarienbewohner.

Zuletzt noch ein Blick auf die **Fortpflanzung** der Fische: Es gibt einerseits ovipare, das heißt eierlegende Fische, die ihre Gelege ablaichen, andererseits aber auch ovovivipare, das sind lebendgebärende Fische, welche die Eier in ihrem Körper während ihrer Entwicklung austragen und danach fertige Junge zur Welt bringen. Um die Wahrscheinlichkeit der Befruchtung aller Eier zu erhöhen, synchronisieren eierlegende Fische den Ausstoß von Eiern und Samenflüssigkeit mittels komplizierter Paarungsrituale. Bei den lebendgebärenden Fischen erfolgt die Befruchtung der Eier hingegen im Körperinneren, und zwar dank besonderer Begattungsorgane, die das Sperma nahe an die Eier heranbringen können. Um dem Nachwuchs größere Wahrscheinlichkeit des Überlebens zu sichern, bewachen die Elterntiere bei vielen Arten zuerst das Gelege und dann auch die Jungtiere, so beschützen sie diese aufopfernd vor den Bedrohungen durch die Umwelt wie beispielsweise vor Raubfischen.

VERGESELLSCHAFTUNG DER FISCHE

Anders als man vielleicht annehmen könnte, zeigen Fische höchst unterschiedliche Verhaltensweisen, die ihnen angeboren sind. Manche können ausschließlich in Gesellschaft von Individuen ihrer eigenen Art leben, andere müssen ganz gegensätzlich dazu von ihren Artgenossen streng ferngehalten werden.

Entschließt man sich, neue Fischarten in ein Aquarium zu bringen, so muss man sich wohl zuallererst vergewissern, ob diese mit den anderen Beckenbewohnern friedlich zusammenleben können. **Revierbildende** Fische haben das angeborene Verhalten, gewisse Bereiche so abzugrenzen, dass andere Exemplare keinen Zutritt haben, oder nur ihre Geschlechtspartner und die Jungtiere dort geduldet werden. Diese wie auch andere angeborene Verhaltensweisen werden zu bestimmten Zeiten des Lebenszyklus hormonell ausgelöst. Der Versuch, das angeborene Verhalten der Aquarienbewohner zu ignorieren, muss zwangsläufig zu Enttäuschungen und bitteren Erfahrungen führen. Einige Fischarten zeigen ein interessantes **Brutpflegeverhalten,** wie z. B. das Bewachen ihrer Eier und den Schutz von Jungtieren. Bei solchen Arten muss man auf Kämpfe achten, die sich während der Fortpflanzungsperiode im Inneren eines Beckens abspielen können. Im Allgemeinen erweisen sich solche Zusammenstöße als folgenlos, und zwar dann, wenn das Aquarium genügend groß ist, die

Fische eine ähnliche Größe haben, bei guter Gesundheit und an das Leben im Becken gewöhnt sind.

Als **Schwarmfische** bezeichnet man solche Arten, die auch in der Natur in mehr oder weniger großen Schwärmen vergesellschaftet leben. Im Aquarium ist bei Schwarmfischen daher das Vorhandensein mehrerer Exemplare derselben Spezies eine unerlässliche Bedingung, wenn man den Fischen ein artgemäßes Leben zugestehen will. Nicht selten kommt es bei diesen Tieren vor, dass sich vereinsamte Individuen durch den Mangel an Artgenossen so unsicher fühlen, dass sie schließlich eingehen oder auch aggressiv gegenüber anderen Mitbewohnern werden.

Ein guter Aquarianer zu sein bedeutet auch, geeignete, für seine Schützlinge bestens artgerechte Lebensbedingungen zu schaffen und den Tieren einen Lebensraum zu bieten, der so getreu wie möglich dem großen Vorbild Natur entspricht.

DIE VERTRÄGLICHKEIT GEGENÜBER CHEMOPHYSIKALISCHEN PARAMETERN

Jede Spezies weist spezielle Ansprüche betreffend **Temperatur, Säuregrad** und **Härte** »ihres« Wassers auf. Diese Werte müssen unbedingt in Betracht gezogen werden, wenn man sich entscheidet, welche Arten man miteinander im Aquarium vergesellschaften will. Um gute Ergebnisse zu erzielen, ist es ratsam, Individuen verschiedener Spezies auszuwählen, die so gut wie identische Anforderungen an das Wasser stellen. In jenem Teil des Buches, der die einzelnen Fischarten gesondert behandelt, sind die Maximal- und Minimalgrenzwerte für die chemophysikalischen Parameter jeder Art angegeben, wobei es ideal ist, die Fische bei Mittelwerten zwischen Minimal- und Maximalwerten zu halten, da das ökologische Optimum gewöhnlich zwischen diesen beiden Extremwerten liegt. Die große Artenvielfalt tropischer Fische erlaubt es zumeist Aquarien einzurichten, die verschiedene Arten mit ähnlichen Anforderungen beherbergen können.

Sollte man sich für Fische entscheiden, die nur mit Artgenossen gut zusammenleben können und sich dennoch mehr Buntheit und Abwechslung wünschen, so kann man Farbe in das Ensemble bringen, indem man es mit **Steinen** in unterschiedlichsten Formen und Farben einrichtet, oder auch schön gezeichnete und verschiedenartig gefärbte **Pflanzen** einbringt. An allererster Stelle stehen aber in jedem Fall die Bedürfnisse und Ansprüche der Tiere, und diesen sind die chemophysikalischen und »landschaftlichen« Gegebenheiten des Aquariums anzupassen, nicht umgekehrt!

Megalamphodus megalopterus *ist ein Characide aus Amazonien, der im Schwarm oder paarweise gehalten werden kann. Die Männchen dieser Spezies beginnen während der Paarungszeit oft kleine Scharmützel, die gewöhnlich harmlos sind.*

Bei der Auswahl der Pflanzen für das Becken müssen sowohl die chemophysikalischen Faktoren wie Beleuchtung, Temperatur, pH-Wert und Wasserhärte als auch ästhetische Faktoren berücksichtigt werden, wie z. B. deren Formen und Farben. Pflanzen dürfen die freie Fortbewegung der Tiere nicht behindern und sollen dennoch Unterschlupf bieten. Die farbliche Zusammenstellung der einzelnen Arten ist rein subjektiv, also Geschmackssache, manche bevorzugen recht einheitliche oder sogar einfarbige Aquarien, andere hingegen eher kontrastierende Farben. Im Allgemeinen empfiehlt es sich, wenig gefärbte, helle Fische mit einem silbrig oder golden schimmernden Schuppenkleid mit eher dunklen Pflanzen zu kombinieren; umgekehrt heben sich Exemplare mit buntem Kleid besser ab, wenn die Vegetation eher gedämpfte Farben aufweist.

DIE NAHRUNG DER FISCHE

Die Ernährung der Fische ist fast so vielfältig wie ihre Artenzahl. Nicht wenige Arten sind »Opportunisten«, das heißt, sie fressen alles, was an Verdaulichem in ihre Reichweite kommt, und verfügen daher über einen entsprechend robusten Verdauungsapparat. Andere wieder sind hoch spezialisiert, sie nehmen nur ganz spezielle Nahrung zu sich und haben einen Verdauungstrakt entwickelt, der ausschließlich an diese spezielle Kost angepasst ist. **Fisch fressende (ichthyophage)** Spezies haben immer kurze Verdauungstrakte, die geeignet sind, leicht verdauliche Nahrungsmittel mit hohem Proteingehalt rasch zu assimilieren; **Pflanzenfresser** hingegen benötigen einen viel längeren Darm, um die großen Mengen an relativ schlecht verdaulicher Nahrung umzuwandeln. So wird verständlich, dass ein Raubfisch pflanzliche Nährstoffe verschmäht, während manche Arten, die von Natur aus Pflanzenfresser sind, wohl Futter für Fleisch fressende Arten aufnehmen können, dann aber nicht selten mit Verdauungsstörungen oder noch größeren Problemen konfrontiert sind, die bis zur Sterilität und zu einem frühen Tod führen können.

Auch die **Art der Futteraufnahme** hat eine große Bedeutung für die einzelnen Arten. Manche Fische nehmen die Nahrung von Natur aus an der Wasseroberfläche auf, andere in der Mitte des Wasserkörpers, und wieder andere vom Boden. Viele nehmen, einmal an die Verhältnisse im Becken gewöhnt, artfremde Gewohnheiten an, während andere an den angeborenen Verhaltensweisen festhalten, dies vor allem dann, wenn ihnen die spezielle Mundstellung nur ein bestimmtes Fressverhalten erlaubt. Bodenfische etwa können Hungers sterben, wenn ihnen nur schwimmendes Futter angeboten wird, oder wenn das gesamte Futter schon von anderen Fischen gefressen wird, ehe wenigstens ein Teil davon den Boden erreicht; Oberflächenfische wieder können im Gegensatz dazu zum Fasten gezwungen sein, wenn ihnen allzu schnell absinkendes Futter angeboten wird.

Auch die **Größe der Futterstücke** ist von Bedeutung. Sie sollten genügend klein sein, um problemlos verschluckt zu werden, aber auch groß genug, um gesehen zu werden.

Vertreter der Gattung Corydoras *halten sich auf dem Boden des Beckens auf, wo sie sich von allem ernähren, was von oben an Nahrung herunterrieselt, weil diese den anderen Fischen entgangen ist. Ist das Aquarium stark besetzt, so verabreicht man für die Bodenfische Futter, welches rasch absinkt.*

26

Viele Vertreter der Wirbellosen Tiere des Süßwassers bilden eine geschätzte Futterquelle für den Großteil unserer Aquarienfische, weil sie wichtige Nährstoffe enthalten. Auf dem Foto eine Daphnie, ein Wasserfloh.

Ein wichtiger Faktor ist die **Menge des angebotenen Futters,** sie muss artgemäß sein. Ideal ist es, Futter in kleinen Mengen so lange zu verabreichen, bis das Interesse des Fisches daran schwindet und anschließend Reste davon zu entfernen. Die **Häufigkeit des Fütterns** hängt hingegen von der zu fütternden Art ab. Hält man eine Fleisch fressende Spezies, die in der Natur daran gewöhnt ist, etwa alle zwei Tage einen Fisch zu erbeuten, der nur halb so groß ist wie das Individuum selbst, so sollte man solche Tiere in ähnlicher Art füttern; Tiere, die von Natur aus ständig Nahrung aufnehmen, werden sich hingegen an mehreren kleinen Mahlzeiten am Tag erfreuen. Schließlich müssen noch Faktoren wie das **Alter** der Individuen und die **Stoffwechselfunktionen** in Zusammenhang mit den unterschiedlichen Lebensstadien der Fische beachtet werden. Jungfische etwa müssen gut gefüttert werden, damit ihr Wachstum gut vonstatten geht. Erwachsene Tiere benötigen während der Fortpflanzungsperiode größere Mengen an Futter.

DIE VIELFALT DES FUTTERS

Die Ernährung der Fische im Aquarium sollte so weit wie möglich ihrer natürlichen Ernährungsweise entsprechen. Glücklicherweise kommen heute die meisten Aquarientiere aus kommerziellen Zuchtanstalten und sind daher bereits an Ersatzfutter gewöhnt. Idealerweise sollte die Kost **Insekten** und deren **Larven** beinhalten oder von im Wasser lebenden Organismen stammen, die der Natur entnommen werden können.

In Zoohandlungen kann man z. B. **Daphnien** kaufen, Krebschen, die auch unter dem Namen **Wasserflöhe** bekannt sind. Auch **Rote Mückenlarven** stellen ein ausgezeichnetes Futter dar, weil es sich um Organismen mit hohem Nährwert handelt. Überdies fördern ihre chitinösen Teile die Verdauung der Fische und verhindern auch eine exzessive Fettansammlung. Aquarianer können Lebendfutter leicht auch selbst züchten. In einem Kistchen mit Erde lassen sich beispielsweise **Enchyträen** heranziehen. Diese kleinen weißlichen Würmer können mit in Milch gekochten Haferflocken oder mit Brot bzw. Mehl gefüttert werden. Die Zuchtbox darf allerdings weder dem Licht noch hohen Temperaturen ausgesetzt werden, damit eine gute Entwicklung möglich ist.

Ebenso zu den Würmern gehört **Tubifex** (Schlammröhrenwürmer), die bei spezialisierten Zoohändlern leicht erhältlich sind. Auch diese Tiere lassen sich in geeigneten Becken züchten, leichter ist es jedoch, sie in gefriergetrockneter Form zu kaufen. Ein weiteres sehr geschätztes Fischfutter sind auch Vertreter der Art **Artemia salina,** das sind Salinenkrebschen, kleine Bewohner des Brackwassers. Auch diese Tiere lassen sich zu Hause in Behältern mit Salzwasser züchten. Seine als **Nauplien** be-

zeichneten Larven werden vor allem an Jungfische, die ausgewachsenen Krebschen hingegen an größere Fische verfüttert.

Schließlich noch ein Hinweis auf das Verabreichen von **pflanzlicher Nahrung,** die bei vielen Arten unbedingt nötig ist, weil die Tiere sonst die Pflanzen im Aquarium durch Fraß beschädigen würden. Als Alternative zu Wasserpflanzen können zarte Salatblätter, Spinat, Erbsen, Gurken und Stückchen von gekochten Zucchini an Pflanzen fressende Arten verfüttert werden.

Nachdem die Insassen des Aquariums die normale Periode der Akklimatisierung einmal durchlaufen haben, akzeptieren sie meist ohne weiteres auch **tiefgekühltes Futter** und **Trockenfutter.** Ersteres besteht aus tiefgekühlten erwachsenen Artemien, Roten Mückenlarven und Daphnien, deren Nährwert, Geruch und Geschmack nicht anders ist als der der lebenden Tiere. Diese Art hochwertiger Nahrungsmittel muss allerdings erst vollständig aufgetaut werden, ehe es verabreicht wird.

Als Trockenfutter gibt es **gefriergetrocknetes** und **getrocknetes Futter.** Ersteres konserviert mehr oder weniger alle ursprünglichen Substanzen und nimmt erst nach Kontakt mit dem Wasser sein natürliches Aussehen wieder an. Es wird in Vakuumverpackung verkauft und muss fern aller Feuchtigkeit und von Wärmequellen aufbewahrt werden. **Getrocknetes Futter** wird von den Aquarianern am häufigsten eingesetzt, aber dieses sollte stets mit schwer verdaulicher faserreicher Nahrung ergänzt werden, weil es selbst keine Faserstoffe enthält. Es kommt in Form von Flocken, Tabletten oder Granulat etc. in den Handel. Auch bei Verabreichung dieser Art von »künstlichem« Futter ist die Abwechslung mit anderen Futtersorten eine unerlässliche Bedingung, um den Bedürfnissen der Fische voll Rechnung zu tragen.

Die Krankheiten

ERKENNEN VON KRANKHEITEN

Aquarienfische können unter den verschiedensten Krankheitssymptomen leiden, die entweder von parasitischen Organismen oder von schlechten ökologischen bzw. hygienischen Bedingungen verursacht werden. Erstes gefährliches Anzeichen ist ein »abnormales« Verhalten der Fische. Um dies sicher zu erkennen, ist es daher wichtig, das »normale« Verhalten der Arten zu kennen. Fische, die sich ruhelos fortbewegen oder völlig bewegungslos verharren, lassen Schlechtes ahnen. Auch eine abnormale Körperstellung wie »Schräglage« oder »Kopfstehen« bzw. »Bauch nach oben« können eine Erkrankung anzeigen, sofern dieses Verhalten nicht artgemäß ist. Ähnliches gilt für die Position der Flossen: Fische, die in gutem Gesundheitszustand ihre Flossen abspreizen, tendieren bei Krankheit dazu, diese eng am Körper zu halten und wenig zu bewegen. Ein Molly mit hängender schlaffer Schwanzflosse oder ein männlicher Guppy mit eng angelegtem Schwanz zeigen damit sicher eine Störung an, während dies etwa bei einem Kugelfisch ein normaler Zustand ist. Ein auf dem Boden liegendes Individuum der Gattung *Colisa* signalisiert ganz sicher Probleme, ebenso wie ein *Ccrydoras,* der sich ständig nahe der Wasseroberfläche aufhält, wahrscheinlich krank ist.

Hat man an einem Tier ein abnormales Verhalten beobachtet, muss der »verdächtige« Fisch sofort in einem separierten Quarantänebecken isoliert werden, damit die Gefahr der Ansteckung anderer Tiere verringert wird. Im beengten Umfeld eines Aquariums breiten sich Krankheiten nämlich besonders schnell aus und sind daher gefürchtet.

DIE HÄUFIGSTEN KRANKHEITEN:
SYMPTOME UND DEREN BEHANDLUNG

Die von Aquarianern am meisten gefürchtete Krankheit ist **Ichthyophthirius,** die **Pünktchenkrankheit.** Sie manifestiert sich mit vielen weißen Pünktchen auf dem Fischkörper, Gebilde, die vom Mikroorganismus *Ichthyophthirius* verursacht werden. Das Auftreten der Krankheit erfolgt immer dann, wenn Fische unter für sie ungeeigneten Bedingungen leben müssen, wie z. B. zu tiefe Temperatur des Wassers, ungeeignetes Futter, Überbesatz des Beckens usw. Man kann diese Krankheit therapieren, indem man die Wassertemperatur zehn Tage lang auf 28 bis 30 °C erhöht wird, jedoch nur, wenn die Fische dies auch vertragen. Als Alternative kann man 1,5 bis 2 mg Malachitgrün pro 10 Liter Wasser auflösen, oder auch 6 ml einer Methylenblau-Lösung pro 100 Liter Wasser zuführen. Man muss dabei jedoch beachten, dass die Behandlung mit diesen Mitteln das Absterben von Pflanzen und wirbellosen Tieren im Becken mit sich bringt.

Pilzbefall der Fische äußert sich dadurch, dass sich auf Flossen und Körper eine Art weißlicher Schimmelbelag bildet. Pilzbefall wird durch kleine Wunden oder Verletzungen der Fischhaut sowie durch eine zu spärliche Reinigung des Beckens oder zu tiefe Wassertemperaturen gefördert. Die Therapie besteht darin, infizierte Fische eine Stunde lang in Salzwasser zu geben. Die Lösung enthält 150 bis 300 g Kochsalz pro 10 Liter Wasser; als Alternative dazu kann man auch 15 mg Malachitgrün pro 10 Liter Wasser ins Aquarium geben und diesen Vorgang drei Tage lang täglich einmal wiederholen.

Die **Columnaris-Krankheit** (Maulschimmel) wird durch das Bakterium *Chondrococcus* verursacht und lässt sich am Auftreten von weißlichen, blumenkohlähnlichen Wucherungen erkennen. Sie kann mittels Antibiotika therapiert werden, z. B. mit einer Zugabe von $\frac{1}{2}$ Gramm Chloramphenicol pro 10 Liter Wasser. Da alle Antibiotika auch die Aktivitäten der Bakterien im Filter beeinträchtigen und damit indirekt ein unerwünschtes Ansteigen von Ammoniak im Becken verursachen, muss man in diesem Fall die chemischen Parameter des Wassers besonders genau unter Kontrolle halten.

Bakterien der Gattung *Aeromonas* können die Ursache der **Furunkulose** sein, die sich als Geschwüre in Form geröteter Aushöhlungen von Haut und Muskeln manifestiert. Auch diese Krankheit kann mit Antibiotika behandelt werden, wobei 0,6 g Neomycin pro 10 Liter Wasser oder 0,1 g Chloramphenicol pro 10 Liter ins Becken gegeben werden. Die bei der Columnaris-Krankheit genannten Vorkehrungen sind auch hier zu beachten.

REGELN ZUR VORBEUGUNG GEGEN KRANKHEITEN

1 Täglich genaue Kontrolle der Sauberkeit des Aquariums und der chemo-physikalischen Parameter des Wassers

2 Kauf von Fischen nur bei seriösen und vertrauenswürdigen Händlern

3 Quarantäne für jede Neuerwerbung, und zwar mindestens zwei bis drei Wochen, da die Fische eine latente nicht erkennbare Krankheit in sich tragen könnten

4 Fütterung mit reichhaltiger und abwechslungsreicher Kost, deren Zusammensetzung bekannt ist, in der richtigen Menge

5 Sorgfältiges Waschen oder noch besser Auskochen aller Einrichtungsgegen-stände, die ins Becken kommen, wie Kies, Filtermaterial, Steine, Äste etc.

Schließlich können die Fische auch von **Trematoden** bzw. Saugwürmern, das sind parasitäre Plattwürmer, befallen werden, die sich an der Haut oder an den Kiemen mit Saugnäpfen oder Häkchen festheften und Körperflüssigkeit saugen. Der dadurch irritierte Fisch beginnt nun unregelmäßig zu schwimmen und sich die befallenen Partien an Vorsprüngen, Felsen etc. zu reiben. Sollten im Aquarium außer Fischen weder Pflanzen noch wirbellose Tiere leben, kann die Therapie mittels Einbringen von 20 bis 40 mg Methylenblau pro 10 Liter Wasser erfolgen; ist dies nicht der Fall, kann man die befallenen Fische in ein eigenes Becken mit 10 bis 20 ml Formalin pro 10 Liter Wasser eintauchen.

Wichtig! Alle diese Behandlungsmethoden können nur dann Erfolg zeigen, wenn die aufgetretene Krankheit die Fische noch nicht zu schwer geschädigt hat. Schwer erkrankte Fische sollten so rasch wie möglich von ihrem Leiden erlöst und so entsorgt werden, dass keine Ansteckungsgefahr für andere Tiere mehr besteht.

Andere Organismen im Aquarium

PFLANZEN

Die Art der Vegetation spielt im Aquarium aus verschiedenen Gründen eine wesentliche Rolle. Gewöhnlich erfolgt die hauptsächliche Sauerstoffzufuhr im Becken durch die Tätigkeit von Belüftungs- und Filtersystemen, dennoch produzieren auch die Pflanzen durch die Photosynthese der Chloroplasten eine ansehnliche Menge von Sauerstoff, der den Fischen für die zusätzliche Atmung zur Verfügung steht. Darüber hinaus entnehmen Pflanzen Nährstoffe, die aus jenen Ausscheidungen stammen, welche von den tierischen Organismen im Aquarium ständig produziert werden. Futterreste und alle anderen toten organischen Substanzen werden von den Bakterien zu anorganischen Nährsalzen für die Pflanzen umgewandelt und übernehmen somit auch eine Rolle bei der Reinigung des Wassers, sie erleichtern die Filtration.

Pflanzen fressenden Fischen dienen gewisse Gewächse als Futter, während andere für sie erforderlich sind, um zwischen ihren Blättern die Eier abzulegen, oder auch, um dort ihr Nest zu bauen. Ein dichtes Blattwerk bildet schließlich auch wertvolle Refugien für kleinere Fische, für Jungfische und scheue oder nachtaktive Arten. Darüber hinaus ist das dekorative Aussehen, welches Wasserpflanzen einem Becken verleihen, kaum zu übersehen.

DIE HÄUFIGSTEN PFLANZEN

Anubias lanceolata ist eine perennierende Rhizompflanze mit kriechendem Wurzelstock, stammt aus Afrika und wird im Aquarium selten höher als 30 cm. Die Blätter sind lanzettförmig, die Spreite ledrig und dunkelgrün. Sie benötigt erhöhte Wassertemperaturen zwischen 20 und 30 °C, einen neutralen oder, besser noch, leicht sauren pH-Wert, mittlere Härte und eine gerade noch ausreichende Beleuchtung. Diese Art eignet sich hervorragend für Warmwasseraquarien, hat aber den Nachteil, langsam zu wachsen.

Aponogeton henkelianus stammt aus Madagaskar und weist längliche Blätter zwischen 15 und 20 cm Länge und mit einer ins Braune spielenden Farbe auf, die Blattstiele sind rötlich. Diese Art bevorzugt eine Temperatur zwischen 16 und 20 °C, einen neutralen oder leicht sauren pH-Wert, mittlere Härte, normale, aber diffuse Beleuchtung, und schließlich ein sandiges Substrat, am besten eine Mischung aus Sand und ein wenig Schlick.

Aponogeton madagascariensis stammt aus Madagaskar und weist 15 bis 20 cm lange Blätter auf, deren Spreite sich zum größten Teil aus Blattnerven zusammensetzt, die miteinander perfekt durch Anastomosen verbunden sind. Sie benötigt Wasser mit einer Temperatur zwischen 16 und 20 °C, einen neutralen pH-Wert, mittlere Härte, eine normale, aber diffuse Beleuchtung und sandiges Substrat. Diese Art ist schwer zu züchten, weil die Wassertemperatur während der Vegetationsruhe einige Wochen hindurch auf ca. 13 °C abgesenkt werden muss.

Aponogeton

Bacopa caroliniana stammt von den atlantischen Küsten Nordamerikas und ist eine perennierende Wasser- oder Sumpfpflanze, die Zitrusduft verströmt und eine Höhe von 40 bis 60 cm erreicht. Die Blüten haben eine blaue glockenförmige Blumenkrone. Diese Art benötigt eine Wassertemperatur zwischen 18 und 25 °C, einen neutralen pH-Wert, niedrige Härte, starke Beleuchtung und sandigen Boden. Im Allgemeinen werden die Jungpflanzen auf feuchtem Erdreich angezüchtet und dann sukzessive ins Aquarium gesetzt, wo sie ohne Schwierigkeiten anwachsen.

Cabomba-Arten stammen alle aus Nord- und Mittelamerika und sind perennierende und gewöhnlich völlig untergetauchte Wasserpflanzen. Die Blätter sind gegenständig und entlang der Blattnerven fransig ausgebildet. Während der Blüte bilden sich auch Schwimmblätter, die ganz anders, nämlich klein und breit sind. Zu den häufigsten Arten gehören *C. aquatica* und die *C. caroliniana* mit weißen Blüten. Die Wassertemperatur für diese Arten muss zwischen 18 und 25 °C liegen, der pH-Wert leicht sauer, der Härtegrad niedrig, die Beleuchtung kann normal bis intensiv sein. Das Substrat muss aus einem humusreichen Boden bestehen (1/3 Erdreich, 1/3 Sand, 1/3 Gartenerde).

Ceratophyllum demersum stammt aus den gemäßigten und tropischen Regionen und ist eine grasähnliche, perennierende Unterwasserpflanze, mit fein verzweigten und sehr zerbrechlichen Stängeln; die Blüten sind eher unauffällig. Diese Art bevorzugt Temperaturen zwischen 10 und 18° C, einen neutralen pH-Wert, einen hohen Härtegrad und sehr starke Beleuchtung. Die Pflanze ist ein ausgezeichneter Sauerstofflieferant, kann aber bisweilen durch Braunalgen Schaden erleiden, wenn diese sie in zu großer Zahl bedecken.

Cabomba

Echinodorus paniculatus stammt aus Südamerika und ist eine der schönsten Arten dieser Gattung. Sie bildet auffallende Büschel aus langen blassgrünen Blättern. Im Aquarium ist es schwierig, die Pflanze zum Blühen zu bringen. Die Wassertemperatur muss zwischen 20 und 25 °C liegen (der optimale Wert liegt bei 22 °C), der pH-Wert neutral sein, bei einer mittleren Härte, starker Beleuchtung und sandigem Substrat. Zur Gattung *Echinodorus* gehören die schönsten Arten, die für Aquarien geeignet sind, sowohl wegen der Form ihrer Blätter als auch wegen ihrer Färbung und ihres ganzen Erscheinungsbildes.

Elodea densa (oder **Egeria densa**) stammt aus Argentinien, ist aber auch in Paraguay, Uruguay und Brasilien verbreitet. Sie besitzt Blätter, deren grüne Farbe von Hell bis Dunkel variiert, mit linearer bis lanzettförmiger, leicht gezahnter Blattspreite. Die Art erfordert eine Wassertemperatur zwischen 16 und 22 °C (der optimale Wert liegt bei 20 °C), einen leicht sauren pH-Wert, hohe Härtegrade, starke Be-

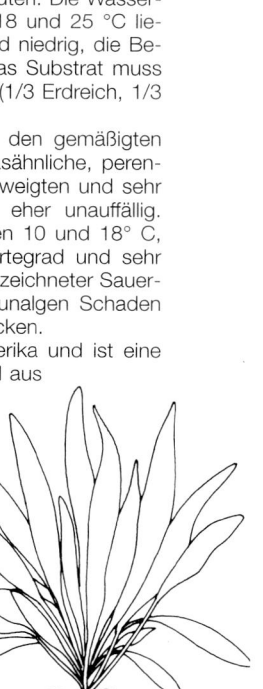

Echinodorus

leuchtung und ein sandiges Substrat. *Elodea densa* ist besonders für einen Einsatz in kalten und gemäßigt warmen Aquarien geeignet.

Fontinalis antipyretica ist ein Unterwassermoos, das in der nördlichen Hemisphäre beheimatet und charakteristisch für kalte, schnell fließende Gewässer ist. Es wächst in blätterreichen, dunkelgrünen Büscheln, 30 bis 50 cm hoch und ist im Boden verankert. Die Wassertemperatur muss zwischen 10 und 15 °C liegen, der pH-Wert neutral sein. Eine mittlere Wasserhärte, intensive Beleuchtung und ein Substrat aus Torf und Sand sind vonnöten. Diese Spezies ist nur für Kaltwasseraquarien geeignet.

Elodea

Hygrophila-Arten stammen aus den tropischen Regionen Amerikas und Asiens. Zu dieser Gattung gehören perennierende Pflanzen mit lanzettförmigen oder länglichen Blättern von blassgrüner Farbe, die ein wenig dunkler erscheinen, wenn sie aus dem Wasser ragen. Die Gattung umfasst etwa zwanzig Arten, aber nur etwa ein Viertel davon eignet sich für Aquarien. *H. polysperma* stammt aus Malaysia und ist für ein tropisches Aquarium geeignet, mit einer Temperatur zwischen 20 und 25 °C, einem neutralen pH-Wert, niedriger Härte, eher starker Beleuchtung und einem Substrat aus schlammigem Sand.

Lobelia cardinalis stammt aus Nordamerika und ist eine perennierende Pflanze mit wunderschönen scharlachroten Blüten, typisch für feuchte Orte. Sie lässt sich in gemäßigten, gemäßigt-warmen oder kalten Becken halten. Im Aquarium sollte die Pflanze aber keinen Hauptstamm entwickeln; man muss daher häufig die Triebspitzen abschneiden, um die Entwicklung von neuen Seitentrieben zu fördern. Die Wassertemperatur sollte zwischen 15 und 22 °C gehalten werden, bei einem neutralen pH-Wert, mittlerer Härte, einer Beleuchtung von schwach bis normal und mit einem sandigen Substrat.

Potamogeton densus ist in Europa und Asien beheimatet und eine perennierende, vollkommen untergetaucht wachsende Pflanze mit hellgrünen Blättern. Sie ist eine geschätzte Sauerstofflieferantin und reinigt kalte Aquarien, wo sie sich gut einlebt, sofern ihr eine ausreichende Menge an Licht geboten wird. Sie bevorzugt dabei Wassertemperaturen zwischen 10 und 15 °C, einen neutralen oder leicht alkalischen pH-Wert, mittlere Härte, starke Beleuchtung und ein sandiges, schlammiges Substrat.

Riccia fluitans ist eine kleine schwimmende Wasserpflanze und Kosmopolit von blassgrüner Farbe. Die Art benötigt Temperaturen zwischen 15 und 25 °C, einen neutralen pH-Wert, niedrige Härte und normale Beleuchtung. Sie ist einer der besten Sauerstofflieferanten für das Wasser, und unter ihren Blättern finden die Jungfische gewöhnlich guten Unterschlupf.

Vallisneria spiralis stammt aus den tropischen und subtropischen Zonen beider Hemisphären und ist eine Unterwasserpflanze mit länglichen, bandförmigen Blättern. Die Wassertemperatur für diese Art soll zwischen 15 und 22 °C liegen, optimal sind 18 bis 20 °C. Sie bevorzugt einen neutralen pH-Wert, mittlere Härte, starke Beleuchtung und lehmig sandiges Substrat, am besten eine Mischung aus Sand, Lehm und Erde zu gleichen Teilen.

Vallisneria

Vescicularia dubyana stammt aus den tropischen Regionen Asiens und entwickelt Büschel von dunkelgrünen Blättern, die sich zum Teil unter dem Sand verankern. Diese Art erfordert Wassertemperaturen zwischen 18 und 25 °C, einen neutralen pH-Wert, mittlere Härte, eine gerade noch ausreichende Beleuchtung und sandig felsiges Substrat. Sie eignet sich ausgezeichnet für warme Aquarien.

WIRBELLOSE TIERE

Die Evertebraten oder wirbellose Tiere wie Seeanemonen, Seesterne, Weichtiere, Krebse usw. gewinnen in letzter Zeit in der Aquaristik immer mehr an Beachtung. Oft handelt es sich dabei um Arten mit höheren Ansprüchen, als sie Fische zeigen. Dennoch ist es durch hoch entwickelte Technik vielen Aquarianern möglich, einige dieser großartigen Geschöpfe erfolgreich zu halten.

Actinia equina, die *Pferdeactinie, Purpurrose* oder *Erdbeerrose* (Coelenterata, Hohltiere), ist praktisch weltweit verbreitet, vom indopazifischen Raum über das Mittelmeer bis zum Atlantik. Ihr Körper ist rot und mit helleren Tentakeln. Der Durchmesser beträgt normalerweise zwischen 4 und 8 cm. In der Natur lebt das Tier in der Gezeitenzone, an Felsen haftend; sie hat keine Anpassungsschwierigkeiten an das Leben im Aquarium, da sie sehr widerstandsfähig ist und fast jede Situation überlebt. Sie akzeptiert frisches oder konserviertes Futter jeden Typs, sofern es nur tierischen Ursprungs ist.

Alcyonium palmatum, die **Große Meerhand,** eine Lederkoralle (Coelenterata), ist im gesamten Mittelmeer verbreitet. Ihre beweglichen Polypen tragen zahlreiche fiedrige Tentakel. Die Kolonie mit veränderlichen Farben von Weiß über Rot bis Violett kann sich vergrößern und zusammenziehen, indem sie Wasser aufnimmt oder ausstößt. Sie stellt eher kritische Anforderungen an ihre Umwelt und widersteht dem Leben im Aquarium nicht lange. Sie benötigt Temperaturen um 20 °C und ernährt sich von Plankton sowie von organischen im Wasser schwebenden Teilchen.

Anemonia sulcata, die **Wachsrose** (Coelenterata), ist im Mittelmeer und im Atlantik nördlich des Ärmelkanals beheimatet. Es handelt sich um eine Seeanemone mit zahlreichen Tentakeln (über 200), die oft eine violette Spitze haben. Die Grundfärbung ist Weißlich oder Gelblich Weiß. Im Aquarium braucht sie felsige Strukturen, wo sie sich ansiedeln kann, und Temperaturen um 22 °C. Sie nimmt jedes Futter, ob frisch oder trocken, bevorzugt aber vor allem lebende *Artemia*-Krebschen.

Actinia equina *ist ein Coelenterat, also ein Hohltier, das im Aquarium problemlos gehalten werden kann. Sie muss zweimal im Monat mit tierischer Nahrung gefüttert werden, wie etwa mit Stückchen von Fleisch oder Krebschen.*

33

Astacus fluviatilis, der **Flusskrebs** (Arthropoda, Gliederfüßer), lebt in fast allen sauberen, sauerstoffreichen und nicht zu kalten Gewässern Europas. Seine Körperfarbe variiert je nach Umgebung von Grau über Grünlich bis Braun. Er wird im Aquarium selten größer als 10 cm (ohne Antennen). Im Aquarium braucht er kühles, nicht über 18 bis 20 °C warmes sauerstoffreiches Wasser, schlammiges Substrat und Verstecke, in die er sich zurückziehen kann. Er frisst jedes Futter, sowohl frisch als auch konserviert, sofern es tierischen Ursprungs ist.

Bunodactis verrucosa, die **Edelsteinrose** (Coelenterata), ist im gesamten Mittelmeer verbreitet. Über den unterschiedlich, von Weiß über Grau bis Rot gefärbten Körper verlaufen 12 Warzenreihen, von der Tentakelkrone bis zum Rand des Fußes. Der Durchmesser liegt bei 6 bis 7 cm. Sie siedelt in den Felsspalten und fühlt sich nur wohl, wenn die Temperatur nicht über 22 °C ansteigt. Das Tier braucht tierisches Frischfutter wie z. B. lebende *Artemia*.

Cerianthus membranaceus, die **Zylinderrose** (Coelenterata), lebt im gesamten Mittelmeer. Auf dem vorderen Teil ihres zylindrischen Körpers, der bis zu 30 cm Länge erreichen kann, sitzt eine doppelte Tentakelkrone, weiß oder braun, deren Färbung stark variiert. Diese Art muss sehr vorsichtig ins Aquarium gesetzt werden, damit der empfindliche Körper nicht Schaden nimmt; sie braucht einen tiefen sandigen Bodengrund und Temperaturen zwischen 20 und 22 °C. Das Futter besteht vorwiegend aus Plankton (*Artemia*).

Cladocera cespitosa, die **Rasenkoralle** (Coelenterata), ist im gesamten Mittelmeer verbreitet. Diese Anthozoa (Korallen) präsentieren sich als rundliche Kolonie von kleinen Individuen mit Kalkskeletten. Jeder Polyp ist von durchscheinend grünlich gelber Farbe und hat eine warzige Tentakelkrone. Die Tiere fühlen sich im Aquarium wohl, sofern es über ein flaches, felsiges Substrat verfügt, vor direkter Beleuchtung geschützt ist und Temperaturen unter 22 °C aufweist. Sie akzeptieren abwechselnd pulverisiertes Futter und lebendes Plankton (*Artemia*).

Ein sehr widerstandsfähiges und dekoratives Hohltier (Coelenterat) ist Cerianthus membranaceus. *Die Zylinderrose braucht eine dichte Sandschicht, in der das Tier den unteren Teil seines Körpers eingraben und wohin es sich zurückziehen kann, wenn Gefahr droht.*

Echinaster sepositus, der **Purpurseestern** (Echinodermata, Stachelhäuter), ist in allen Küstenregionen des Mittelmeers verbreitet. Die Oberseite dieser Art ist intensiv rot gefärbt, während die Unterseite etwas heller erscheint. Die fünf gleich langen Arme sind von leichten Einbuchtungen übersät; sein Maximaldurchmesser beträgt 15 bis 20 cm. Das Tier braucht felsige Wände und eine Temperatur unter 22 °C. Seine Ernährung ist ziemlich unterschiedlich, basiert aber auf Futter tierischen Ursprungs, das der Seestern aufsammelt, indem er den Boden absucht. Er frisst besonders häufig kleine Weichtiere wie Schnecken und Muscheln.

Eunicella cavolinii, die **Gelbe Gorgonie** (Coelenterata), ist im gesamten Mittelmeer verbreitet und bildet elegante baumartige Formen von gelber Farbe; kleine kalkige Skelettnadeln verleihen dem ansonsten weichen Körper eine gewisse Festigkeit; die Außenfläche der Kolonie erweist sich als rau, mit kleinen Polypen. Da diese Art Schatten bevorzugt, empfiehlt es sich, das Aquarium mit einer Grotte zu versehen, in der sich diese Spezies ansiedeln kann. Die Temperatur muss unter 22 °C betragen. Das Tier nimmt Plankton und anderes pulverisiertes Futter tierischen Ursprungs als Nahrung an.

Halocynthia papillosa, die **Rote Seescheide** (Tunicata, Manteltiere), ist im gesamten Mittelmeer verbreitet. Der Körper ist sackförmig, mit zwei Siphonen, den Ein- und Ausströmöffnungen, und ist außen von winzigen Knötchen bedeckt; die Farbe ist intensiv Orangerot. In der Natur lebt diese Art an den Felsen oder an Kalkalgen der Meeresvegetation verankert; im Aquarium bevorzugt sie schwach beleuchtete Höhlungen und Spalten; sie verträgt keine Temperaturen über 20 bis 22 °C. Im Aquarium nimmt sie Plankton und gefriergetrocknetes Futter in Pulverform als Nahrung an.

Parazoanthus axinellae, die **Gelbe Krustenanemone** (Coelenterata), ist im Mittelmeer verbreitet und tritt in Kolonien auf, die aus Kalkskeletten bestehen, aus denen sich die gelben Polypen mit glatten Tentakeln herausstrecken. Die Form der Kolonien variiert je nach Substrat. Die Art braucht felsiges Substrat, an dem sie fest haften kann; die Wassertemperatur muss unter 22 °C liegen. In der Natur ernähren sich diese Tiere von tierischem Plankton und organischem *Detritus,* im Aquarium akzeptiert sie Plankton und homogenisierte Meeresorganismen, frisch oder konserviert, als Nahrung.

Planorbarius corneus, die **Große Posthornschnecke** (Mollusca, Weichtiere), lebt in stehendem warmen Süßwasser in Europa und Asien. Die Färbung der Schale variiert in mehreren dunklen Tönen. Der Durchmesser der Schale liegt bei 1 cm. Diese Schnecke gewöhnt sich leicht an die Verhältnisse im Aquarium, neigt aber zu Massenvermehrung und kann dann die Vegetation des Aquariums schwer schädigen. Sie ist praktisch ein Allesfresser, ernährt sich von organischem *Detritus* und Pflanzen. Im Aquarium kann sie die Reinigungsfunktion übernehmen.

Wie auch Cerianthus membranaceus *hat* Parazoanthus axinellae *Tentakel mit winzigen Wimpern, welche die Futterpartikel zum Mund befördern.*

Spirographus spallanzanii ist eines der dekorativsten wirbellosen Tiere für ein Meeresaquarium: spektakulär ist seine Tentakelkrone, deren sich das Tier bedient, um Futterpartikel aufzufangen und um damit zu atmen.

Sphaerechinus granularis, der **Violette Seeigel** (Echinodermata), ist im Mittelmeer und längs der atlantischen Küsten verbreitet. Seine Färbung ist intensiv Dunkelviolett, die Stacheln kurz, sitzen dicht und zeigen weiße Spitzen. Die Tiere leben einzeln in den Küstengebieten zwischen Algen und den Blättern der Posidionia-Seegraswiesen. Im Aquarium bevorzugt dieser Seeigel Temperaturen nicht über 22 °C. Es sind *Detritus* fressende Tiere, die jeden organischen Rest, auch Pflanzenreste, als Nahrung aufnehmen; im Aquarium brauchen sie ab zu zu auch frisches Pflanzenmaterial.

Spirographis spallanzanii, die **Schraubensabelle** (Annelida), ist im Mittelmeer verbreitet. Dieser Ringelwurm hat einen segmentierten Körper, der in einem weichen, flexiblen Rohr steckt, welches im Bodensubstrat fixiert ist. Der Wurm streckt aus dem Rohr seine große Tentakelkrone, die eine gelbliche Farbe mit weißen, braunen und rötlichen Streifen aufweist. Das Tier ist recht widerstandsfähig und kann relativ widrige Umweltbedingungen und Temperaturen bis zu einer Höhe von 24 °C tolerieren. Im Aquarium benötigt es als Nahrung lebendes Plankton von geringer Größe (*Artemia*-Nauplien) und organische Schwebstoffe.

Viviparus fasciatus, die **Sumpfdeckelschnecke** (Mollusca), lebt im stehenden Süßwasser Mittel- und Südeuropas. Das Gehäuse ist eher gedrungen, hellbraun oder grünlich gefärbt, mit dunkleren Längsstreifen. Die Größe variiert zwischen 2 und 4 cm. Sie braucht stehende, nicht zu kalte Gewässer mit schlammigem Grund und üppiger Vegetation; die Temperatur darf 22 bis 24 °C nicht übersteigen. Das Tier ernährt sich von *Detritus* und Pflanzenteilen.

Leitfaden für die Benutzung des Buches

Der spezielle Teil des Führers behandelt wichtige Aquarienfischarten, die aus tropischen Meeren und tropischen Süßgewässern stammen. Sie sind zu Familien zusammengefasst, und die Beschreibungen wurden so gestaltet, dass dem Leser einerseits ein rasches und sicheres Wiedererkennen einzelner Arten ermöglicht wird und andererseits alle wichtigen Informationen bezüglich einer Art rasch aufgefunden werden können.

Einfach

Mittel-schwierig

Schwierig

VISITENKARTE
Eine kurze tabellarische Beschreibung der jeweiligen Fischart enthält neben dem üblichen deutschen Namen die Herkunftsregionen der beschriebenen Art, seine Körperlänge in Zentimetern, die Art seines natürlichen Habitates (im Fall der Meeresfische), den Aufenthaltsort, welchen der Fisch im Becken bevorzugt (im Fall der Süßwasserfische), und eine mögliche oder nicht mögliche Vergesellschaftung mit Artgenossen bzw. anderen Arten. Die jeweilige Farbe, die seine Visitenkarte kennzeichnet, bezieht sich, wie nebenstehend angegeben, auf den Aufwand bzw. den Schwierigkeitsgrad bei der Haltung des Fisches.

MORPHOLOGISCHE EIGENSCHAFTEN In diesem kurzen Teil wird der Körperbau des Fisches beschrieben: die Form des Rumpfes, des Kopfes, der Flossen und das Vorhandensein typischer Merkmale etc. Besondere Beachtung fand dabei die genaue Beschreibung der Färbung des Kleides, die wesentliche Merkmale zur Erkennung und Unterscheidung ähnlicher Arten darstellen. Beschrieben werden schließlich, falls vorhanden, auch Unterschiede zwischen den Geschlechtern (Geschlechtsdimorphismus) sowie zwischen jungen und erwachsenen Tieren.

NAHRUNG Dieser Abschnitt beinhaltet nützliche Ratschläge über die im Aquarium am besten geeignete Kost für die jeweilige Fischart. Die Nennung der bevorzugten Futtermittel soll es dem Aquarianer ermöglichen, seine Tiere durch richtige Ernährung bei guter Gesundheit zu halten.

VERHALTEN Zur Vermeidung unnützer Fehler beim Besatz des Beckens werden einige Hinweise zum Verhalten der jeweiligen Fischart im Aquarium gegeben, etwa bezüglich ihres Revierverhaltens und ihres Temperaments, ob sie friedlich oder aggressiv gegen ihre Artgenossen bzw. gegenüber anderen Arten sind.

FORTPFLANZUNG Leider ist die Fortpflanzung im Aquarium bei vielen Arten nur schwer oder überhaupt nicht möglich. Sollten darüber Erkenntnisse existieren, so werden die verschiedenen Strategien bei den betreffenden Arten beschrieben und Vorschläge gemacht, wie die Fortpflanzung funktionieren könnte.

ÄHNLICHE ARTEN Um mögliche Irrtümer zu vermeiden, wird speziell noch auf jene Merkmale hingewiesen, die ähnliche Arten von der beschriebenen Art deutlich unterscheiden.

TECHNISCHE TIPPS

In diesem Kapitel wird der am besten geeignete Typ des Beckens, die Dimensionen, die Kapazität, die am besten geeignete Einrichtung für Bodengrund, Vegetation und Beleuchtung sowie die von der Fischart bevorzugten chemophysikalischen Parameter des Wassers wie Temperatur, pH-Wert, Dichte und Härte beschrieben, um den Tieren möglichst ähnliche Bedingungen wie in ihren natürlichen Lebensräumen zu bieten.

Das tropische Meeres-aquarium

Ratschläge für Pflege und Einrichtung des Beckens

In tropischen Meeresaquarien werden im Wesentlichen Fische und wirbellose Tiere gehalten, die in den Korallenriffen des Indischen Ozeans und des Pazifik, rund um den Indonesischen Archipel sowie im Roten Meer leben. Auch aus den tropischen Teilen des Atlantik nächst den Bahamas und den Bermudas und darüber hinaus aus den Küstenregionen Brasiliens und der Karibik stammen viele der bevorzugten Arten.

Korallenriffe bilden sehr stabile Habitate, wo natürliche ökologische Veränderungen der Lebensräume zumeist nur in geringem Ausmaß vorkommen und von kurzer Dauer sind. Die Fische sind wie auch alle anderen Bewohner der Korallenriffe an diesen Typ »idealer« Umwelt vollkommen angepasst und ertragen daher geänderte Lebensbedingungen nur schwer.

Das Wasser tropischer Meere ist in seinen chemophysikalischen Eigenschaften weitgehend konstant, der Sauerstoffgehalt dabei immer erhöht, der Kohlendioxidgehalt eher niedrig. Zersetzbare organische Substanzen sind immer in geringer Menge vorhanden, ebenso die von ihnen stammenden anorganischen Verbindungen; der leicht basische pH-Wert liegt zwischen 8 und 8,3; Bakterien stellen in der Natur keine Gefahr für die Lebewesen dar, da das Wasser ständig in Bewegung ist. Alle genannten Faktoren führen schnell zur Erkenntnis, dass sowohl die Einrichtung als auch die Instandhaltung eines tropischen Meerwasseraquariums ziemlich problematisch ist.

Ein erstes Problem zeigt sich schon bei der Art des Wassers, welches Verwendung finden soll. Natürliches Meerwasser weist ein chemophysikalisches Gleichgewicht

Ein ausgezeichnetes Beispiel für ein Meeresaquarium, mit auffallend schönen wirbellosen Tieren; darunter Arten der Gattung Spirographis, Cerianthus, *Alcyonarien,* Zoanthus, Tubastraea, *darüber hinaus sind auch Schwarmtiere und ein Seestern zu sehen. Seite 38: Synchiropus splendidus.*

VOR- UND NACHTEILE VON NATÜRLICHEM UND KÜNSTLICHEM WASSER

NATÜRLICHES MEERWASSER	KÜNSTLICHES MEERWASSER
Chemisch vollständige Zusammensetzung	Chemisch unvollständige Zusammensetzung
Alle Spurenelemente vorhanden	Nicht alle Spurenelemente vorhanden
Enthält Stoffe, welche die Entwicklung der Fische fördern	Fehlen gewisser Stoffe kann das Wachstum verlangsamen
Kann schädliche Mikroorganismen enthalten	Enthält keine schädlichen Mikroorganismen
Nützliche Bakterien vorhanden	Keine nützlichen Bakterien vorhanden

auf, das im Aquarium unmöglich dadurch herbeigeführt werden kann, dass man einfach alle im Meerwasser enthaltenen Substanzen in Leitungswasser auflöst. Dennoch ist es möglich, mit einer Kombination aus verschiedenen in Wasser gelösten Salzen Wasser zu erhalten, das den Anforderungen der Korallenriff-Lebensgemeinschaft weitestgehend entgegenkommt. Mittlerweile sind die Methoden, künstliches Meerwasser auf diese Art herzustellen, so verfeinert worden, dass die Meerestiere sich darin wie in ihrer natürlichen Umgebung entwickeln. Das Fehlen einiger wesentlicher Substanzen im künstlichen Meerwasser, die im natürlichen Wasser immer enthalten sind, kann nämlich dadurch kompensiert werden, dass man einen Teil der notwendigen Spurenelemente einfach zusetzt. In einem solcherart neu installierten Meeresaquarium ist das Wasser praktisch steril, es können daher keine bakteriellen Abbauprozesse stattfinden. Eine Impfung mit ein wenig Flüssigkeit aus einem bereits seit längerer Zeit bestehenden und funktionierenden Aquarium kann hier Abhilfe schaffen.

Starke Verdunstung des Wassers verursacht allmählich ein Ansteigen des Salzgehaltes bis hin zu gefährlichen Konzentrationen für Tiere und Pflanzen. Mit dem Ansteigen des Salzgehaltes verringert sich immer auch der Sauerstoffgehalt des Wassers. Wasserverlust durch Verdunstung muss daher immer mit chlorfreiem Trinkwasser und nicht mit Salzwasser ergänzt werden. Es sollte dieselbe Temperatur aufweisen, wie sie das Wasser im Becken hat.

Salzgehalt: Ein besonders wichtiger Faktor für tropische Meeresaquarien ist der richtige Salzgehalt des Wassers. In jenen tropischen Regionen, aus denen die meisten Korallenfische und Wirbellosen stammen, beträgt der Salzgehalt ca. 35‰. Der Aquarianer sollte sich daher an diese Konzentration halten, obwohl die meisten tropischen Meerestiere sich auch bei Werten zwischen 30 und 32‰ noch wohl fühlen.

Die **Wassertemperatur** des tropischen Meerwasseraquariums sollte zwischen 24 und 25 °C betragen. Während des Sommers können diese Werte auch überstiegen werden, wobei in diesem Fall jedoch die Bewegung des Wassers verstärkt werden muss, um den Gehalt an gelöstem Sauerstoff auf Sättigungsniveau zu halten.

Sogar Anfänger unter den Aquarianern werden verstehen, dass es beim tropischen Meeresaquarium unbedingt nötig ist, die Wassertemperatur auf demselben Niveau im gesamten Becken konstant zu halten. Um dies zu erreichen, darf das Heizungselement nicht an einem wenig durchströmten Ort wie etwa im Bereich des biologischen Filters angebracht werden oder gar am Bodengrund eingegraben werden, sondern sollte am besten an der hinteren Wand des Beckens mit Saugnäpfen angebracht werden, wenn möglich über einem Diffusor oder im Bereich des aus dem Filter strömenden Wassers. Dadurch wird ein Wasserstau in der Nähe der Heizung vermieden und eine rasche und vor allem gleichmäßige Erwärmung im gesamten Wasserkörper gewährleistet. Ein chemischer Parameter, der bisweilen Probleme schafft, ist der Sauerstoffgehalt. In den natürlichen Madreporarienriffen (Steinkorallen) ist dieses Element dank der ständigen, durch Wind und Strömung verursachten Bewegung des Wassers stets nahe der Sättigungskonzentration. Im Aquarium kann man die Menge an im Wasser gelöstem Sauerstoff auf ähnliche Art erhöht halten, indem einerseits eine ständige Bewegung im Wasser produziert wird und andererseits Pflanzen gesetzt werden; der Wert an gelöstem Sauerstoff sollte 5 mg/l nicht unterschreiten.

Schon erwähnt wurde der Umstand, dass die Menge an gelöstem **Kohlendioxid** (CO_2) in den tropischen Meeren gering ist. Seine höchste Konzentration im Wasser des Beckens sollte zwischen 0,20 und 0,40 mg/l betragen. Ein Überschuss an CO_2 kann einerseits mit ständiger Wasserbewegung, andererseits mit vielen kalkhaltigen Materialien, die man in den Filter gibt, ausgeglichen werden.

Im Aquarium tendiert der **pH-Wert** – der zwischen 8 und 8,3 betragen sollte – aufgrund einiger chemischer und biologischer Umwandlungen, die mit der Atmung der Organismen und dem Abbau der organischen Substanzen zusammenhängen, allmählich zum Sinken. Um diesem Vorgang entgegenzusteuern, können Puffersubstanzen im Filter eingesetzt oder häufiger teilweiser Wasserwechsel durchgeführt werden.

DER BODENGRUND

Tropische Meeres-aquarien, die mit Steinkorallen und Hornkorallen (wie auf diesen Seiten) ausgestattet sind, bieten ihren Bewohnern Lebens-räume, die reich an Höhlen und Spalten sind und den natürlichen Korallenriffen, ihren eigentlichen Lebensräumen, fast vollkommen entsprechen.

Der Bodengrund eines Meeresaquariums ist im Vergleich zu jenem eines Süßwasseraquariums etwas weniger bedeutungsvoll. Es empfiehlt sich aber auf jeden Fall aus mehreren Gründen, das Becken mit einem dafür geeigneten Substrat auszustatten:

● puffernde Wirkung auf den pH-Wert durch einen Bodengrund, der aus kalkhaltigem Material besteht;
● Eignung des Substrates für die Besiedelung durch wirbellose Tiere und für die Verankerung der Vegetation;
● ästhetische Wirkung

Korallensand als Bodenmaterial ist nicht nur bestens geeignet, er verleiht auch eine gewisse Ästhetik, ist aber relativ teuer. Es handelt sich hier um ein natürliches Material, das direkt den tropischen Meeren entnommen wird und aus oolithischem Kalk besteht, der sich aus Ablagerungen rund um photosynthetisierende Algen gebildet hat. Korallensand stabilisiert den pH-Wert und begünstigt auch die Ansiedelung einer Bakterienflora.

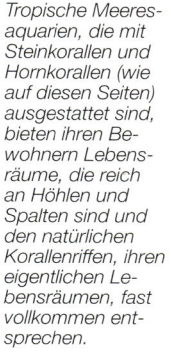

Absolut abzuraten ist von der Verwendung des feinen Sandes von mediterranen Stränden als Bodengrund, weil dieser aufgrund seiner winzigen Körnung schwere Schäden bei Tieren und Pflanzen und ebenso bei den Strukturelementen der Ausstattung verursachen würde. Eher geeignet dafür ist **Kies,** den man am Ufersaum von Felsküsten des Mittelmeeres gewinnen kann, entweder direkt am Ufer oder in geringer Tiefe. Er enthält mehr oder weniger kleine Bruchstückchen von Klippen und Felsen, Kalkskeletten, Muscheln und Kalkalgen. Auch dieser Kies stellt einen effizienten Stabilisator des pH-Wertes dar und ist darüber hinaus nicht so teuer wie Korallensand.

Quarzhaltiger Urgesteinskies wird in diversen Aquaristik-Geschäften angeboten; er zeigt meist ein natürliches Weiß und ist ästhetisch sehr ansprechend. Dieser Bodengrund eignet sich überhaupt nicht als Puffer, ist aber billiger als Korallensand. Man kann ihn auch direkt im Kiesbett von Urgesteinsflüssen selbst gewinnen.

Schalen zertrümmerter Muscheln fungieren als ausgezeichnete Filter, können jedoch, wenn sie nicht richtig eingesetzt werden, ein gefährliches Bodenmaterial für Fische und Weichtiere darstellen, weil die zerbrochenen Schalen oft sehr scharfe Ränder aufweisen. Muschelschalen eignen sich als guter Stabilisator für den pH-Wert und können daher sehr gut als erste Schicht direkt über dem Bodenfilter eingebracht werden.

EINRICHTUNG

Ein besonders sensibles Unterfangen ist die Einrichtung eines tropischen Meeresaquariums mit Strukturelementen, deren Bedeutung ja über den rein ästhetischen Faktor weit hinausgeht, stellen diese doch wertvolle Refugien für die Fische dar, oder bilden Orte, die sich beispielsweise für das Ablaichen der Eier eignen. Auch als notwendiges Substrat für die Besiedelung durch Algen und wirbellose Tiere sollten solche Elemente dienen. Die Einrichtung erfordert daher genau überlegte Entscheidungen. Bis vor einiger Zeit bildeten **Madreporarien** (Steinkorallen) und andere **Korallenarten** Elemente, welche tropische Meeresaquarien am besten charakterisierten. Heute ist deren Verwendung ziemlich eingeschränkt, einerseits durch die Erhöhung der Transportkosten, andererseits durch die Schwierigkeiten bei der Beschaffung, und zwar wegen der immer strenger werdenden Schutzbestimmungen, die in den jeweiligen Ursprungsländern gelten. Während die Korallenriffe in der Natur aus lebenden Korallen bestehen, ist man beim Meerwasseraquarium darauf angewiesen, weiße, gebleichte Korallenskelette zu verwenden, oder mit Skeletten, die von den Aquarianern oft mit ungiftigen Materialien eingefärbt werden, zu arbeiten, was bisweilen etwas kitschig wirkt. Leider wird, verursacht durch die Form der Korallen, an deren Basis die Anhäufung von Stoffwechselendprodukten, Speiseresten und anderen organischen Fragmenten begünstigt, was in hygienischer wie ästhetischer Hinsicht nicht gerade wünschenswert ist. Trotz aller dieser Einwände sind aber Steinkorallen als Strukturelemente im Aquarium eine gute Wahl, weil sie den Fischen vor allem ein vertrautes Ambiente bieten.

Aus Naturschutzgründen kann man, oder besser sollte man, jedoch auch auf **künstliche Korallen** zurückgreifen, die, wenn sie einmal von Algen überwuchert sind, sich durchaus ansprechend in die anderen Elemente des Aquariums einfügen.

Gesteinsbrocken sind das billigste und am einfachsten zu beschaffende Einrichtungsmaterial. Nicht alle Gesteinsarten eignen sich jedoch dafür: Zum Beispiel solche, die Metalladern aufweisen, weil diese im Wasser liegend für die dort lebenden Organismen giftige Substanzen freisetzen können. Besonders geeignet sind Brocken aus **Kalkstein,** die in Gegenwart von Kohlendioxid wasserlöslich sind und damit einen Teil des Kalks, aus dem sie bestehen, freisetzen, wodurch die Erhaltung des pH-Wertes und auch der Wasserhärte auf konstant hohem Niveau begünstigt wird. Zu den Kalkgesteinen gehören Marmor, Dolomit, Karstkalk, Kalktuff und Travertin. Unter den **nicht kalkhaltigen** Gesteinen eignen sich am besten Basalt und Lavagestein sowie Bauxit, Granit und schließlich noch Tongesteine. Auch die **Schalen** großer Schnecken und Muscheln eignen sich zur Einrichtung bestens, wobei allerdings dieselben Einwände wie bei Steinkorallen und Hornkorallen gelten. Auch diese sind besonders teuer und laufen Gefahr, Sammelpunkt von Exkrementen und Ablagerungen zu werden. Sie müssen darüber hinaus der Natur entnommen werden!

DIE VEGETATION

In diesem Kapitel wird auf die Algenarten hingewiesen, die für Liebhaber eines tropischen Meeresaquariums von gewissem Interesse sind.

Cyanophyzeen (ehemals **Blaualgen**) sind einzellig oder bilden Kolonien, besitzen keinen Zellkern und weisen neben Chlorophyll auch ein grünblaues Pigment (daher der Name!) auf. Für ihr Wachstum brauchen sie viel Kohlendioxid, und sie haben die Fähigkeit, Stickstoff zu binden. Vermehren sie sich stark, so ist das allgemein ein Anzeichen für schlechte Bedingungen im Aquarium, wie z. B. zu niedere pH-Werte oder zu wenig Sauerstoff; Blaualgen treten als schleimiger grünbläulicher Belag auf.

Diatomeen oder **Bacillariophyzeen (Kieselalgen)** sind Einzeller, zum größten Teil planktonisch und weisen gelbe oder braune Farbstoffträger auf. Von Aquarianern werden sie »Braunalgen« genannt, und sie sind die ersten Algen, die sich in neu eingerichteten Becken ansiedeln. Diatomeen vermehren sich sehr schnell und überziehen den Boden in kurzer Zeit mit einem feinen braunen Teppich; ein exzessives Kieselalgenwachstum deutet auf verschmutztes, nährstoffreiches Wasser hin.

Die Vegetation im Meerwasseraquarium spielt eine wesentliche Rolle, weil sie dazu beiträgt, sowohl das chemophysikalische Gleichgewicht des Wassers aufrechtzuerhalten als auch Unterstände und zugleich Substrat zu bilden, das für die Eiablage vieler Arten geeignet ist. Auf dem Bild: Caulerpa prolifera, *eine Grünalge.*

45

Grünalgen oder **Chlorophyzeen** sind charakteristische und häufige pflanzliche Organismen entlang der Küstenstreifen. Grünalgen können ein- oder mehrzellig sein, dem Plankton angehören oder benthisch (bodenlebend) sein. Viele Arten dienen als Nahrung für Fische und Weichtiere (*Ulva lactuca*); die Anwesenheit fadenförmiger Grünalgenarten wie etwa *Cladophora* ist ein Hinweis für gute Bedingungen im Aquarium; manche makroskopische Arten sind vom Aussehen her den Süßwasserspezies vergleichbar. Am bekanntesten unter ihnen sind die diversen Arten der Gattung *Caulerpa,* die gewöhnlich nicht Korallenriffe, sondern Sandbänke und Felsen besiedeln, welche für Korallen ungeeignet sind. Die für Aquarien am häufigsten importierten Arten sind: *C. cupressoides* (weicher und sandiger Boden), *C. prolifera, C. racemosa* und *C. taxifolia* (harter Boden und Steinkorallen). Die Arten der Gattung *Caulerpa* bevorzugen normale Beleuchtung und eher bewegtes Wasser.

WIRBELLOSE TIERE

Der Besatz eines Meerwasseraquariums mit wirbellosen Tieren (Evertebraten) verleiht diesem eine besondere Faszination. Im Allgemeinen sind solche Organismen erstaunlicherweise jedoch schwieriger zu halten als Fische, weil sie wegen ihrer erhöhten Empfindlichkeit von jeder Veränderung ihres Lebensraumes schnell in Mitleidenschaft gezogen werden. So passen sie sich beispielsweise nur sehr langsam an den Übergang von einem Wassertyp auf einen anderen an; wenn beispielsweise durch das Sinken des pH-Wertes, der stets um ca. 8 gehalten werden sollte, ein Teilwasserwechsel notwendig ist. Darüber hinaus können sie auch durch eine erhöhte Konzentration von organischen Stickstoffverbindungen geschädigt werden; schließlich verursachen noch zink- und kupferhaltige Präparate, die man zur Bekämpfung von Hautparasiten der Fische verwendet, in vielen Fällen ihren Tod.

Um die für wirbellose Tiere günstigsten Lebensbedingungen zu schaffen, empfiehlt es sich, sie mit Fischarten mit speziellen Nahrungsansprüchen zu vergesellschaften. Im Allgemeinen eignen sich dazu Seepferdchen, Große Seenadeln und andere Arten, die sich von Plankton ernähren, die man ruhig gemeinsam mit *Spirographis* (Röhrenwürmern), Coelenteraten (Hohltieren), Seesternen, Schlangensternen, Mollusken (Weichtieren), Seeigeln und kleinen Krustentieren halten kann.

Für festsitzende wirbellose Tiere und solche, die sich langsam fortbewegen, ist die stete Bewegung des Wassers wichtig. In der Natur ermöglicht die ständige Strömung des Wassers an den Korallenriffen z. B. die natürliche Entfernung der Schleimschicht von den Seeanemonen, die diese an ihrer Außenwand absondern.

Im Aquarium kann man diesen Effekt erzielen, indem man den Diffusor mit mehreren porösen Steinen verbindet oder Unterwasserpumpen verwendet.

In der Folge eine Aufzählung jener Arten von wirbellosen Tieren, die sich für eine Haltung im Aquarium gut eignen.

Unter den **Gorgonien,** das sind Kolonien bildende Coelenteraten, wird *Mopsella aurantia,* eine Art, die von den Philippinen stammt, vor allem wegen ihrer Polypen geschätzt, die auch bei vollem Licht geöffnet bleiben.

Madreporarien sind die für ein Meeresaquarium interessantesten Coelenteraten, aber leider sehr teuer. Die robusteste und im Aquarium langlebigste Art von Steinkorallen ist die aus dem indopazifischen Raum importierte Art *Plerogyra sinuosa;* im Handel sind zumeist nur relativ kleine, ca. 20 cm lange »Stücke« erhältlich. Eine weitere bekannte Spezies ist *Tubastraea aurea,* deren

Merkmal kleine orangefarbene Polypen sind. Sofern die Grundbedürfnisse dieser Art erfüllt werden, kann sie im Aquarium mehr als zwei Jahre am Leben bleiben.

Zu den gesuchtesten Arten unter den **Seeanemonen** (Actinien) gehört die im indo-pazifischen Raum und im Roten Meer beheimatete Art *Radianthus malu;* im Aquarium ernährt sie sich von tierischem Futter wie z.B. Fleisch von Muscheln, Rindsleberstückchen, erwachsener *Artemia* (Salinenkrebschen), Regenwürmern usw. Ebenfalls robust, aber weniger lebhaft gefärbt ist die Art *Radianthus ritteri,* die für eine Symbiose mit den Fischarten *Amphiprion nigripes, A. ocellaris,* und *A. percula* zu empfehlen ist. Außer mit diesen Anemonenfischen können Actinien auch symbiotische Verbindungen mit Garnelen, Einsiedlerkrebsen und Krabben eingehen.

Die Arten der Gattung **Cerianthus,** Zylinderrose, sind die im Aquarium möglicherweise langlebigsten wirbellosen Tiere. Sie kommen in allen tropischen Meeren vor: *Cerianthus orientalis* beispielsweise im gesamten tropischen Pazifik, *Pachycerianthus manua* im Indopazifik. Beide bevorzugen stark bewegtes Wasser, sind aber bezüglich der Beleuchtung wenig anspruchsvoll und bei chemophysikalischen Veränderungen des Wassers weniger empfindlich als die Seeanemonen. Im Aquarium nehmen diese Tiere jegliches tierische Futter an, gleichgültig ob getrocknet, gefriergetrocknet, tiefgekühlt oder lebend.

Die **Zoanthiden** (Krustenanemonen) sind Coelenteraten, die direkt auf verschiedenen harten Substraten siedeln; Felsen, Schwämme, Skelette von Steinkorallen etc. Die am häufigsten importierte und schönste Spezies unter ihnen ist *Parazoanthus gracilis* mit länglichen gelben Polypen. Auch diese Art zählt zu jenen wirbellosen Tieren, die besonders leicht zu halten sind. Zur Gruppe der **Anneliden** (Ringelwürmer) gehört die aus dem Indischen Ozean sehr häufig importiere Spezies *Sabellastarte indica,* weil sich im Aquarium als überaus widerstandsfähig erwiesen hat. Dieses Tier benötigt jedoch genügend Wasserbewegung und vor allem eine sehr abwechslungsreiche Nahrung. Zur Familie der **Serpuliden** (Röhrenwürmer) gehört die Art *Spirobranchus giganteus,* der regelmäßig aus tropischen Meeren importiert wird. Diese Spezies ist ziemlich empfindlich und deshalb nur für erfahrene Aquarianer zu empfehlen.

Auf diesen Seiten zwei verschiedene Arten von Gorgonien, die für den Indischen Ozean typisch sind.

Stenopus hispidus
*ist ein kleiner
Krebs mit rotweiß
gestreiftem Körper
und Scheren.
Diese Art eignet
sich für Meeres-
aquarien und ist im
Handel erhältlich.*

Zu den am häufigsten in Aquarien gehaltenen **Crustaceen** (Krebse) zählen Garnelen, unter denen die Art *Stenopus hispidus* am bekanntesten ist und regelmäßig in
den Handel kommt. Aus tropischen Meeren stammend, wird diese Garnele wegen
ihrer besonderen Schönheit bevorzugt gehalten. Um Aquarien, die einen etwas stati-
schen Eindruck erwecken, weil sie von vielen festsitzenden Coelenteraten besiedelt
sind, etwas zu beleben, empfiehlt es sich, eine weitere Garnelenart zu halten, *Lysma-
ta grabhami*. Auch Langusten sind Krebse, die in Aquarien relativ leicht zu halten
sind, wobei einige tropische Arten sehr auffällig und attraktiv sind. Eine für den Aqua-
ristikmarkt importierte Art ist z. B. *Palinurus ornatus*, die aus dem indopazifischen
Raum kommt. Krabben sind leider für ein Leben im Aquarium nicht geeignet, obwohl
sie für den Betrachter sehr interessant wären.
Unter den Meeresschnecken sind die Arten der Gattung **Cypraea** (Kaurischnecken)
als einzige einigermaßen leicht erhältlich. *Cypraea tigris* entwickelt sich in großen und
nicht zu dicht mit festsitzenden wirbellosen Tieren besiedelten Becken recht gut. Als
Futter bevorzugt diese Art tierische Nahrung, die sie auf dem Bodengrund findet.
Muschelarten für Aquarien sind im Handel kaum verfügbar, obwohl sie sehr interessante Formen bilden. Erwähnt sei die herrliche Spezies *Lima scabra*, die regelmäßig
aus der Karibik importiert wird. Sie bevorzugt gut bewegtes Wasser und lebt am
besten mit ruhigen Arten zusammen. Als Nahrung benötigt sie Phytoplankton bzw.
Futter für Filtrierer.
Die **Haarsterne** der Gattung *Comatula* sind tropische **Crinoiden,** die im Vergleich
zu ihren mediterranen Verwandten nicht nur höher entwickelt, sondern auch artenrei-
cher auftreten. Unter den 500 tropischen Arten gibt es nur sehr wenige, die sich im
Aquarium längere Zeit halten können. Es handelt sich dabei um Haarsterne, die von
Korallenriffen des indopazifischen Raumes stammen.
Seesterne sind die beliebtesten Wirbellosen und bei vielen Aquarianern wegen ihrer
herrlichen Farben und der Schönheit ihrer Formen heiß begehrt. Die meisten
ernähren sich von Muscheln oder von anderen Stachelhäutern, andere von Peri-
phyton, das als dünner Film aus mikroskopisch kleinen Lebewesen Algen und andere Objekte unter Wasser überzieht. Unter den interessantesten Seesternen seien die
Arten *Culcita schmideliana* aus dem Roten Meer und dem indopazifischen Raum,
Oraster nodosus, der aus Südostasien importiert immer häufiger auftaucht, und *Fro-
mia elegans,* ein herrlicher roter Stern, erwähnt.

DIE FISCHE

Anders als viele Arten von tropischen Süßwasserfischen, die bereits in Aquarien gezüchtet werden können, muss der größte Teil an Arten von tropischen Meeresfischen direkt aus seinem natürlichen Lebensraum gefischt und dann in die verschiedenen Länder importiert werden. Sie kommen vor allem aus Südostasien (Philippinen, Singapur, Thailand), aus der Karibik und dem Indischen Ozean (Kenia, Mauritius). Ständig wechselnde Bedingungen, vom Fang bis zum Detailverkauf, bedingen meist hohen Stress und Schäden im Organismus. Dementsprechend hoch ist die Mortalitätsrate. Tropische Meeresfische sind besonders empfindlich gegen Störung der Parameter und daher schwierig in der Haltung: sie tolerieren keine zu niedrigen pH-Werte, leiden sehr unter dem Vorhandensein von gelöstem Ammoniak und anderen organischen und anorganischen Stickstoffverbindungen, und daher auch unter der Verschmutzung des Wassers. Es ist wichtig, alle Parameter ständig unter Kontrolle zu halten und, wenn notwendig, die Schwankungen mit einer teilweisen Erneuerung des Wassers zu kompensieren.

Die Auswahl der Fische darf nicht auf der Basis von ästhetischen, sondern nur nach logischen Kriterien erfolgen, und man sollte vor allem auf das Verhältnis zwischen der Dimension des Beckens und der Größe der darin lebenden Fische achten. Bevor man ein Aquarium einrichtet, sollte man das Verhalten der gewünschten Spezies sowohl in der Natur als auch in Gefangenschaft kennen lernen, wobei sich dieses nicht immer deckt. Solche Kenntnisse sind dann von großer Bedeutung, wenn man ein eventuelles abnormales Verhalten rechtzeitig erkennen soll.

Abgesehen von der Größe, der physischen Beschaffenheit und des Verhaltens seiner Fische muss der Aquarianer auch deren Ernährung bedenken. Ideal wäre es natürlich, immer lebendes oder frisches Futter zur Verfügung zu haben. Da dies aber nicht immer möglich ist, sollte man vernünftigerweise als Anfänger weniger empfindliche Fischarten wählen, die sich leicht an trockenes Futter gewöhnen lassen. Mit steigender Erfahrung und Wissen kann sich der Aquarianer dann später erlauben, auch anspruchsvollere Arten zu halten.

Ein Seestern, der im Roten Meer und im indopazifischen Raum beheimatet ist: Culcita schmideliana *(auf dem Foto mit unter dem Körper eingezogenen Armen) ist bei Meerwasseraquarianern überaus beliebt.*

Scorpaenidae

Die Vertreter dieser Familie, bekannt auch als Drachenköpfe, sind in warmen und gemäßigt warmen Meeren verbreitet und gehören zu den beeindruckendsten Geschöpfen, die ein Meeresaquarium beherbergen kann. Sie sind von massivem Körperbau, mit großem Kopf, charakteristischem breitem Maul und großen Augen. Die Rückenflosse ist unterteilt in einen vorderen, von steifen, spitzen Flossenstrahlen gestützten Teil, die an der Basis Giftdrüsen tragen, und in einen hinteren Teil mit weichen Strahlen. Auch Brust-, Bauch- und Afterflosse können mit steifen Strahlen versehen sein. Oft verfügen diese Fische über ein buntes Kleid und sind auffallend

Dendrochirus zebra

Diese bei Aquarianern sehr geschätzte Spezies ist in den Korallenriffen des Indischen und des Pazifischen Ozeans beheimatet; alle Arten der Gattung *Dendrochirus* sind sehr geschickte Räuber. Diese Art zeigt einen kurzen und massiven Körper, ein großes Maul und steife, spitze Flossenstrahlen, die äußerst lang und giftig sind. Alle Flossen sind auffallend ausgeprägt, vor allem die Brustflossen breiten sich fächerförmig wie Flügel aus; die Strahlen der Rückenflossen sind an der Basis durch eine Membran entlang ihres Saumes verbunden. Darüber hinaus zeigt der Fisch zwei stielartige Fortsätze über den Augen. Seine auffällige Zeichnung hat einen warnenden Zweck, um damit Raubfischen zu signalisieren, sich auf Distanz zu halten: Seine Färbung ist im Grundton Braunrot, lebhaft gezeichnet durch auffällige weiße Querstreifen, die über Kopf, Körper und Schwanzstiel verlaufen; die Strahlen der unpaarigen Flossen sind durch Reihen von Flecken geschmückt und durch transparente Membranen verbunden; die Brustflossen weisen verschiedene Flecken oder Streifen und ein auffälliges dunkles Mal an ihrem Ansatz auf.

NAHRUNG *Dendrochirus zebra* ist ein besonders gefräßiger Räuber, der lebende Nahrung als Ganzes verschlingt, wie z. B. Garnelen und kleine Fische, man kann ihn aber auch an anderes Futter gewöhnen. Manche Exemplare gewöhnen sich sogar daran, totes Futter zu fressen, das sie sich vom Boden holen.

VERHALTEN In freier Natur führen Vertreter dieser Art das Leben von Einzelgängern und verbringen fast den ganzen Tag verborgen in ihrem Unterschlupf, während sie in

*gezeichnet, um Feinden ein Fernbleiben na-
hezulegen. Die für die Aquaristik interessanten Arten, vor allem die Gattungen*
Pterois *und* Dendrochirus, *müssen
mit äußerster Vorsicht behandelt
werden und brauchen genug
Raum, um ihre auffallenden Flossen entfalten zu können. Sie sind
geschickte Räuber, die, zumindest
am Anfang, mit lebender Nahrung gefüttert werden müssen, und zwar mittels Pinzette, um
dabei böse Überraschungen zu vermeiden.*

Pterois
antennata

der Nacht auf Nahrungssuche gehen. Auf der Jagd nähert er sich der Beute langsam
und verschlingt sie ruckartig. Im Aquarium kann er mit anderen Exemplaren zusammenleben, wenn sie ähnlicher Größenordnung oder größer als er selbst sind. Kleinere
Mitbewohner verschlingt er sofort.

FORTPFLANZUNG Bis heute unbekannt.

ANMERKUNG Ein sehr ähnliches Aussehen, aber kleinere Dimensionen zeigt ***Dendrochirus brachypterus***, allgemein Kurzflossen-Zwergfeuerfisch genannt. Beide
Arten sind giftig und müssen mit äußerster Vorsicht behandelt werden: im Falle einer
Verletzung muss man die betroffene Stelle in sehr heißes Wasser tauchen, so heiß,
wie man es gerade noch aushalten kann, um die Gerinnung des Eiweißgiftes zu fördern und den Schmerz zu lindern. Auf jeden Fall ist es absolut notwendig, so rasch
wie möglich einen Arzt zu konsultieren.

TECHNISCHE TIPPS

Beide Arten brauchen viel Platz, und der Bodengrund des Beckens sollte mit Felsbrocken oder Korallen so ausgestattet sein, dass sich Spalten und Verstecke ergeben. Die Beleuchtung sollte gut sein, die Wassertemperatur zwischen 24 und 26 °C
betragen, bei einem pH-Wert, der nicht unter 8,2 und nicht über 8,6 liegt, und einer
Wasserdichte von 1023.

Serranidae

Ursprünglich in den tropischen und gemäßigten Gebieten beheimatet, sind die Serraniden (Zackenbarsche) große Fische, die sich durch einen massiven, von gezähnten Schuppen bedeckten Körper auszeichnen, mit großen Augen, die im oberen Teil des Kopfes liegen, und einem breiten Maul mit vielen Zähnen. Ihre Kiemendeckel sind mit Dornen versehen, der vordere Teil ihrer zweiteiligen Rückenflossen wird von spitzen Flossenstrahlen gestützt. Diese Fische bewohnen in der Natur felsige Küsten und Korallenriffe, die reich an Höhlen und Spalten sind, wo sie im Verborgenen auf die Beute lauern. Auch im begrenzten Raum eines Beckens behalten sie diese angeborene Gewohnheit bei und verlassen ihren Einstand nur von Zeit zu Zeit, um das dargebotene Futter zu verschlingen. Nur wenige Arten haben für das Aquarium geeignete Größen, wo sie sich

Calloplesiops altivelis

Visitenkarte

Deutscher Name
Augenfleck-Mirakelbarsch

Herkunft
indopazifischer Raum

Körperlänge
bis zu 20 cm

Haltung
einfach

Natürliche Umgebung
Korallenriffe

Vergesellschaftung
mit Fischen ähnlicher Größe

Diese herrlich gezeichnete Art war bis vor etwa dreißig Jahren praktisch unbekannt; heute hingegen ist sie bei den Aquarianern überaus bekannt und auch relativ leicht erhältlich. Im indopazifischen Raum beheimatet, weist diese Spezies den für Serraniden typischen massiven Körperbau auf, der jedoch von einem großen fächerförmigen Schwanz, von den besonders breiten Rücken- und Afterflossen und den schmalen, aber ziemlich langen Bauchflossen eine elegante, auffallende Form erhält. Diese Flossensäume bewegen sich wellenartig, wenn das Tier schwimmt, aber auch wenn es still steht. Die Grundfärbung ist Braun, die Brustflossen sind durchscheinend und werden von gelben Flossenstrahlen gestützt. Auf dem hinteren unteren Teil der Rückenflosse ist ein großer schwarzer Fleck zu sehen, der, gelb und weiß gesäumt, einem Auge ähnlich ist, um damit Raubfische zu täuschen. Der gesamte Körper und die Flossen sind mit weißen, teils ins Hellblau spielenden kleinen runden Flecken übersät.

NAHRUNG Das bevorzugte Futter dieser Art besteht aus lebenden kleinen Fischen und Garnelen, welche die Tiere mit jähen Bewegungen ruckartig verschlingen. Nach einer gewissen Zeit gewöhnen sie sich auch daran, dargebotene Streifen von Fisch oder Fleisch zu fressen.

dank ihres ruhigen Temperaments leicht eingewöhnen. Im Allgemeinen erweisen sich Zackenbarsche als sehr robust und können auch schwierige Umweltbedingungen ertragen. Sie gewöhnen sich rasch an Fleischnahrung, z. B. kleine Streifen von Fisch oder Fleisch, aber als geborene Räuber haben sie es lieber, kleine lebende Fische und Garnelen zu jagen. Aus diesem Grund dürfen sie auf keinen Fall mit kleineren Arten gemeinsam gehalten werden. Wegen der beträchtlichen Größe fortpflanzungsfähiger Tiere war es bisher noch nicht möglich, eine Fortpflanzung von Serraniden in der Enge eines Aquariums zu beobachten.

Grammistes sexlineatus

VERHALTEN Ein friedlicher Fisch, der lange im Hinterhalt zwischen den Felsen versteckt auf Beute lauert. Wenn das Tier in ruhiger Umgebung lebt, gewöhnt es sich meist daran, das Futter direkt aus der Hand jener Person zu nehmen, die es füttert. Exemplare dieser Art können nur mit ebenso friedlichen Fischen etwa gleicher Größe zusammenleben oder in Aquarien mit nicht zu kleinen wirbellosen Tieren gesetzt werden. Sie dürfen nicht mit kleineren Fischen vergesellschaftet werden, da diese eine leichte Beute bilden könnten.

FORTPFLANZUNG Bislang gibt es weder Berichte noch gesicherte Daten über die Fortpflanzung der Art im Aquarium.

TECHNISCHE TIPPS

Wie alle Fische, die in Riffen leben, bevorzugt der Augenfleck-Mirakelbarsch Becken, die genügend Unterschlupf bieten, wo er sich verstecken kann. Die Beleuchtung sollte gedämpft sein und die Wassertemperatur muss zwischen 24 und 28 °C gehalten werden, bei einem pH-Wert von ca. 8 und einer Wasserdichte von 1025.

Pseudochromiden · Grammiden

Zu diesen beiden Familien gehören lebhaft gefärbte Arten, die verschiedene typische Eigenschaften zeigen. Die Pseudochromiden sind vom Roten Meer bis zum indopazifischen Raum verbreitet, wo sie in den Höhlen und Spalten der Korallenriffe leben. Ihr Aquarium muss daher mit Steinen und Korallen derart eingerichtet werden, dass ihrem natürlichen, reich strukturiertem Habitat entsprochen wird: Pseudochromis porphyreus nimmt sogar ein entschieden aggressives Verhalten an, wenn nicht genügend Verstecke vorhanden sind. Es handelt sich bei diesen Fischen um extrem schnelle und gewandte Schwimmer, die in wahrhaft artistischer Manier losschnellen und Wendungen vollbringen können, mit denen sie auf ihre Beute stürzen und Gegner attackieren, welche im Übrigen fast immer Mitglieder der eigenen Spezies sind. Sie lassen sich ohne Schwierigkeiten mit Lebendfutter (etwa Mysis), mit Futter aus dem Meer und auch tiefgekühlten Nahrungsmitteln ernähren.

Pseudochromis flavivertex

Visitenkarte

Deutscher Name
Gelbbinden-Zwergbarsch

Herkunft
Rotes Meer

Körperlänge
bis zu 10 cm

Haltung
mittelschwierig

Natürliche Umgebung
Korallenriffe

Vergesell-schaftung
möglich

Zwar lebt dieser Fisch in der Natur in Wasser mit sehr hohem Salzgehalt (40‰), lässt sich aber mit Erfolg auch in Aquarien mit nur 30‰ Salzgehalt halten. Im Allgemeinen ist die Form dieser Art länglich, seitlich leicht zusammengedrückt, mit langer Rücken- und Afterflosse. Das Maul ist eher klein. Das Kleid ist zweifarbig: auf dem hellblauen Körper verläuft oben, vom Kopf über den Rücken einschließlich Rückenflosse bis zur Schwanzspitze, ein Streifen in wunderschönem Chromgelb. Der untere Teil ist, einschließlich der Flossen, heller. Nach Aussagen der landläufigen Fachliteratur gibt es einen klaren Geschlechtsdimorphismus, wonach die Weibchen keine gelbe Färbung auf dem Rücken zeigen. Neuere Untersuchungen, die sowohl in der Natur als auch in der Gefangenschaft durchgeführt wurden, zeigten aber, dass junge Fische, die aus einer speziellen Region des Roten Meeres kommen, diesen Unterschied noch nicht aufweisen: haben sie jedoch im Aquarium das Erwachsenenstadium erreicht, so nehmen sie die typische Färbung der Spezies an. In jedem Fall ist aber dennoch ein leichter Geschlechtsdimorphismus zu bemerken, die Weibchen sind kleiner und haben einen ausgeprägteren Bauch.

NAHRUNG Vertreter dieser Art brauchen ein wenig Zeit, um sich an eine Ernährung auf der Basis von Totfutter zu gewöhnen, sobald sie sich aber eingelebt haben, akzeptieren sie eine große Bandbreite an tiefgefrorener und getrockneter Nahrung, wobei sie diese auch vom Boden holt.

VERHALTEN In der Natur leben die Tiere einzeln oder in Paaren, im Allgemeinen auf sandigem Grund, auf dem felsige Elemente verstreut liegen, die als ausgezeich-

Die Familie der Grammiden wird durch eine einzige Gattung vertreten, von der sie den Namen hat (Gramma). *Ihr Vorkommen beschränkt sich auf die Karibik und den westlichen Atlantik. Es handelt sich um Fische mit lebhaften Farben, die das Leben von Einzelgängern in den Verstecken von Spalten und Höhlen der Korallenriffe führen. Aus diesem Grund müssen sie auch im Aquarium viele Verstecke zur Verfügung haben. Sie sind von eher ruhigem Temperament (mit Ausnahme von* Gramma melacara, *mit deutli-*

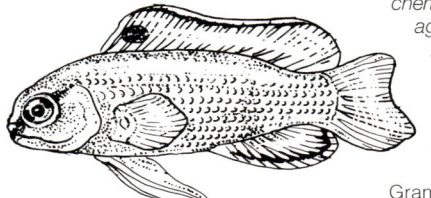

chem Revierverhalten), aber sie können sich aggressiv gegenüber ihren Artgenossen zeigen, falls der Lebensraum zu beschränkt ist, oder Vertreter anderer Fischarten angreifen, wenn diese ihre von ihnen als Eigentum betrachteten Höhlen besetzen.

Gramma loreto

nete Zufluchtsorte für jedes Individuum den jeweiligen Mittelpunkt ihrer Territorien darstellen. Aufgrund dieses ausgeprägten Revierverhaltens kann jedes Aquarium nicht mehr als ein Paar dieser Fische beherbergen. Nach Ablage der Eier durch das Weibchen vertreibt das Männchen seine Partnerin, indem es versucht, das Weibchen anzugreifen und zu beißen, bis es in irgendeinem Versteck Zuflucht sucht (was nur dann möglich ist, wenn das Aquarium groß genug ist).

FORTPFLANZUNG In jüngster Zeit ist die Fortpflanzung dieser Art im Aquarium gelungen. Sobald der Bauch des Weibchens von den darin befindlichen Eiern angeschwollen ist, beginnt das Männchen ein Balzritual mit Tänzen, die sich über eine Stunde hinziehen können, um es in seine Höhle zu locken. Dort werden die klebrigen Eier in kugelförmigen Haufen abgelegt und besamt. Das Gelege wird bis zum Ausschlüpfen vom Männchen bewacht und energisch verteidigt.

TECHNISCHE TIPPS

Will man die natürliche Umgebung der Fische so getreu wie möglich nachahmen, so empfiehlt es sich, das Becken mit stark verzweigten Steinkorallen auszustatten. Da die Tiere nachtaktiv sind, brauchen sie zahlreiche Verstecke und Unterschlupfe, in die sie sich während des Tages zurückziehen können. Die Wassertemperatur muss zwischen 24 und 28 °C liegen, bei einem pH-Wert von mindestens 8 und einer Wasserdichte zwischen 1020 und 1022.

Gramma loreto

Visitenkarte

Deutscher Name
Königs-
Feenbarsch

Herkunft
Atlantik,
Karibische See

Körperlänge
bis zu 6 cm

Haltung
mittelschwierig

Natürliche Umgebung
Korallenriffe

Vergesell-schaftung
möglich

Ist sicherlich eine jener Arten, die bei Aquarianern, aufgrund der ungewöhnlichen und intensiven Färbung ihres Kleids, überaus geschätzt werden. Dieser kleine Fisch aus der Karibik weist ein eher gerundetes oberes Profil des Körpers auf, mit einer einzigen, bis zum Schwanzstiel reichenden Rückenflosse, fächerartigen Brustflossen und langen Bauchflossen. Der vordere Teil des Körpers ist leuchtend violettrot gefärbt, der hintere Teil leuchtend orangegelb. In dem Bereich, in denen die zwei Farben aufeinander treffen, scheint es, als würde sich das Gelb mit einer Reihe kleiner Punkte auf purpurnem Grund »ankündigen«. Auf den ersten Strahlen der Rückenflosse ist ein deutlicher rundlicher schwarzer Fleck zu sehen.

NAHRUNG In Gefangenschaft nimmt diese Art Lebendfutter in kleinen Mengen an (Krebschen, *Tubifex, Artemia*), Fleisch oder Molluskenfleisch. Im Allgemeinen handelt es sich dabei jedoch um einen Fisch mit gewissen Vorlieben bei der Nahrungsaufnahme, bei dem es auch passieren kann, dass er nicht genügend abbekommt, wenn er in Gesellschaft von allzu fressgierigen Mitbewohnern lebt.

VERHALTEN In zu kleinen Aquarien zeigt sich diese Art Exemplaren derselben Art gegenüber häufig aggressiv, während in genügend großen Becken mehrere Individuen zusammenleben können. Obwohl scheu, verteidigt das Tier sein Territorium energisch. Es hat die eigenartige Eigenschaft, sich mit dem Bauch an Oberflächen haften zu können, und man kann nicht selten beobachten, dass ein Exemplar mit dem Rücken nach unten an der Decke einer Felshöhle hängt.

FORTPFLANZUNG Während der Paarungszeit vollführt das Männchen Hochzeitstänze und lebt mit dem Weibchen während der Fortpflanzungszeit im selben Territorium. Das Paar richtet aus Korallenstückchen und Algen ein Nest für die Eier her, und der größere Fisch, vermutlich das Männchen, bewacht dieses. Leider war es bisher nicht möglich, Jungfische im Aquarium großzuziehen.

TECHNISCHE TIPPS

Das Becken für *Gramma loreto* sollte sehr geräumig sein, mit vorkragenden Gesteinsstücken, Spalten und Höhlen, wo die Fische sich versteckt halten können, die Beleuchtung darf nur schwach sein. Das Wasser muss bei einer Temperatur zwischen 26 und 28 °C gehalten werden, mit einem pH-Wert nicht unter 8 und einer Wasserdichte von ca. 1025.

Apogonidae

Zur Familie der Apogonidae gehört eine reiche Zahl an Arten von eher geringer Größe, die den meisten Aquarianern unter dem Namen Kardinalsfisch bekannt sind; sie zeigen ein bei Meeresfischen ziemlich einzigartiges Verhalten, indem sie die befruchteten Eier in ihrer Mundhöhle aufbewahren und während dieser Zeit unbeweglich im Wasser schweben. Alle Arten stammen aus tropischen Meeren, wo die Tiere in den seichten Abschnitten der Korallenriffe leben. Dabei handelt es sich um nachtaktive Fische, die immer ein wenig Zeit brauchen, um sich an die Verhältnisse im Aquarium zu gewöhnen. Am Anfang können sich Schwierigkeiten bei der Annahme von Totfutter ergeben, aber sobald sie sich daran gewöhnt haben, erweisen sich die Tiere als ziemlich pflegeleicht, widerstandsfähig und von ruhigem Wesen. Die zwei am häufigsten im Handel verfügbaren Arten sind Sphaeramia nematoptera *und* Apogon maculatus.

Apogon
maculatus

Sphaeramia nematoptera

Der Körper dieser Apogonidenart aus dem indopazifischen Raum ist besonders gedrungen und nach dorsoventral entwickelt. Auf dem Rücken sind zwei getrennte Flossen ausgebildet, wobei die ersten Strahlen der zweiten Rückenflosse fadenförmige Fortsätze aufweisen. Auf dem kurzen, großen Kopf fallen große rote Augen und eine breite Mundspalte auf. Ziemlich einzigartig ist die Färbung des Kleids, das gewissermaßen einer Collage ähnelt, so als wären Körperteile verschiedener Arten neu kombiniert worden. Die Grundfärbung ist Gelbbraun, vor allem in der Kopfregion, sowie auf dem vorderen Teil des Körpers und auf den Bauchflossen; diese sind bisweilen rotbraun verbrämt. In der Mitte sticht ein breites vertikales Band dunkel eingerahmter Schuppen hervor, das vom Ansatz der ersten Rückenflosse bis zum Bauch verläuft und die hintere Rumpfpartie samt Schwanzstiel, die mit kleinen rötlichen Flecken übersät ist, vom übrigen Körper trennt.

NAHRUNG Diese Art ist eher heikel, daher können sich in der Akklimatisierungsphase eventuell Schwierigkeiten ergeben: Anfangs nehmen die Tiere nur kleines

Visitenkarte

Deutscher Name
Pyjama-Kardinal

Herkunft
indopazifischer Raum

Körperlänge
bis zu 12 cm

Haltung
Schwierigkeiten bei der Eingewöhnung

Natürliche Umgebung
Korallenriffe

Vergesellschaftung
möglich

Lebendfutter wie z.B. *Artemia*. Nach einiger Zeit gewöhnen sie sich auch an tief-gekühltes Futter, verweigern jedoch Flockenfutter absolut!

VERHALTEN Wie alle anderen Kardinalsfische ist diese Art nachtaktiv und braucht daher einige Zeit, um sich an die Beleuchtung im Becken zu gewöhnen. Die Tiere sind von ruhigem Wesen, gesellig und können mit ebenso friedfertigen Mitbewohnern gut zusammenleben. Eine Kuriosität dieser Art: der Fisch kann vie-le Stunden lang völlig unbeweglich verharren.

FORTPFLANZUNG Bislang jetzt konnte noch keine Fortpflanzung im Aquarium nachgewiesen werden. In der Natur wurden Weibchen beim Maulbrüten beobachtet.

TECHNISCHE TIPPS

Der Bodengrund des Beckens soll für Tiere dieser Art viele Verstecke zwischen den Strukturen bieten. Da sie wenig erleuchtete Gewässer vorziehen, sollte die Beleuchtung eher gedämpft sein. Die Wassertemperatur muss zwischen 24 und 28 °C gehalten werden, bei einem pH-Wert nicht unter 8 und einer Wasserdichte um 1025.

Monodactylidae

Diese Familie wird von der einzigen Gattung Monodactylus vertreten, zu der Arten gehören, welche auch in Brackwasser
leben können. Die seitlich sehr abgeflachte und hohe Körperform lässt zusammen mit dem silbrigen Schuppenkleid den Vergleich mit einer Silbermünze aufkommen.
Bezüglich ihrer Merkmale und Ratschläge zur Haltung empfiehlt sich die Lektüre der nachfolgend beschriebenen Art Monodactylus argenteus. Abgesehen von dieser ist ein weiterer Vertreter der Gattung
erwähnenswert, der zwar ein wenig empfindlicher ist,
aber dennoch leicht zu halten: Monodactylus sebae, eine
Art, die durch ihre fast abnormale Körperform auffällt, nämlich mit derart dorsoventral verlängerter Rücken- und Afterflosse, dass der Körper viel höher als lang ist.

Monodactylus
sebae

Monodactylus argenteus

Visitenkarte

**Deutscher
Name**
Silberflossen-
blatt

Herkunft
indopazifischer
Raum

Körperlänge
bis zu 10 cm

Haltung
mittelschwierig

**Natürliche
Umgebung**
von Meerwasser
bis Brackwasser

**Vergesell-
schaftung**
möglich

Dieser aus dem indopazifischen Raum stammende Schwarmfisch lebt in den
brackigen küstennahen Gewässern bis hin zum offenen Meer. Das Körperprofil
einschließlich der Flossen ist rhombisch, aber der Rumpf selbst scheibenförmig und
seitlich sehr abgeflacht. Rücken- und Afterflosse in Dreiecksform sind sehr breit,
beide entspringen etwa der Körpermitte und reichen bis zum Schwanzstiel. Die
dreieckige Schwanzflosse hat einen geraden Saum. Die Färbung ist, wie schon der
lateinische Name sagt, silberglänzend, mit goldglänzenden Schattierungen auf dem
Rücken. Rücken- und Afterflosse sind orangefarben und braun gesäumt. Über den
Kopf verlaufen fast dorsoventral zwei schwarze Bänder, eines durch das Auge, das
andere über den Kiemendeckel. Mit zunehmendem Alter tendiert die Färbung dazu,
einheitlich zu werden und behält nur noch leichte Spuren von Gelb und Schwarz.

NAHRUNG Die Tiere ernähren sich vorwiegend von Lebendfutter, gewöhnen
sich aber mit der Zeit auch an frisches und tiefgekühltes Futter. Bisweilen nehmen
sie auch Flockenfutter an, dies aber nur, wenn sie von klein auf daran gewöhnt
werden. Es ist wichtig, den Fischen auch pflanzliche Nahrung zu verabreichen. Je
abwechslungsreicher das Menü, desto lebhafter zeigt sich die Färbung.

VERHALTEN Silberflossenblattfische sind friedliche, geradezu scheue Fische,
die leicht erschrecken. Sie leben gut mit Exemplaren derselben Art zusammen
und bilden in geräumigen Aquarien kleine Schulen.

FORTPFLANZUNG Im Aquarium bislang nicht gelungen.

TECHNISCHE TIPPS

Das Becken für *Monodactylus argenteus* muss sehr groß sein, um freie Räume zum Schwimmen und ruhige Ecken als Zufluchtsräume zu bieten. Der Bodengrund sollte mit Korallensand und Gesteinsbrocken bedeckt sein. Die Wassertemperatur muss zwischen 23 und 26 °C liegen, der pH-Wert leicht alkalisch sein und die Härte des Wassers zwischen 10 und 20 °dGH betragen.

Chaetodontidae

Die Arten der Familie Schmetterlingsfische (auch Schmetterlinge genannt) werden von den Aquarianern einerseits wegen der farbigen Vielfalt ihres Kleides und andererseits wegen der Eleganz ihrer Bewegungen geschätzt. Die einzigartige Form des seitlich sehr zusammengedrückten und hoch entwickelten Körpers ermöglicht es den Tieren, zwischen den engsten Spalten der Korallenriffe hin- und herzuflitzen und so an Algen, Korallen und Schwämme heranzukommen, von denen sie sich ernähren. Die stachelige Rückenflosse wird zu Verteidigungszwecken eingesetzt, wobei die Angriffslust dieser Fische im Allgemeinen jedoch nur auf Revierkämpfe mit Artgenossen beschränkt ist. Schmetterlingsfische eignen sich nicht für Anfänger, weil sie ein eingefahrenes Becken und sehr stabile Wasserparameter erfordern. Darüber hinaus sind sie nicht besonders widerstandsfähig. Wegen ihres winzigen Mundes müssen sie mit fein zermahlenem Futter und winzigen Fischchen, ergänzt mit reichlich pflanzlichem Futter, ernährt werden.

Chaetodon auriga

Chaetodon fasciatus

Der Körper dieses aus dem Roten Meer stammenden Chaetodontiden ist sehr flach und seitlich zusammengedrückt; die Mundöffnung ist klein, endständig und mehr oder weniger weit vorstehend. Rücken- und Afterflosse sind gut entwickelt. Die Färbung ist Hellgelb. Über das Maul verläuft ein schwarzes Band von einem Kiemendeckel zum anderen und liegt wie eine Maske über den Augen. Sie wird oben von der weißen Stirn begrenzt. Über die Seitenpartien laufen 9 bis 12 schwarzbraune Streifen diagonal zur hinteren Körperhälfte hin bis zu den Flossen. Die weiche Rückenflosse, die Bauchflosse und der Schwanz weisen schwarze Säume auf, die innen weiß verbrämt sind. Die Jungfische unterscheiden sich durch einen auffälligen schwarzen Fleck am Schwanz.

NAHRUNG In der Natur ernährt sich die Spezies von Organismen, die zwischen den Korallen leben. Im Aquarium lassen sich die Fische, wenn auch unter großen Schwierigkeiten, an tierisches Futter gewöhnen. Man kann die Kost mit grünen inkrustierenden Algen ergänzen.

VERHALTEN Eine eher anspruchsvolle Spezies, die aufgrund ihrer höchst spezialisierten Ernährungsweise im Aquarium schwer zu halten ist. Normalerweise leben die Tiere paarweise oder führen ein Einzelgängerdasein.

FORTPFLANZUNG Im Aquarium noch nie gelungen.

TECHNISCHE TIPPS

Das Becken muss mit Korallen reich strukturiert sein, aber auch genügend Raum zum Schwimmen aufweisen. Die Beleuchtung soll stark sein, die Wassertemperatur zwischen 24 und 28 °C liegen, bei einem pH-Wert von 8 und einer Wasserdichte um 1025.

Visitenkarte

Deutscher Name
Tabak-Falterfisch

Herkunft
Rotes Meer

Körperlänge
bis zu 16 cm

Haltung
schwierig

Natürliche Umgebung
Korallenriffe

Vergesellschaftung
mit anderen Arten möglich

Chaetodon semilarvatus

Der Gelbe Rotmeerschmetterling, der nur im Roten Meer endemisch vorkommt, ist einer der größten Vertreter der Familie Chaetodontidae und kann länger als 20 cm werden. Er weist eine eher runde, hohe und abgeflachte Körperform auf, mit einem relativ gedrungenen Maul und einem konkaven oberen Profil. Der Saum der Schwanzflosse ist leicht konvex. Die Grundfärbung ist, wie der deutsche Name sagt, fast völlig Goldgelb und wird von 11 bis 15 Querstreifen in etwas dunklerem Ton durchlaufen; zwischen Augen und Kiemendeckel liegt ein hellblauer Fleck, der an eine Maske erinnert. Oft sind die hinteren Säume von Rücken- und Afterflosse von zwei sehr feinen Linien gezeichnet: und zwar eine dunkle, die sich von der zweiten, helleren und glänzenden Linie abhebt. Der äußere Saum von Schwanz- und Brustflossen ist transparent.

NAHRUNG Eine vorwiegend Fleisch fressende Spezies, die im Aquarium Molluskenfleisch, Krebsfleisch, Fisch, *Artemia* und *Tubifex* annimmt. Oft weiden die Tiere auch die im Becken vorhandenen Fadenalgen ab. Nach einer Akklimatisierungszeit gewöhnen sie sich auch an »künstliches« Futter.

VERHALTEN Dieser Schmetterling ist ein ausgezeichneter Schwimmer und dämmerungs- oder nachtaktiv. In Gefangenschaft sollte er nicht mit Individuen derselben Spezies oder mit ähnlichen Arten vergesellschaftet werden, weil er dann ein besonders aggressives Verhalten entwickelt.

FORTPFLANZUNG Unbekannt.

TECHNISCHE TIPPS

Der Gelbe Rotmeerschmetterling braucht ein sehr großes Becken mit weiten Räumen zum Schwimmen, aber auch mit vielen geeigneten Verstecken. Die Meinungen bezüglich seiner Anpassung an das Leben in Gefangenschaft gehen bei Aquarianern auseinander: einige halten ihn für eine empfindliche, nicht leicht zu akklimatisierende Spezies, andere wieder beschreiben ihn als leicht zu halten, mit robustem Appetit, großer Lebhaftigkeit und Widerstandsfähigkeit gegen Krankheiten. Die Beleuchtung soll gut sein, die Wassertemperatur zwischen 26 und 28 °C gehalten werden, bei einem pH-Wert von 8 und einer Wasserdichte von 1023.

Chelmon rostratus

Visitenkarte

Deutscher Name
Pinzettenfisch

Herkunft
indopazifischer Raum

Körperlänge
bis zu 17 cm

Haltung
schwierig

Natürliche Umgebung
Korallenriffe

Vergesell-schaftung
möglich, aber nur in großen Becken

Der Name dieses wunderschönen Fisches aus dem indopazifischen Raum leitet sich von seinem schnabelartig verlängerten Mund ab, der (mit Ausnahme der Art *Forcipiger longirostis,* S. 65) im Vergleich zu den anderen Chaetodontiden stärker ausgeprägt ist. Der Körper ist scheibenförmig zusammengedrückt, mit hohem Schwanzstiel. Die Augen sind rund, leicht hervorstehend und relativ groß. Rücken- und Afterflosse sind gut entwickelt und weisen einen beinahe vertikalen oberen Saum auf; die Bauchflossen sind breit und dreieckig; der Schwanz ist klein und kurz. Die Färbung ist genau abgegrenzt: die Grundfarbe ist Silberweiß mit vier breiten orangefarbenen, schwarz gesäumten Bändern; der Schwanzstiel hebt sich durch einen schwarzen Streifen und eine orangefarbene Linie ab, die sich zu den Lappen der Rücken- und Afterflosse hin verlängert. Auf dem hinteren Teil der Rückenflosse sitzt ein schwarzer Fleck, einem Auge ähnlich.

NAHRUNG In der Natur ernährt sich der Pinzettenfisch vorwiegend von Garne-len, die er mit seinem charakteristischen Rostrum aus den engen Spalten der Korallenstöcke zieht; im Aquarium zeigt er sich anfänglich misstrauisch, gewöhnt sich jedoch bald daran, *Tubifex* und *Artemia* zu fressen. Um ihn bei guter Gesundheit zu erhalten, ist es wichtig, sein Futter zu variieren.

VERHALTEN Er zeigt sich Individuen der eigenen Spezies gegenüber ziemlich aggressiv, daher muss das Aquarium genügend groß sein, um den Tieren eine Revierbildung zu ermöglichen. Er kann mit Fischen anderer Arten zusammenleben, zeigt jedoch ein ausgeprägtes Revierverhalten.

FORTPFLANZUNG In Gefangenschaft noch nie gelungen.

TECHNISCHE TIPPS

Die Qualität des Wassers im Becken muss stets genauestens kontrolliert werden, daher empfiehlt sich die Haltung eines Pinzettenfisches nur für erfahrene Aquaria-

ner: Störungen bei den Parametern des Wassers rufen Appetitverlust hervor. Dagegen ist diese Spezies besonders empfindlich, sie kann Hungern absolut nicht ertragen. Das Becken sollte mit korallinem Material eingerichtet werden, wobei für genügend Raum zum Schwimmen bleiben muss. Die Beleuchtung soll gut sein und die Wassertemperatur zwischen 24 und 28 °C liegen, bei einem pH-Wert von ca. 8 und einer Wasserdichte von 1025.

ANMERKUNG Das »falsche Auge« auf dem Ende der Rückenflosse (ein Charakteristikum, das oft auch bei anderen Fischarten auftaucht) hat den Zweck, Raubfische in die Irre zu führen, die in der Annahme, der Fisch habe den Kopf dort, wo er in Wirklichkeit den Schwanz hat, diesen weniger verwundbaren Teil des Körpers angreifen und so dem Tier die Möglichkeit lassen, in die entgegengesetzte Richtung zu flüchten.

Forcipiger longirostris

Diese im indopazifischen Raum beheimatete Art, mit der typische Form der Gattung *Chaetodon,* aber mit einem auffallend zum Rostrum verlängerten Maul ist wohl einzigartig unter den Schmetterlingen. Die großen Strahlen der Rückenflosse werden oft aufrecht gestellt. Die Farben sind sehr auffällig: eine dunkel-schwarze Region breitet sich auf dem oberen Teil des Kopfes aus und bildet ein Dreieck zwischen der Spitze des Mauls, dem Ansatz der Brustflosse und dem ersten Strahl der Rückenflosse. Der untere Teil des Mauls und die Kehle schaffen mit ihrer hellen Färbung, die ins Silbrig Blaue geht, einen weiteren Kontrast. Der übrige Körper ein lebhaftes Gelb mit einem unteren Saum in Hellblau und Grün und einem schwarzen Fleck am hinteren Saum der Afterflosse. Der Schwanz ist durchsichtig.

NAHRUNG Wegen seiner Gewohnheit, sich die Nahrung mit seinem langen Rostrum aus den Ritzen zu holen, und wegen seiner kleinen Mundöffnung darf man dem Fisch nicht zu große Brocken verfüttern. Die Kost sollte abwechselnd aus Lebendfutter, Fleisch und kleinen Weichtieren bestehen.

VERHALTEN Die Tiere können aggressiv sein, vor allem wenn sie ihr eigenes Revier abgrenzen müssen, sie sind stets auf Nahrungssuche. Wegen ihres unsozialen Wesens, sie sind wahre Raufbolde, ist *Forcipiger longirostris* nur für Aquarianer zu empfehlen, die bereits genügend Erfahrung mit Meeresfischen haben. Obwohl die Art in der Natur paarweise lebt, ist es besser, in Gefangenschaft nur ein Exemplar pro Becken zu halten.

FORTPFLANZUNG Es existieren keine glaubwürdigen Berichte über eine erfolgreiche Nachzucht.

ANMERKUNG Zu Beginn bringt die Haltung dieser Art gewöhnlich einige Schwierigkeiten mit sich, aber sobald sich die Fische einmal eingewöhnt haben, leben sie recht lange. Auch bei dieser Spezies dient das falsche Auge am hinteren Rand der Afterflosse dazu, Räuber irrezuführen, die, wenn sie auf den falschen Körperteil zielen, höchstens die Flossen beschädigen.

TECHNISCHE TIPPS

Das Becken sollte mit vielen Korallenstücken ausgestattet sein, aber genügend Raum bieten, um dem Fisch ein freies Schwimmen zu ermöglichen. Die Tiere benötigen eine intensive Beleuchtung und Wassertemperaturen zwischen 24 und 28 °C, einen pH-Wert von ca. 8 und eine Wasserdichte von 1025.

Visitenkarte

Deutscher Name
Langmaul-Pinzettfisch

Herkunft
indopazifischer Raum

Körperlänge
bis zu 18 cm

Haltung
mittelschwierig

Natürliche Umgebung
Korallenriffe

Vergesellschaftung
möglich, aber nur mit anderen Arten

Heniochus acuminatus

Dieser einzigartige, im indopazifischen Raum beheimatete Chaetodontide zeigt einen Körperbau, der für Schmetterlinge ziemlich ungewöhnlich ist, und zwar wegen der am dritten und vierten Strahl stark verlängerten wimpelartigen Rückenflosse. Das annähernd dreieckige Profil ist seitlich sehr zusammengedrückt, der Mund ist wie bei allen Chaetodontiden spitz, der Kopf klein. Die Grundfärbung ist Silbrig Weiß, mit zwei schwarzen, diagonal über die Seiten verlaufenden Bändern und einer ebenfalls schwarzen Linie, die über Augen und Stirn zieht. Der »Wimpel« der Rückenflosse ist weiß, während deren Rest und der Schwanz gelb gefärbt sind.

NAHRUNG Nervöse Tiere sind meist sehr futtergierig, sei es Lebend-, Frisch- oder Frostfutter. Um diese Art bei guter Gesundheit zu halten, ist es wichtig, die Kost stets zu variieren.

VERHALTEN In der Natur leben Wimpelfische in großen Schwärmen sowohl in den Korallenriffen als auch weiter entfernt davon. Unter allen Arten der Schmetterlinge ist er vielleicht der verträglichste und eignet sich deshalb auch, mit Artgenossen und anderen Arten zusammenzuleben: Dies ist mit ein Grund, dass diese Tiere, abgesehen von ihrer Schönheit, von den Aquarianern sehr geschätzt werden. Eine Vergesellschaftung mit aggressiven anderen Fischen ist deshalb zu vermeiden, weil diese seine prächtige Rückenflosse beschädigen könnten.

FORTPFLANZUNG Bisher konnte im Aquarium noch keine Fortpflanzung nachgewiesen werden.

TECHNISCHE TIPPS

Im Allgemeinen zeigen sich Wimpelfische, was die Wasserqualität betrifft, sehr anspruchsvoll, sind aber in Bezug auf die Nahrung anpassungsfähiger als andere Chaetodontiden. Die Einrichtung des Beckens sollte so echt wie möglich die Korallenbänke ihres natürlichen Lebensraums simulieren, dabei aber viel freien Raum zum Schwimmen bieten. Die Beleuchtung sollte stark sein und die Wassertemperatur zwischen 24 und 28 °C betragen, bei einem pH-Wert über 8 und einer Wasserdichte von ca. 1023.

Pomacanthidae

Von einigen Autoren als Unterfamilie der Chaetodontiden betrachtet, weisen die Kaiserfische Merkmale auf, die jenen der Schmetterlinge sehr ähneln, sodass wenig geübte Beobachter sie verwechseln könnten. Die Kaiserfische unterscheiden sich von jenen wesentlich durch ihren dickeren Körper und durch einen spitzen Dorn am unteren Saum des Kiemendeckels (siehe Zeichnung). *Die Jungfische verschiedener Kaiserfischarten können sehr ähnliche Merkmale in der Färbung aufweisen, was deren Identifizierung schwierig macht, darüber hinaus kann sich im Lauf der Entwicklung eines Individuums die Zeichnung des Kleides mehrmals verändern. Einige Kaiserfische reagieren extrem sensibel auf schlechte Wasserbedingungen und sind schwierig zu ernähren. Beim Kauf empfiehlt es sich, die Tiere beim Fressen zu beobachten: denn man sollte Exemplare erwerben, die bereits an die Gefangenschaft gewöhnt sind und keine Schwierigkeiten bei der Futteraufnahme machen. Um dauernde Kämpfe unter Artgenossen zu vermeiden, ist es besser, nur ein einziges Exemplar pro Becken zu halten.*

Centropyge bispinosus

Diese Spezies ist von sehr friedfertigem Wesen und weist, im Vergleich zu anderen Kaiserfischen, eine nicht ganz so viereckige Körperform auf: bei der Rücken- und Afterflosse ist der hintere Saum abgerundeter als der vordere. Die Grundfärbung ist Orange, mit violetten Schattierungen auf dem Kopf, dem oberen Teil des Rumpfs, auf Rücken-, Schwanz- und Afterflosse. Über die Seiten verlaufen Streifen im selben dunklen

Ton. Der Flossensaum, der Dorn am Kiemendeckel und die Lippen schimmern blau. Das Männchen unterscheidet sich vom Weibchen durch die stärker in Orange gehaltenen Seiten. Die Färbung des Kleides kann sich mit den Umweltbedingungen ändern.

NAHRUNG In der Natur ernährt sich der Gestreifte Zwergkaiser vorzugsweise von Algen und Mikroorganismen; im Aquarium sollte seine Kost aus Garnelen oder tiefgekühlten *Tubifex*, ergänzt durch Algen, bestehen.

VERHALTEN In ihrer natürlichen Umgebung leben Kaiserfische in kleinen Kolonien oder als Einzelgänger und zur Laichzeit in Paaren. Die Tiere sind im Vergleich zu anderen Kaiserfischen weniger aggressiv, und es ist möglich, ihn im Aquarium paarweise zu halten, es empfiehlt sich aber, nicht zu viele Exemplare miteinander zu vergesellschaften.

FORTPFLANZUNG Konnte bisher im Aquarium noch nicht erzielt werden.

ANMERKUNG Informieren Sie sich beim Kauf über das Herkunftsgebiet der Fische; kaufen Sie auf keinen Fall Exemplare, die von den Philippinen kommen, wo es üblich ist, die Fische in den Korallenriffen zu fangen, indem man hochgiftige Betäubungsmittel einsetzt. Diese Praxis verursacht bei den Tieren irreparable Leberschäden, die sich erst einige Monate nach der Gefangennahme manifestieren.

TECHNISCHE TIPPS

Da sein natürliches Habitat in Steinkorallenriffen besteht, bevorzugt der Zwergkaiser Becken, in denen es viele Hohlräume und Spalten gibt. Die Wassertemperatur muss zwischen 24 und 28 °C liegen.

Centropyge bicolor

Unter allen Kaiserfischen gehören Arten der Gattung *Centropyge* zu den Fischen, die sich am meisten für die Haltung im Aquarium eignen. Sie erfreuen den Aquarianer nicht nur durch ihre lebhafte Färbung, sondern haben auch eine bescheidene Größe und einen relativ friedlichen Charakter. Diese Spezies aus den Korallenriffen des indopazifischen Raumes hat einen ovalen Körper mit einem breiten fächerförmigen Schwanz. Ein großer Kopf, hervortretende Augen, ein großer, mit fleischigen Lippen versehener Mund sind weitere Merkmale. Auf dem Kiemendeckel sitzt ein spitzer Dorn. Rücken- und Afterflosse sind im hinteren Teil höher entwickelt, dreieckig und nach hinten verlängert. Der lateinische Artname leitet sich von seinem zweifarbigen Körper in lebhaftem Blau und intensivem Gelb ab. Die vordere Körperhälfte ist überwiegend gelb, die hintere blau, der Schwanz ist ebenfalls gelb gefärbt. Charakteristisch ist das strahlend blaue Band zwischen den Augen.

NAHRUNG Bei diesen Tieren handelt es sich um eine »heikle« Spezies, die nur Futter allerbester Qualität annimmt, das mit pflanzlicher Nahrung ergänzt wird. Sie muss vor allem mit kleinen frischen oder tiefgekühlten Krebsstückchen gefüttert werden, abwechselnd mit Gemüse und sehr frischen und zarten Algen, sodass ihre natürliche Nahrung so getreu wie möglich nachgeahmt wird.

VERHALTEN Diese Art lebt in ihrem natürlichen Habitat gerne einzelgängerisch, es empfiehlt sich daher, die Fische in einem nicht zu dicht besetzten Aquarium zu halten, das viele Unterschlupfe und Verstecke bietet. Da die Tiere eher klein bleiben, kann man mehrere Exemplare im selben Becken halten, vorausgesetzt, es ist geräumig genug. Leider überleben die Fische in Gefangenschaft maximal ein Jahr.

FORTPFLANZUNG Im Aquarium bisher noch nicht nachgewiesen.

Visitenkarte

Deutscher Name
Blaugelber Zwergkaiserfisch

Herkunft
indopazifischer Raum

Körperlänge
bis zu 10 cm

Haltung
einfach, jedoch mit Schwierigkeiten beim Futter

Natürliche Umgebung
Korallenriffe

Vergesellschaftung
möglich

TECHNISCHE TIPPS

Das Becken für diese Spezies sollte viele Spalten und Verstecke haben, in denen die Fische ihr Revier einrichten und sich im Fall von Revierkämpfen vor anderen revierbildenden Arten zurückziehen können. Um den Fischen möglichst langes Überleben zu gewährleisten, ist es darüber hinaus unbedingt erforderlich, das Becken unter perfekten hygienischen Bedingungen zu halten. Die Wassertemperatur soll zwischen 24 und 28 °C betragen.

Euxiphipops xanthometopon

Diese im Indischen Ozean beheimatete Art erweist sich im Aquarium als ziemlich widerstandsfähig und ist vor allem deshalb, aber auch wegen der Schönheit ihres Kleids bei den Aquarianern sehr beliebt. Sie weist einen seitlich zusammengedrückten länglichen Körper auf, der durch die schön entwickelte Rücken- und Afterflosse mit je einem konvexen hinteren Saum prachtvoll umrahmt wird. Die gelbe Grundfärbung erstreckt sich über Rückenflosse, Schwanz, Kehlregion und Stirn, wo ein lebhafter Fleck sitzt, der wie eine Maske über den Augen einen starken Kontrast zur dunklen Färbung des oberen Teils vom Kopf und dem gesamten Maul bildet. Das Maul weist eine bläuliche Netzzeichnung auf, die sich bis zum Dorn des Kiemendeckels erstreckt. After-, Bauch und Brustflossen sind dunkler, wie auch die Seiten, die von gelb gesäumten Schuppen bedeckt sind. Der hintere Teil der Rückenflosse weist einen auffälligen schwarzen Fleck auf. Die äußeren Säume der Flossen sind von einer feinen blitzblauen Linie umrandet.

NAHRUNG Es empfiehlt sich, nur junge Exemplare zu erwerben, die sich noch an die angebotene Nahrung gewöhnen können, die aus *Artemia* bestehen soll.

VERHALTEN Haben sich die Tiere einmal an das Leben im Aquarium gewöhnt, so erweisen sie sich als robust und langlebig. Sie zeigen jedoch ein ausgeprägtes Revierverhalten. Sobald sie ihr Revier festgelegt haben, verteidigen sie es hartnäckig. Es ist möglich, die Fische paarweise zu halten.

FORTPFLANZUNG Es existieren keine Berichte über eine Fortpflanzung.

ÄHNLICHE ARTEN Zur Gattung *Euxiphipops* gehört auch eine andere Spezies, *E. navarchus*, die oft mit *E. xanthometopon* verwechselt wird. Tatsächlich weisen sie dieselbe Form und dieselbe Farbgebung auf, die jedoch bei *E. navarchus* völlig anders über den Körper verteilt ist; die Art zeigt keine Netzzeichnung auf dem Maul, keine gelbe »Maske« und nicht einmal den augenähnlichen Fleck auf der Rückenflosse; dafür weist er eine breite dunkle, von blitzblauen Linien gesäumte Zone auf, die sich über den oberen Teil des Mauls, den unteren Bereich des Körpers und den Schwanzstiel erstreckt; die Seiten schließlich sind stärker gelb.

TECHNISCHE TIPPS

Diese Art braucht ein geräumiges Becken mit starker Beleuchtung, wo die Tiere genügend Hohlräume finden, in die sie sich zurückziehen können. Die Wassertemperatur kann von 24 bis fast 30 °C variieren, der pH-Wert muss über 8 und die Wasserdichte zwischen 1020 und 1023 liegen.

Holacanthus trimaculatus

Der lateinische Artname dieses Kaiserfisches aus dem indopazifischen Raum bezieht sich auf seine drei Flecken: ein schwarzer auf der Stirn und je einer, in unterschiedlicher Intensität, hinter jedem Kiemendeckel. Rücken- und Afterflosse, die stark entwickelt sind, geben dem Körper ein eher rechteckiges, aber nicht übermäßig kantiges Profil. Die seitliche Abflachung ist sehr stark ausgeprägt. Das Kleid hat eine einheitliche Färbung in lebhaftem Gelb. Weitere Merkmale sind die in einem helleren, ins Weiße spielenden Gelb gehaltene Afterflosse, die unterseits von einem schwarzen Band gesäumt ist, und der Mund mit den bläulich gefärbten Lippen.

NAHRUNG In den ersten Tagen im Aquarium benötigt *Holacanthus trimaculatus* Futter auf der Basis von frischen Garnelenstückchen, abwechselnd mit sehr zarten Salatblättern. Nach einer Zeit der Eingewöhnung gewöhnt sich das Tier auch an Tiefkühl- oder Trockenfutter, immer wieder ergänzt durch pflanzliche Nahrung. Bei der Fütterung muss man sich unbedingt vergewissern, dass das verabreichte Futter innerhalb weniger Minuten gefressen wird und dass keine Reste von Futter übrig bleiben, die sich dann am Bodengrund des Beckens zersetzen und damit die Wasserqualität verschlechtern.

VERHALTEN Wie alle Kaiserfische nimmt auch diese Art ein ausgeprägtes Revierverhalten an, besonders Artgenossen gegenüber; es empfiehlt sich daher, nicht mehr als ein Exemplar im Becken zu halten, um stetige heftige Kämpfe zu vermeiden, die sogar tödlich enden können.

FORTPFLANZUNG Im Aquarium bisher noch nicht nachgewiesen.

TECHNISCHE TIPPS

In der Natur lebt diese Art in der obersten Etage der Korallenriffe. Wesentlich für die Einrichtung des Beckens sind daher Steinkorallenzweige und Steine, die für die Festlegung von Reviergrenzen und als geeigneter Unterschlupf dienen. Die optimale Wassertemperatur liegt um 25 °C, mit kleinen thermischen Abweichungen tagsüber, wie sie auch in der Natur vorkommen.

Visitenkarte

Deutscher Name
Gelber Dreipunkt-Kaiserfisch

Herkunft
indopazifischer Raum

Körperlänge
bis zu 20 cm

Haltung
einfach

Natürliche Umgebung
Korallenriffe

Vergesellschaftung
möglich, aber nicht mit Artgenossen oder anderen Kaiserfischen

Pomacanthus annularis

Dieser Kaiserfisch mit ganz markantem Körperbau verdankt seinen Namen dem auffälligen blauen Ring über dem Kiemendeckel, der sich aber erst beim erwachsenen Fisch ausbildet. Er weist den für die Familie typischen hohen und seitlich abgeflachten Körper auf, wobei die Rückenflosse bei ausgewachsenen Exemplaren verlängert ist. Die Afterflosse zeigt im hinteren Teil einen konvexen Saum. Bei dieser Art wechselt das Kleid zwischen Jung- und Erwachsenenstadium vollkommen: anfänglich ist die Grundfärbung Dunkelblau, mit zahlreichen vertikalen weißen Streifen, die Schwanzflosse ist weiß; mit fortschreitendem Alter verschwinden die Linien und machen einer goldbraunen Grundfarbe Platz, während blaue Linien diagonal von der Brust zur Rückenflosse verlaufen *(siehe Foto oben)*. In dieser Phase taucht auch der markante Ring über den Kiemen auf, während der weiße Schwanz mit einem gelben Saum umrahmt wird.

NAHRUNG Nach einer normalen Zeit der Akklimatisierung nimmt der Fisch Stückchen von Lebendfutter oder totem Futter (*Artemia, Cyclops,* Ruderfüßer und Larven) an. Wichtig ist die abwechselnde Verabreichung von pflanzlichem und tierischem Futter.

VERHALTEN Um sein Revier zu verteidigen, zeigen die Tiere im Aquarium eine ausgeprägte Feindseligkeit gegenüber Exemplaren derselben Art, wobei das Maß der Aggressivität jedoch von Individuum zu Individuum unterschiedlich ist; manche erweisen sich sogar in kleinen Aquarien als sehr friedlich, andere hingegen nehmen ihr ausgeprägtes Revierverhalten auch in Becken mit außerordentlicher Kapazität wahr. Meist werden diejenigen Fische angegriffen, die erst nachträglich besetzt wurden, und zwar unabhängig von ihrer Größe oder Art.

FORTPFLANZUNG Scheint im Aquarium nicht möglich zu sein.

ÄHNLICHE ARTEN Die Jungfische dieser Spezies ähneln jungen *Pomacanthus semicirculatus (siehe Seite 74),* sie unterscheiden sich aber deutlich durch ihre weiße Schwanzflosse.

TECHNISCHE TIPPS

Unter den Arten der Gattung *Pomacanthus* ist der Ringkaiserfisch am leichtesten zu halten. Er braucht ein breites Becken, das mit Korallen ausgestattet ist, wo er Verstecke findet und sein eigenes Revier abgrenzen kann. Die Beleuchtung sollte stark sein, die Wassertemperatur um 25 bis 28 °C, bei einem pH-Wert von 8 und einer Wasserdichte von 1025.

Pomacanthus maculosus

Dieser wunderschöne Kaiserfisch aus den Korallenriffen im Roten Meer wird wegen seines herrlichen Kleids von den Aquarianern überaus geschätzt. Der für die Kaiserfische typische Körper zeigt eine ovale Grundform, die durch die breite, an den Ecken fädig verlängerte Rücken- und Afterflosse im hinteren Teil ein quadratisches Profil erhält. Die Farbe wechselt zwischen dem Jugendstadium und der Reife auffällig. Anfänglich ähnelt das Kleid dem Aussehen anderer Arten aus der Familie, mit einem dunkelblauen Untergrund, darauf weiße und hellblaue Streifen; erst die erwachsenen Tiere nehmen dann ihre intensive Blaufärbung an, nur unterbrochen von einem auffälligen breiten gelben Fleck in der Mitte bei den Flanken *(siehe Foto unten)*.

NAHRUNG Wie auch die anderen Kaiserfische zeigt diese Art gewisse Schwierigkeiten bei der Akklimatisierung im Aquarium. Er muss mit einer eher abwechlungsreichen Kost auf der Basis von tierischem Futter, die mit pflanzlicher Nahrung wie Salat, Spinat, zarten Wasserpflanzen und Algen ergänzt wird, gefüttert werden.

VERHALTEN Dies ist eine Fischart, welche die Gesellschaft anderer Fische nicht schätzt und ein auffallend starkes Revierverhalten an den Tag legt. Es empfiehlt sich daher, jeweils nur ein einziges Exemplar im Becken zu halten.

FORTPFLANZUNG Ist im Aquarium wahrscheinlich unmöglich.

TECHNISCHE TIPPS

Das Becken sollte für diese Art sehr geräumig und so eingerichtet sein, dass es eine ziemlich getreue Nachahmung eines Korallenriffs darstellt, reich an kleinen Höhlungen und Verstecken. Die Beleuchtung sollte stark sein und die Wassertemperatur zwischen 24 und 28 °C betragen, bei einem pH-Wert von ca. 8 und einer Wasserdichte um 1025.

Visitenkarte

Deutscher Name
Halbmond-Kaiserfisch

Herkunft
Rotes Meer, Persischer Golf, westlicher Pazifik

Körperlänge
bis zu 30 cm

Haltung
schwierig

Natürliche Umgebung
Korallenriffe

Vergesell-schaftung
nicht möglich

Pomacanthus semicirculatus

Visitenkarte

Deutscher Name
Koran-Kaiserfisch

Herkunft
Rotes Meer und indopazifischer Raum

Körperlänge
bis zu 20 cm

Haltung
einfach

Natürliche Umgebung
Korallenriffe

Vergesellschaftung
möglich, aber nicht mit Artgenossen

Der wissenschaftliche Name dieses *Pomacanthus* leitet sich vom Kleid des Jungfisches ab, welches von halbkreisförmigen Querstreifen durchzogen ist. Der an den Seiten abgeflachte Körper weist eine eher ovale Form mit länglichem Maul und endständigem Mund auf. Rücken- und Afterflosse sind ziemlich gut entwickelt, mit abgerundetem hinterem Saum, sie reichen bis zum Ansatz der Schwanzflosse, wobei ein ziemlich rechteckiges Profil entsteht. Der Schwanz weist einen geraden oder leicht konvexen Saum auf. Die Färbung wechselt mit dem Alter: die Jungfische *(siehe Foto unten)* haben lebhafte Farben mit der erwähnten charakteristischen Zeichnung in Form von hellblau-weißen Streifen auf dunkelblauem Grund, während erwachsene Fische ein einheitlicheres Kleid ohne Streifen mit braun-grünlichem Grundton und dunklen Punkten an den Seiten aufweisen. Die Flossen sind lebhaft blau umsäumt.

NAHRUNG Die Jungfische können ohne Schwierigkeiten akklimatisiert werden und nehmen kleine Krebschen wie *Artemia,* Wasserflöhe und *Cyclops* sowie *Tubifex* und *Enchyträen* als Futter. Später akzeptieren sie auch pflanzliche Kost wie Algen, Salat, Spinat und zarte Wasserpflanzen.

VERHALTEN Wie andere Mitglieder der Familie auch zeigen die Tiere ein deutliches Revierverhalten und zeigen sich Artgenossen gegenüber aggressiv. In einigen Fällen übernehmen Jungfische die Rolle eines Putzerfisches, indem sie sich teilweise von Hautparasiten anderer im Aquarium lebender Fische ernähren.

FORTPFLANZUNG Keine Angaben verfügbar.

TECHNISCHE TIPPS

Das Becken sollte für diesen Fisch genügend groß sein, um ihm Raum zum Schwimmen zu lassen, und sollte Bruchstücke von Vasen oder Dachziegeln aus Ton enthalten, um ihm zu ermöglichen, sich an eine ebene Fläche gelehnt auszuruhen. Die Beleuchtung sollte sehr stark sein, die Wassertemperatur zwischen 24 und 28 °C liegen, bei einem pH-Wert zwischen 8,2 und 8,5 und einer Wasserdichte um 1025.

Pygoplites diacanthus

Trotz seiner herrlichen Färbung ist *Pygoplites diacanthus* wegen seiner Eigenschaften keine Art, die in Aquarien häufig anzutreffen ist. Der Fisch reagiert höchst empfindlich auf die Wasserqualität, ist schwierig zu ernähren und demonstriert ein ausgeprägtes Revierverhalten, nicht nur gegenüber Artgenossen, sondern auch gegen Individuen anderer Arten. Der Körper zeigt eine ovale Form und ist seitlich leicht abgeflacht. Der Kopf ist klein, die Augen quellen etwas hervor; der vorstehende Mund bildet eine Art Schnabel. Rücken- und Afterflosse sind stark entwickelt,

Visitenkarte

Deutscher Name
Pfauen-Kaiserling

Herkunft
indopazifischer Raum

Körperlänge
bis zu 25 cm

Haltung
schwierig

Natürliche Umgebung
Korallenriffe

Vergesell-schaftung
nicht möglich

enden in abgerundeten Lappen und verstärken so die Fächerform des Schwanzes. Das Kleid ist lebhaft gefärbt: längs der Seiten sind vertikale gelbe, braune und hellblaue Streifen zu sehen, die sich von der Region hinter dem Auge bis zum Schwanzstiel erstrecken. Sowohl Mund als auch Schwanz sind gelb gefärbt. Der hintere Lappen der Rückenflosse weist eine Zeichnung in Hellblau, Dunkelblau und Schwarz auf; der Lappen der Afterflosse hingegen zeigt gelbe und hellblaue Streifen. Brust- und Bauchflossen sind durchsichtig mit gelber Schattierung.

NAHRUNG Zu Beginn der Akklimatisationsphase im Aquarium empfiehlt es sich, dem Fisch sowohl pflanzliche Nahrung (Salat oder anderes zartes Gemüse) als auch tierisches Futter, lebend oder sehr frisch (Krebse und Weichtiere), zu verabreichen. Mit der Zeit kann man auch zu gemischtem Flockenfutter übergehen.

VERHALTEN Diese Art zählt zu den Fischen mit dem am stärksten ausgeprägten Revierverhalten, mit stetiger Angriffslust gegenüber allen Mitbewohnern des Beckens, ganz unabhängig von der jeweiligen Art. Von Natur aus ein Einzelgänger, lebt dieser Fisch gern allein und braucht viel freien Raum zum Schwimmen.

FORTPFLANZUNG Im Aquarium bislang nicht nachgewiesen.

TECHNISCHE TIPPS

Diese Spezies braucht viel Zeit zur Akklimatisierung an das Leben in Gefangenschaft, sobald diese Phase überwunden ist, kann sie sich als äußerst robust und langlebig erweisen. Der Fisch sollte von klein auf in ein sehr großes Becken gesetzt werden, das reich an Verstecken ist und genügend Raum zum Schwimmen bietet. Die Beleuchtung sollte gut sein, und die Wassertemperatur um die 26 bis 29 °C betragen, bei einem pH-Wert über 8 und einer Wasserdichte von 1023.

Pomacentridae

*Diese sehr große Familie umfasst zwei wichtige Gruppen von Arten, die bei Aquaria-
nern überaus beliebt sind:* Dascyllus *und die Anemonenfische. Wir behalten diese
Einteilung bei, um ein Erkennen dieser Spezies zu erleichtern.*

Dascyllus

Dascyllus
melanurus

*Bei dieser Gruppe handelt es sich um Fische mit lebhaft gefärbtem
Kleid, die sehr widerstandsfähig und damit ideal für Anfänger
sind: Sie wachsen sehr langsam und nehmen jede Art von
Futter an. Darüber hinaus pflanzen sie sich extrem leicht
fort, indem sie die Eier auf einem felsigen Substrat depo-
nieren und dann maulbrüten. Die einzige Schwierigkeit
bei ihrer Haltung besteht in ihrem ausgeprägten Revierverhalten: nur in großen Becken können mehrere Exemplare
dieser Art miteinander koexistieren. Eine Besonderheit: wie
auch die Anemonenfische können Jungfische der Gattung*
Dascyllus *in Symbiose mit Seeanemonen leben.*

Abudefduf saxatilis

Dieser Korallenfisch weist einen seitlich
abgeflachten Körper auf, Stirn und Kehle sind gewölbt. Die hinteren Partien der
After- und Rückenflosse sind symmetrisch und enden in einem spitzen Lappen, der über den langen und schmalen
Schwanzstiel hinausragt. Brust- und
Bauchflossen sind ziemlich klein und
haben die Form eines spitzen Dreiecks;
der Schwanz ist tief gekerbt. Die Grund-

farbe des Kleides ist Weißlich, der Rücken goldgelb, Bauch und Seiten zeigen
silbrige Reflexe auf ihren unteren Teilen. Am Körper verlaufen vom Rücken zum
Bauch fünf vertikale schwarze Bänder; die Flossen sind fast durchsichtig.
Während der Paarungszeit nehmen die Männchen eine dunkelblaue Färbung an.

NAHRUNG Diese Art frisst sowohl Lebendfutter als auch frische oder tiefgekühl-
te Kost wie kleine Stücke von Fisch, Garnelen etc., die Tiere gewöhnen sich auch
an Flockenfutter.

VERHALTEN Der Fünfstreifen-Riffbarsch ist eine sehr lebhafte Spezies und akzeptiert die Gesellschaft von Artgenossen unter der Bedingung, dass das Becken sehr
geräumig ist: er bevorzugt große Reviere und wird auf engem Raum aggressiv.

FORTPFLANZUNG Diese Art vermehrt sich in Gefangenschaft. Das Männchen
bewacht das Eigelege.

ANMERKUNG Ehe man neue Fische in ein großes Becken setzt, in dem es bereits einen starken Besatz von Fünfstreifen-Riffbarschen gibt, muss man die
Steinkorallen und Felsstücke versetzen. Man kann dann eine »Neuverteilung« des
Lebensraumes beobachten: alle Tiere gehen zum Imponiergehabe über, um so
die Grenzen ihrer neuen Reviere festzulegen.

TECHNISCHE TIPPS

Es handelt sich bei dieser Art um ziemlich robuste und widerstandsfähige Tiere,
die sich gut an das Leben im Aquarium anpassen. Die Wassertemperatur kann
zwischen 20 und 28 °C variieren.

Dascyllus aruanus

Klein, sehr attraktiv, aber äußerst aggressiv ist diese *Dascyllus*-Art in der indopazifischen Region beheimatet. Der Körper ist eher hoch und seitlich leicht zusammengedrückt. Der Kopf ist kurz, mit großen Augen. Die Rückenflosse, die bis zum Ansatz des Schwanzstieles verlängert ist, zeigt zwei Teile: der erste besteht aus spitzen, der zweite aus weichen Strahlen. Das Kleid ist perlweiß und wird von drei schwarzen, sehr klar abgegrenzten Bändern unterteilt: das erste verläuft über die Stirn und bedeckt das Auge, das zweite durchquert die Flanken von den Brustflossen bis zu den Bauchflossen, und das dritte durchzieht die Region vor dem Schwanzstiel und endet bei der Afterflosse. Die Weibchen tragen auf der Stirn einen auffallenden weißen Fleck (*siehe Foto unten*).

NAHRUNG Während der Eingewöhnungsphase muss diese Fischart ausschließlich mit kleinen lebenden Krebschen oder anderen Planktonorganismen gefüttert werden; später nimmt sie jede Art von Nahrung an, mit Vorliebe totes tierisches Futter.

VERHALTEN Diese Art hat ein derart ausgeprägtes Revierverhalten, auch gegenüber anderen Spezies, dass schon eine geringe Anzahl von Exemplaren sich sehr bald des gesamten Beckens bemächtigt, was die Mitbewohner zu einem ständigen Kampf ums Überleben zwingt.

FORTPFLANZUNG Erfolgt auch im Aquarium ohne Schwierigkeiten. Das Weibchen legt die Eier, winzige kleine Kugeln, auf einem harten Substrat ab, wo sie bei einer Temperatur zwischen 24 und 26 °C mindestens 3 bis 4 Tage brauchen, um sich zu öffnen. Das größte Problem betrifft die Art der Fütterung für die Jungfische. Bisher beschränken sich unsere Kenntnisse darauf, dass Meeresplankton angenommen wird.

ANMERKUNG Die Jungfische dieser Art können wie die Anemonenfische zwischen den Tentakeln der Seeanemonen leben. Die Spezies weist außerdem sehr ähnliche Gewohnheiten und ein fast identisches Kleid mit der Art *Dascyllus melanurus (siehe Zeichnung auf Seite 76)* auf, die sich davon im Wesentlichen durch das Vorhandensein eines vierten schwarzen Bandes auf dem Schwanz unterscheidet.

TECHNISCHE TIPPS

Der Bodengrund des Beckens, das auch von kleineren Dimensionen sein kann, sollte Verstecke bieten, etwa zwischen Steinen, möglichst besetzt mit lebenden sessilen Tieren, oder zwischen ein paar Korallen. Die Beleuchtung sollte stark sein, die Wassertemperatur um 24 bis 27 °C betragen, bei einem pH-Wert von 8 bis 8,2 und einer Wasserdichte von 1023.

Visitenkarte
Deutscher Name Preußenfisch
Herkunft indopazifischer Raum
Körperlänge bis zu 9 cm
Haltung einfach
Natürliche Umgebung Korallenriffe
Vergesellschaftung nicht möglich

Pomacentrus caeruleus

Diese Spezies, im angelsächsischen Bereich *Blue Devil* (»Blauer Teufel«) genannt, wird in der Aquaristik wegen der Schönheit ihres Kleids und wegen der Leichtigkeit geschätzt, mit der sie sich an das Leben in Gefangenschaft gewöhnt. Dieser Fisch weist eine eher längliche Form auf, Rücken- und Afterflosse enden in ziemlich ausgeprägten Lappen. Die Färbung ist im Allgemeinen intensiv blau, abgesetzt von Schwanz- und Brustflossen in Gelb. Bei dieser Art können einige farbliche Varianten auftreten: Gelegentlich treten Individuen mit einem auffallenden schwarzen Fleck auf dem hinteren Teil der Rückenflosse auf; manche Individuen können eine schwarze Zeichnung auf Maul und Flossen aufweisen; andere wieder nehmen dann, wenn sie die Reife erreicht haben, eine stark ins Gelbe spielende Färbung ihres Kleides an.

NAHRUNG Im Aquarium widmet dieser Fisch einen Gutteil seiner Zeit der Nahrungssuche. Zu Beginn muss er mit kleinem Lebendfutter ernährt werden, später nimmt er auch, da es sich hier um eine allesfressende Art handelt, Frisch- oder Tiefkühlfutter und pflanzliche Kost wie Salat an.

VERHALTEN Es handelt sich bei dieser Art um lebhafte Tiere, die ein aggressives Verhalten gegenüber Artgenossen an den Tag legen. Wie auch andere Fische dieser Gattung können sie gut allein oder in Gruppen von mindestens sechs Individuen zusammenleben, die sich dann gegenseitig kontrollieren, ohne gleich in gewaltsame Auseinandersetzungen zu verfallen. Die Tiere akzeptieren auch die Gesellschaft anderer Fische ähnlicher Größe, die jedoch keine stark entwickelten Flossen haben sollten, weil diese durch »Bisse« beschädigt werden könnten.

FORTPFLANZUNG Es spricht einiges dafür, dass in jüngster Zeit die Fortpflanzung dieser Art im Aquarium geglückt ist, die Berichte sind jedoch unvollständig. Das Weibchen laicht die Eier auf einer flachen Unterlage ab, anschließend tragen beide Elternteile zum Schutz des Geleges und in der Folge auch zur Pflege der Fischbrut bei.

TECHNISCHE TIPPS

Die Blaue Demoiselle fühlt sich in großen Becken wohl, die mit Korallenstöcken und Gestein ausgestattet sind und reich an Verstecken sind, wohin sie sich bei Bedrohung zurückziehen kann. Sofern die Bedingungen des Aquariums für sie geeignet sind, hat sie ein aktives, langes Leben. Die Beleuchtung sollte ausreichend sein, die Wassertemperatur zwischen 23 und 26 °C betragen, bei einem pH-Wert über 8 und einer Wasserdichte um 1025.

Dascyllus trimaculatus

Visitenkarte

Deutscher Name
Dreipunkt-Riffbarsch

Herkunft
Rotes Meer, indopazifischer Raum

Körperlänge
bis 12 cm

Haltung
einfach

Natürliche Umgebung
Riffe und Lagunen

Vergesellschaftung
in großen Becken möglich

Unter den Fischen dieser Gruppe weist der Dreipunkt-Riffbarsch das rundeste Körperprofil auf. Das Maul ist kantig, der Mund ist unterständig. Die Schwanzflosse ist leicht gekerbt. Im Jungstadium weist er auf dem gesamten Körper einschließlich der Flossen eine samtschwarze Färbung auf. Auf Stirn und Rücken fallen drei weiße Flecken auf, die, wenn sie von schönem lebhaftem Weiß sind, ein Indikator für gute Gesundheit sind. Das Schwarz wandelt sich mit zunehmendem Alter zu Grau.

NAHRUNG In der Natur besteht das Futter vorwiegend aus Plankton; im Aquarium zeigt der Fisch keinerlei Anpassungsschwierigkeiten, wenn man ihn an Futter auf der Basis von *Artemia* gewöhnt. Er frisst auch nicht zu große Algen.

VERHALTEN Die jungen Individuen zeigen sich sowohl Fischen derselben Spezies als auch anderen Mitbewohnern im Becken gegenüber friedfertig. Im Fall von Gefahr flüchten sie sich unter den Tentakelkranz der Seeanemone, mit der sie zusammenleben. Die erwachsenen Tiere können in Paaren oder in Schwärmen von bis zu zehn Individuen zusammenleben, sollte aber der zur Verfügung stehende Raum nicht ausreichen, so können sie ein ziemlich aggressives Verhalten gegenüber Artgenossen oder anderen Fischen annehmen.

FORTPFLANZUNG Während der Laichzeit hält das Männchen eventuelle Rivalen von seinem Revier fern. Gewöhnlich paart es sich mit mehreren Weibchen, die dann auch mehrere Tausend Eier in einem einzigen Nest ablegen können. Um die Partnerinnen zur Eiablage zu animieren, bewegt es sich schnell in vertikaler Richtung über dem »gesäuberten« Laichplatz, den es auf Steinen oder Ästen vorbereitet hat. Das Männchen kümmert sich auch um den Schutz der Eier vor Fressfeinden, das Schlüpfen erfolgt im Allgemeinen nach 3 bis 4 Tagen.

TECHNISCHE TIPPS

Das Becken sollte mit Verstecken und kleinen Höhlen ausgestattet werden, die Beleuchtung muss sehr intensiv sein. Die Wassertemperatur sollte zwischen 24 und 28 °C liegen, bei einem pH-Wert über 8 und einer Wasserdichte von 1023.

Anemonenfische

Diese Tiere gehören zu den bekanntesten Aquarienbewohnern und sind überaus beliebt: Jeder echte Aquarienfreund kann gewiss das Bild eines Anemonenfisches, mit seinem typischen orangefarbenen, von einem oder mehr Bändern durchzogenen Kleid, aus dem Gedächtnis abrufen, wie sich das Tier im Schutz der Tentakel »seiner« Seeanemone hin- und herbewegt. Im Unterschied zu anderen Fischarten sind Anemonenfische gegen das Nesselgift dieser marinen Evertebraten immun: anscheinend verleiben sie sich in den Schleim ihrer eigenen Haut kleine Mengen von Anemonensubstanz ein, sodass diese ihre Nesselkapseln bei Berührung nicht mehr aktiviert. Auch die Seeanemone zieht einen Vorteil aus dieser symbiotischen Verbindung: man nimmt an, dass Anemonenfische, wenn sie in die Verdauungshöhle ihrer

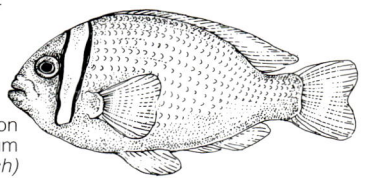

Partnerin eindringen, für diese die Sauerstoffversorgung fördern. Im Aquarium können diese Arten auch ohne Anemone überleben, aber es wäre eine Quälerei, sie ihrer natürlichen Symbiosepartner zu berauben. Diese Fische sind einfach zu halten, sie nehmen jedes verfügbare Meeresfutter an und pflanzen sich oft und erfolgreich fort.

Amphiprion
ephippium
(Jungfisch)

Amphiprion ocellaris

Diese Spezies ist eine der vielleicht meistverkauften Aquarienfischarten und vor allem einfach zu halten. Die Tiere haben einen ziemlich gedrungenen Körper mit einem hohen Schwanzstiel und besonders entwickelten Flossen. Die Grundfärbung variiert je nach Herkunft der Exemplare. Im Allgemeinen ist das Kleid in sehr lebhaftem Orange gehalten, durchbrochen von drei weißen, schwarz geränderten Bändern (auf dem Kopf, in der Körpermitte und auf dem Schwanzstiel). Die Flossen sind orange und schwarz gesäumt.

NAHRUNG Auch im Aquarium lebt der Orangenringelfisch in Symbiose mit den nesselnden Seeanemonen. Er frisst sowohl klein dimensioniertes Lebendfutter als auch in Streifchen geschnittenen Fisch oder Garnelen, gewöhnt sich aber durchaus auch an Tiefkühl- oder Flockenfutter, ergänzt durch pflanzliche Substanzen.

VERHALTEN Die Spezies zeigt Revierverhalten, das anderen Fischen nicht erlaubt, sich zu nähern und es absolut nicht zulässt, die eigene Seeanemone zu besetzen. Der Fisch entfernt sich von seiner Anemone stets nur für kurze Zeit, und kehrt beim geringsten Anzeichen einer Gefahr sofort zu ihr zurück, um sich zwischen den nesselnden Tentakeln dieses wirbellosen Tieres zu bergen. Will man mehrere Individuen im selben Becken halten, so ist es unbedingt notwendig, zumindest eine Seeanemone pro Paar zur Verfügung zu stellen.

FORTPFLANZUNG Nach der Paarbildung wird das Männchen besonders aggressiv. Das Weibchen legt die Eier unter dem Schutz der Seeanemone ab, das Schlüpfen erfolgt nach 10 Tagen. In der ersten Lebenswoche brauchen die Jungfische Futter auf der Basis von Plankton.

TECHNISCHE TIPPS

Das Becken muss einen tiefen, sandigen Grund und solide Strukturen für die Verankerung der Seeanemonen haben. Die Beleuchtung sollte sehr stark sein und die Wassertemperatur zwischen 25 und 28 °C betragen, bei einem pH-Wert von 8 und einer Wasserdichte um 1023.

Visitenkarte

Deutscher Name
Orangen-ringelfisch

Herkunft
vom östlichen Indischen Ozean bis zum westlichen Pazifik

Körperlänge
8 cm

Haltung
einfach

Natürliche Umgebung
Korallenriffe

Vergesell-schaftung
möglich

Amphiprion bicintus

Visitenkarte

Deutscher Name
Rotmeer-Anemonenfisch

Herkunft
Rotes Meer, indopazifischer Raum

Körperlänge
bis 7 cm

Haltung
einfach

Natürliche Umgebung
Korallenriffe

Vergesellschaftung
möglich

Die meisten Anemonenfische zeigen eine Grundfärbung in Orange, sehr oft ermöglichen nur die weißen Bänder ihre sofortige Identifikation. In diesem Fall sind es zwei Bänder, und der lateinische Name des Fisches bezieht sich auf diese. Der Körper ist oval und abgerundet, das vordere Profil konvex. Der Mund ist klein und leicht oberständig. Die Grundfärbung ist Braun-Orange, auf dem Rücken dunkel schattiert und heller auf dem Bauch. Das Kleid wird vertikal von zwei bläulich weißen, schwarz gesäumten Bändern durchzogen. Bei den Jungfischen ist ein drittes Band auf dem Schwanzstiel ausgebildet, das mit dem Alter verschwindet. Maul, Bauch, Flossen und Schwanzstiel sind in einem helleren, zu Gelb tendierenden Orange getönt. Eine Besonderheit ist ein Farbwechsel während der Entwicklung der Tiere. Bis zu einer Länge von 11 mm zeigen die Jungfische eine dunkle Färbung mit drei weißen vertikalen Bändern; in fast erwachsenem Stadium, bis zu einer Länge von 31 mm, nehmen sie die orangefarbene Tönung an; in der Reife schließlich verläuft das in der Körpermitte befindliche Band nur noch über die Seiten und nicht mehr über die Rückenflosse.

NAHRUNG Bei *Amphiprion bicintus* handelt es sich um eine leicht zu haltende Art. In der Natur ernährt sie sich von Plankton, während es im Aquarium notwendig ist, kleine Krebschen zu verfüttern.

VERHALTEN Wie die anderen Anemonenfische, lebt auch diese Art in Symbiose mit den Actinien oder Seeanemonen der Spezies *Entacmaea quadricolor*. Jede Anemone wird nur von einem einzigen Paar besiedelt und vor möglichen Räubern verteidigt. Normalerweise lebt dieser Fisch in kleinen Gruppen. In den Aquarien können sich rund um eine Seeanemone außer *Amphiprion bicintus* auch noch andere Arten tummeln.

FORTPFLANZUNG In der Natur legt das Weibchen, welches an seinen etwas größeren Dimensionen erkennbar ist, die Eier unter der besiedelten Anemone ab, das Bewachen des Eigeleges danach ist eine Aufgabe, die den Männchen zufällt. Bisher konnte noch keine Fortpflanzung dieser Spezies im Aquarium beobachtet werden.

TECHNISCHE TIPPS

Der Bodengrund des Beckens muss unbedingt mit einem Substrat gefüllt sein, welches dazu geeignet ist, dass sich die Seeanemonen mit ihrem Fuß darin eingraben können, eine Voraussetzung, die für eine Haltung dieser Spezies absolut erforderlich ist. Die Wassertemperatur soll zwischen 24 und 28 °C betragen, bei einem pH-Wert von 8,2 bis 8,6 und einer Wasserdichte zwischen 1020 und 1023.

Amphiprion clarkii

Die Grundfärbung dieses Anemonenfisches variiert je nach Herkunftsregion und kann auch Schwarz sein; an dieser Stelle die Merkmale der am häufigsten vorkommenden Varietät: Der Körper ist nicht sehr lang, Mund und Zähne sind klein. Die Rückenflosse ist vollständig und zeigt mehr harte als weiche Flossenstrahlen. Das Kleid ist gewöhnlich orangerot, ins Dunkelbraune spielend, mit drei sehr auffälligen dunkel eingefassten weißen Bändern, die quer über den Körper verlaufen: eines in der Nähe des Auges, das zweite kurz nach der Körpermitte bis zum Ende der Rückenflosse, und das dritte rund um den Schwanzstiel. Im Allgemeinen sind das Maul und die Partie außerhalb des Schwanzstieles heller gefärbt.

NAHRUNG Von den ersten Tagen im Aquarium an akzeptiert diese Spezies ohne weiteres jede Art von klein dimensioniertem tierischem lebendem oder totem Futter.

VERHALTEN Der Fisch lebt in Symbiose mit diversen Arten von nesselnden Seeanemonen: *Cryptodendrum adhesivum, Physobranchia douglasi, Radianthus koseirensis* und *Stoichactis giganteum*. Die Tiere tendieren dazu, sich nur wenig von ihrem Refugium zu entfernen, daher müssen sie jede potenzielle Nahrung eilig verschlingen, um dann schnell in ihren Unterschlupf zurückzukehren. Von Natur aus sehr neugierig, beobachten sie ständig ihre Umgebung, verstecken sich aber immer wieder. Im Alter werden sie ziemlich aggressiv und verteidigen ihr Revier unerbittlich.

FORTPFLANZUNG »Besitzen« die Fische eine Anemone, so pflanzen sie sich auch in Gefangenschaft leicht fort, sie sind sehr reproduktionsfreudig. Das Ablaichen geschieht auf einer ebenen festen Oberfläche. Bei einer Wassertemperatur zwischen 24 und 28 °C erfolgt das Schlüpfen nach 9 bis 10 Tagen. Die Larven sind relativ groß

und können *Artemia*-Nauplien verschlingen, ohne sie zerkleinern zu müssen. Nach der zweiten Lebenswoche bildet sich das Kleid und das Verhalten der Eltern aus, auch ihr Bewegungsmuster wird ident.

TECHNISCHE TIPPS

Das Becken muss einen sandigen Bodengrund mit Korallen aufweisen, die als Substrat für die Seeanemonen geeignet sind. Die Beleuchtung sollte ziemlich intensiv sein und die Wassertemperatur zwischen 24 und 30 °C betragen, bei einem pH-Wert von 8,3 bis 8,6 und einer Wasserdichte zwischen 1020 und 1023.

Labridae

Dieser Fischfamilie werden heute ca. 600 Arten zugeschrieben, mit Körperlängen zwischen wenigen Zentimetern und 2 m. Sie leben in einem riesigen Verbreitungsgebiet. Dieser Umstand führte neben den vielen unterschiedlichen Farb- und Körperformen, welche die Tiere zeigen, bei einigen Wissenschaftlern zu der Annahme, dass nicht alle zugezählten Arten auch wirklich dieser Familie angehören. Ein allen gemeinsames Merkmal ist die Art ihrer Fortbewegung mit den Brustflossen und der Schwanzflosse. Diese Fischarten haben einzigartige Merkmale, die es lohnen, in großen Zügen beschrieben zu werden: einige sind proterogyne Zwitter, das heißt, die Männchen entstehen aus entwickelten Weibchen; viele wechseln zwischen dem Jugendstadium und dem Erwachsenenalter ihr Kleid gänzlich. Manche Arten brauchen eine dicke Sandschicht, wo sie sich nachts eingraben können; andere Spezies mit großem Körperbau zeigen die Gewohnheit, seitlich gekippt zu schlafen; andere wieder sondern Schleim ab, der ihren Körper während der Nacht umhüllt; im Jugendstadium verhalten sich manche wie Putzerfische.

Coris gaimardi (Jungfisch)

Bodianus mesothorax

Dieser Lagunen- und Riff-bewohner in Korallenbän-ken des indopazifischen Raumes kann eine Länge von 20 cm erreichen, bleibt jedoch im Aquarium gewöhnlich kleiner. Der eher spindelförmige Körper ist längs der Seiten zusam-mengedrückt, der Mund klein, ausstülpbar und mit fleischigen Lippen verse-hen. Der erste, von steifen Strahlen gehaltene Teil der Rückenflosse ist im Ver-gleich zum zweiten Teil, der weiche Strahlen aufweist, breiter. Das Kleid ist deutlich in zwei Farben unterteilt: das vordere Körperdrittel ist dunkel, der vorderste Teil der Rückenflosse fast schwarz, während sich der Rest des Kleides in einer hellen, ins Gelbe spielenden Farbe zeigt. Hinter dem Mund kann gelegentlich ein runder schwarzer Fleck ausgebildet sein, Brustflossen und Afterflosse sind gelb gefärbt.

NAHRUNG Während der Akklimatisierungsphase nimmt diese Spezies fast ausschließlich nur kleine lebende Krebschen als Futter an; in Folge gewöhnen sich die Fische auch an anderes tierisches Tot- oder Lebendfutter.

VERHALTEN Erwachsene Exemplare können ziemlich aggressiv gegenüber Artgenossen und anderen Mitbewohnern sein, dies vor allem dann, wenn das Becken zu klein ist. Im Falle unzureichender Ernährung beschädigen sie bisweilen die Flossen ihrer Nachbarn.

FORTPFLANZUNG Im Aquarium noch nicht nachgewiesen.

TECHNISCHE TIPPS

Das Becken, das eine Kapazität für mindestens 300 Liter haben muss, soll einen an felsigen Strukturen reichen Bodengrund bieten, aber genügend Raum für das Schwimmen offenlassen. Die Beleuchtung sollte ziemlich stark sein und die Wassertemperatur um 26 °C betragen, bei einem neutralen pH-Wert und einer Wasserdichte von ca. 1020.

Coris gaimardi

Dieser Lippfisch erfährt im Lauf seiner Entwicklung derart deutliche Farbveränderungen, dass es schwer fällt zu glauben, dass Jungfische und erwachsene Fische einer Art angehören. Das Kleid im Jungstadium *(siehe Zeichnung auf Seite 86)* zeigt ein lebhaftes Orange, nur unterbrochen von weißen, schwarz gesäumten Strichen und einem weißen Schwanz. Erreicht der Fisch etwa 10 cm Länge, so breiten sich dunkle Farbpartien aus, bis der Körper der erwachsenen Tiere schließlich eine purpur-bläuliche Grundfarbe zeigt, die von kleinen hellblauen Flecken übersät ist, der Schwanz wird gelb.

NAHRUNG In der Natur ernähren sich die Tiere von kleinen Krebschen, Würmern, Mollusken und Echinodermen, wobei die Seeigel an den Felsen aufgeschlagen werden. Sind sie von klein auf im Aquarium aufgewachsen, nehmen sie Futter jeden Typs an.

VERHALTEN Junge Exemplare können auch in sehr großen Schwärmen gehalten werden, vorausgesetzt, das Aquarium ist groß genug: erwachsene Tiere stellen Revieransprüche mit großer Verteidigungsbereitschaft gegenüber Artgenossen. Eine Übersiedelung von Tieren dieser Art ist problematisch, sie kann einen tödlichen Schock auslösen, wenn man nicht Vorsicht walten lässt.

FORTPFLANZUNG Bisher im Aquarium noch nicht nachgewiesen.

TECHNISCHE TIPPS

Das Becken sollte mit stabilen Strukturen aus Korallen und Felsbrocken ausgestattet sein. Dabei ist es wesentlich, den Boden mit einer dicken Sandschicht zu bedecken, weil dieser Fisch sich zeitweise sehr gerne eingräbt. Die Beleuchtung sollte intensiv sein, die Wassertemperatur zwischen 24 und 27 °C liegen, bei einem pH-Wert über 8 und einer Wasserdichte von ca. 1023.

Visitenkarte

Deutscher Name
Clownjunker

Herkunft
indoaustralischer Archipel und Pazifik

Körperlänge
bis 40 cm in der Natur, bis 17 cm im Aquarium

Haltung
einfach

Natürliche Umgebung
sandiger Meeresgrund und Korallenriffe

Vergesellschaftung
möglich, aber nur in großen Becken

Blenniidae

Zu dieser großen Familie gehören Arten mit unterschiedlichsten Habitaten und Lebensansprüchen, von beträchtlicher Meerestiefe über Oberflächenwasser bis hin zu den Spritzwassertümpeln an den Klippen der Küste, wo einige Arten kurze Zeit sogar außerhalb des Wassers überleben können. Es sind zumeist längliche Fische mit schuppenlosen Körpern, die von einer dicken Schleimschicht umhüllt sind. Manchmal weisen sie über den Augen einfache oder verzweigte Fortsätze auf. Je nach geographischer Verbreitung leben sie an felsigen Meeresküsten oder zwischen den Korallenriffen, daher sollte ihr Aquarium mit zahlreichen Felsspalten und Verstecken ausgestattet sein. Einige Schleimfischarten sind derart scheu, dass man es vorzieht, sie in artspezifischen Becken zu halten. Die meisten Arten nehmen Algen, kleine wirbellose Tiere und gelegentlich tiefgefrorenes Futter sowie Flockenfutter gerne an.

Blennius
tentacularis

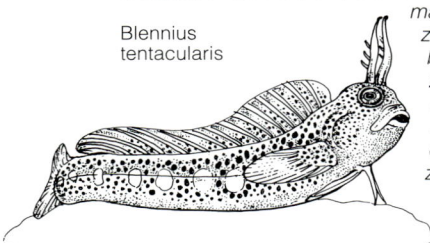

Blennius ocellaris

Der Seeschmetterling lebt auf sandigen und schlammigen Böden der europäischen Meere in einer Tiefe bis zu 400 m. In der Natur kann die Art bis zu 25 cm Länge erreichen, im Aquarium bleiben die Tiere kleiner. Der Fisch weist eine typisch längliche Körperform auf, mit einem großen Kopf und großen vorstehenden Augen, zwischen denen sich zwei verzweigte Fortsätze erheben. Die Rückenflosse ist hoch und wird im vorderen Teil von langen, steifen Strahlen gestützt. Sehr gut entwickelt sind die

Brustflossen, die der Fisch benützt, um sich damit am Boden abzustützen. Die gute Tarnfärbung ermöglicht es ihm, sich perfekt zwischen den Felsen zu verstecken: seine Grundfärbung ist Graubraun, im oberen Teil des Körpers ins Rote spielend, und durchzogen von dunkleren Streifen. Am Ende des vorderen Drittels der Rückenflosse tritt ein großer schwarzer Augenfleck auffällig hervor.

NAHRUNG Die Tiere benötigen Lebendfutter wie Krebschen, Mollusken und kleine Fische sowie jede Art von Fleisch als Nahrung.

VERHALTEN In der Natur zeigen diese Fische ein sehr ausgeprägtes Revierverhalten, indem sie ständig in ihren Lebensräumen zwischen den Felsnischen patrouillieren. Da die Tiere dieses Verhalten auch im Aquarium nicht ablegen, können mehrere Exemplare nur dann gemeinsam gehalten werden, wenn das Becken sehr geräumig ist. Kleinere Fische werden häufig angegriffen.

FORTPFLANZUNG Ist im Aquarium noch nicht nachgewiesen.

TECHNISCHE TIPPS

Da es sich bei *Blennius ocellaris* um eine Spezies handelt, die an große Wassertiefe angepasst ist, kann die Haltung einige Schwierigkeiten mit sich bringen. Das Becken muss reich an Verstecken zwischen den Felsbrocken sein und einen sandigen Grund aufweisen. Die Beleuchtung sollte gedämpft sein und die Wassertemperatur zwischen 15 und 21 °C betragen, bei einem pH-Wert um 8 und einer Wasserdichte von ca. 1025.

Salarias fasciatus

Diese im Roten Meer und im indopazifischen Raum beheimatete Spezies weist fleischige Lippen und kleine bewegliche Zähne auf, die sie dazu verwendet, um damit Algen abzuschaben. Der Körper ist schuppenlos, zahlreiche Drüsen, die eine dicke Schleimschicht absondern, liegen über die Haut verteilt und machen diese besonders glitschig. Über den hervortretenden Augen ragen auf dem oberen Teil des Kopfes zwei leicht verzweigte Fortsätze nach oben. Über den Rücken verläuft eine Rückenflosse, deren vorderer Teil höher ist und dem Fisch zusammen mit der Kopfform gleichsam das Aussehen eines Leguans verleiht. Die Brustflossen sind gut entwickelt und ermöglichen es dem Tier, sich auf dem Boden abzustützen. Das Kleid zeigt Tarnfarben und -muster, mit einer in Ocker gehaltenen Grundfärbung, über die unregelmäßig weiße Flecken und dunklere Pünktchen verstreut sind, eine Nachahmung des sandigen Bodens. Daneben sind noch kleine hellblaue Flecken auf Maul und Kiemendeckeln zu erwähnen.

NAHRUNG In der Natur ernähren sich die Fische von Krebschen, Larven und Fischbrut sowie von kleinen Weichtieren und Algen. In Gefangenschaft akzeptieren sie auch künstliches Futter, sofern mit tierischen und pflanzlichen Futtergaben abgewechselt wird.

VERHALTEN Diese Spezies führt ein amphibisches Leben, das heißt, sie lebt in den wiederholt trockenfallenden Tümpeln der Gezeitenzone. So können die Tiere bisweilen im Trockenen auf Korallen oder auf Klippen überrascht werden, die aus dem Wasser herausragen: aus diesem Grunde muss das Aquarium unbedingt zugedeckt bleiben, damit der Fisch nicht herausspringen kann. Er lässt sich von größeren Fischen leicht einschüchtern und braucht daher gute Unterschlüpfe, wo er sich sicher verstecken kann.

FORTPFLANZUNG Obwohl die Fortpflanzung im Aquarium noch nie beobachtet wurde, weiß man, dass die Weibchen ihre Eier in Höhlungen ablegen, und zwar in Schneckengehäusen und ähnlichem. Die Männchen bewachen die Gelege und verteidigen sie bis zum Schlüpfen der Jungfische vehement.

TECHNISCHE TIPPS

Ein Becken für *Blennius* sollte mit Felsstücken ausgestattet werden, die guten Unterschlupf bieten, aber auch sandigen Bodengrund aufweisen. Die Beleuchtung darf nicht zu stark sein, und die Wassertemperatur muss bei 26 °C gehalten werden, bei einem pH-Wert zwischen 6 und 9 und einer Wasserdichte von ca. 1022.

Visitenkarte

Deutscher Name
Juwelen-Kammzähner

Herkunft
Rotes Meer, indopazifischer Raum

Körperlänge
bis zu 15 cm

Haltung
mittelschwierig

Natürliche Umgebung
Gezeitenzone an Klippen und Korallenbänken

Vergesellschaftung
möglich

Callionymidae

Zur Familie Callionymidae zählen verschiedene Arten von Meeresfischen, die in den warmen und gemäßigten Zonen des nördlichen Atlantik und des Pazifik verbreitet sind. Im Pazifik ist die Familie durch Arten der Gattung Synchiropus *vertreten, die in der Aquaristik wegen ihrer farblichen Schönheit und auch wegen der bescheidenen Größe sehr gesucht sind. Es handelt sich dabei um Fische, die in der Tiefe der Meere leben, sich dort rasch über dem Substrat fortbewegen und sich zwischen Felsen ausruhen. Zwei Arten sind auf dem Markt leicht erhältlich:* Synchiropus picturatus *(auf der Zeichnung und auf dem Foto auf S. 91) und* Synchiropus splendidus *(unten beschrieben).*

Synchiropus splendidus

Diese Spezies gehört zu den hervorstechendsten Fischen, die man in einem Meeresaquarium beobachten kann. Ihren Namen verdanken die Tiere der geradezu »orientalischen« Eleganz ihres Kleides. Der Körper ist spindelförmig, an den Seiten leicht abgeflacht, mit einem hohen Schwanzstiel. Der Kopf ist groß, mit großen hervorstehenden und sehr beweglichen Augen; der Vorkiemendeckel weist einen Dorn auf. Die erste Rückenflosse ist kleiner als die zweite, welche hoch gebaut und symmetrisch zur Afterflosse ist; Brust- und Bauchflossen sind ziemlich gut entwickelt; der fächerförmige Schwanz zeigt einen abgerundeten Saum. Bei den Männchen sind Rücken- und Afterflosse etwas länger. Die Grundfärbung ist Rötlich Braun und wird von türkisblauen Streifenmustern sehr ansprechend belebt. Die Zeichnung ist auf der Schwanzflosse und den Bauchflossen weniger ausgeprägt. Die Region um die Kehle ist heller.

NAHRUNG In der Natur ernährt sich der Mandarin-Leierfisch von kleinen Krebschen, Anneliden und anderen wirbellosen Tieren. Sobald im Aquarium die anfängli-

90

chen Schwierigkeiten überwunden sind, besteht eine gute Art zu füttern darin, Flockenfutter mit Gehacktem von Garnelen und Gemüse abwechselnd mit Muscheln und Algen zu verabreichen, um den Tieren damit eine abwechslungsreiche Kost auf tierischer und pflanzlicher Basis zu bieten.

VERHALTEN Bei *Synchiropus splendidus* handelt es sich um eine eher ruhige Spezies, deren Vertreter einen Großteil ihrer Zeit auf dem Boden liegend verbringen oder sich sehr gern in den Sand eingraben. Nur die Männchen verteidigen, vor allem während der Fortpflanzungszeit, erbittert ihre Reviere, wobei sie sich wilde Kämpfe liefern und nicht selten die Brustflossen der Rivalen beschädigen. Es empfiehlt sich daher, nur Einzelexemplare oder Paare zusammen mit anderen friedliebenden Arten zu halten.

FORTPFLANZUNG Während des Liebesspiels eines Paares hängt sich das Männchen mit den Kiefern an eine Brustflosse des Weibchens. In dieser Stellung schwimmen die beiden einige Augenblicke gemeinsam, dann lösen sie sich zur Abgabe der Geschlechtsprodukte wieder voneinander. Die abgelegten kleinen Eier sind an der Wasseroberfläche sich selbst überlassen. Es ist bisher noch nie gelungen, Jungfische in Gefangenschaft aufzuziehen.

TECHNISCHE TIPPS

Der Bodengrund des Beckens, das geräumig sowie spärlich beleuchtet sein muss, sollte mit einer dicken Sandschicht bedeckt sein und einen üppigen Wasserpflanzenbestand aufweisen. Die Temperatur des Wassers, das stets sehr sauber gehalten werden muss, soll zwischen 24 und 26 °C betragen.

Acanthuridae

Die Doktorfische oder Seebader sind typische Bewohner tropischer Korallenriffe und zeichnen sich durch einen dicken eiförmigen Körper aus, der von kleinen Schuppen bedeckt ist. Sie zeigen je ein »Skalpell« an beiden Seiten des Schwanzstiels, was zur Benennung Doktorfisch geführt hat. Diese Klingen können starr oder ausklappbar sein und werden als Waffe oder zur Verteidigung verwendet, dies auch im Aquarium, vor allem dann, wenn zu wenig Raum zur Verfügung steht. Eine Ausnahmeerscheinung innerhalb der Familie ist die Gattung Zanclus, die sich von den anderen durch die zu einem langen Faden verlängerte Rückenflosse und das Fehlen der Skalpelle unterscheidet. Im Allgemeinen handelt es sich bei den Tieren um aktive Schwimmer mit unregelmäßigem Schwimmrhythmus, hervorgerufen durch »rudern« mit den Brustflossen. Obwohl Doktorfische von Natur aus Schwarmfische sind, tolerieren sie im Aquarium die Gegenwart von Artgenossen nur schwer.

Acanthurus leucosternon

Visitenkarte

Deutscher Name
Weißkehl-Doktorfisch

Herkunft
indopazifischer Raum,
Rotes Meer

Körperlänge
bis zu 30 cm

Haltung
einfach

Natürliche Umgebung
Korallenriffe

Vergesellschaftung
mit ruhigen Arten möglich

Der Betrachter wird leicht verstehen, weshalb *Acanthurus leucosternon* eine der bei Aquarianern beliebtesten Arten der Doktorfische ist. Der Körper ist hoch und seitlich abgeflacht, zusammengedrückt, das Profil des Kopfes ist an der Stirn konvex und wird kurz vor dem Mund konkav. Dieser ist klein und zeigt vorgewölbte Lippen. Der Schwanzstiel ist zu beiden Seiten mit einem ausklappbaren Dorn bewaffnet, den der Fisch sowohl zu Verteidigungszwecken als auch zum Angriff benützt. Die lebhaften Farben des Kleides verbleichen mit dem Alter nicht, können aber je nach Gemütsverfassung des Fisches wechseln. Der Name des Fisches stammt von dem weißen Band, das die Kehle ziert, aber nicht das wesentlichste Merkmal des wunderschönen Kleides bildet: die Seiten sind intensiv blau gefärbt; das Maul ist schwarz und unterhalb vom weißen Band der Kehle begrenzt; die Rückenflosse ist grellgelb, so wie auch Schwanzstiel und Dorn; die Brustflossen haben gelbe Strahlen, Bauchflossen und Afterflosse sind weiß, der Schwanz schließlich trägt in der Mitte einen halbmondförmigen, schwarz umrandeten weißen Fleck. Eine feine weiße, hellblau gerahmte Linie umsäumt den äußeren Rand der Rückenflosse und den hinteren Rand der Schwanzflosse.

NAHRUNG Zu Beginn kann es Schwierigkeiten bei der Futterannahme der Tiere geben. Es empfiehlt sich, pflanzliches Futter in großen Mengen (darunter vor allem Algenpulver) abwechselnd mit kleinen Krebschen zu verabreichen.

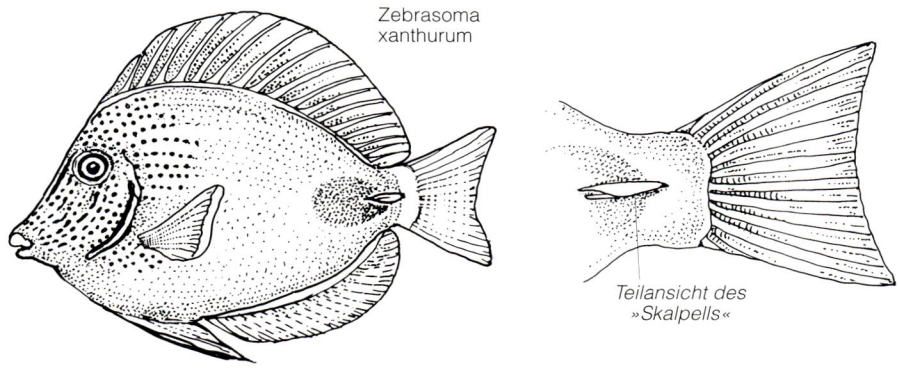

Zebrasoma
xanthurum

Teilansicht des
»Skalpells«

VERHALTEN Dieser Doktorfisch ist eine ziemlich robuste Art, die viel Raum zum Schwimmen braucht. Die Tiere sind sehr aggressiv und lassen ihr Temperament an den Artgenossen und anderen lebhaften Fischen häufig aus. Es empfiehlt sich daher, die Exemplare einzeln zu halten.

FORTPFLANZUNG In Gefangenschaft nicht nachgewiesen.

TECHNISCHE TIPPS

Das Becken für Doktorfische soll jedem Exemplar genug Raum bieten, um frei herumschwimmen zu können sowie reich mit Verstecken ausgestattet sein. Die Beleuchtung kann stark sein und die Wassertemperatur soll zwischen 25 und 29 °C betragen, bei einem pH-Wert von 8,2 bis 8,4 und einer Wasserdichte zwischen 1020 und 1024.

Acanthurus lineatus

Visitenkarte

Deutscher Name
Blaustreifen-Doktorfisch

Herkunft
indopazifischer Raum

Körperlänge
18 cm

Haltung
mittelschwierig

Natürliche Umgebung
Korallenriffe

Vergesell-schaftung
nicht möglich

Diese aus dem indopazifischen Raum stammende Art der »Doktorfische« sieht sehr attraktiv aus, ist aber eine der aggressivsten und muss wegen seines gut entwickelten und beweglichen »Skalpells« mit äußerster Vorsicht behandelt werden. Der Körper weist eine ovale Form auf, mit einem oberhalb des Mauls konvex ausgebildeten Profil. Die lange Rückenflosse und die Afterflosse, die zwischen den Bauchflossen ansetzt, tragen zur homogenen Silhouette dieses Fisches bei. Beide setzen sich bis zum ge-gabelten Schwanz mit verlängerten, spitz auslaufenden Enden fort. Das Kleid weist eine orangegelbe Grundfärbung auf und wird von zahlreichen hellblauen, schwarz geränderten Streifen durchlaufen. Die untere, streifenlose Partie des Körpers ist einheitlich hellbläulich; der Schwanz ist von einem hellblauen Halbmond gekennzeichnet.

NAHRUNG Diese Spezies hat Schwierigkeiten, sich an die Nahrung im Aquarium zu gewöhnen; die Akklimatisierung kann jedoch dadurch erleichtert werden, dass man ausreichende Mengen pflanzlichen Futters, das mit tierischem Plankton ergänzt ist, verabreicht.

VERHALTEN Obwohl sehr schüchtern und furchtsam im Wesen, zeigt sich der Fisch besonders aggressiv gegenüber Artgenossen. Wegen seines schwierigen Cha-rakters sollte er solitär in seinem Aquarium leben, weil er Mitbewohner mit seinem scharfen Dorn ernsthaft verletzen könnte.

FORTPFLANZUNG Bislang existieren darüber keine Berichte.

TECHNISCHE TIPPS

Das Becken soll mit Steinen oder Pflanzen so ausgestattet sein, dass es dem Fisch möglich ist, Verstecke und Unterschlupf zu finden. Junge Exemplare sind viel leichter an die Bedingungen des Aquariums zu gewöhnen als erwachsene. Da es sich um einen guten Schwimmer handelt, benötigt der Blaustreifen-Doktorfisch sehr geräumige Aquarien, um sich darin frei bewegen zu können; in kleinen Becken zeigt er sich nervös und scheu. Die Beleuchtung sollte gut sein, die Wassertemperatur zwischen 24 und 28 °C betragen, bei einem pH-Wert über 8 und einer Wasserdichte um 1023.

Paracanthurus hepatus

Eine wunderschöne, selten importierte Art aus dem indopazifischen Raum ist *Paracanthurus hepatus,* er bildet eine Ausnahme unter all seinen Artgenossen, weil diese Spezies überhaupt nicht aggressiv ist und sogar die Gegenwart anderer Doktorfische im eigenen Becken toleriert. Der Körper weist die typische ovale und abgeflachte Form auf, der Schwanzstiel ist zu beiden Seiten mit je einem scharfen Skalpell versehen. Vom Rücken erhebt sich eine lange, schwarz gesäumte Rückenflosse. Das Kleid weist eine blaue Grundfärbung von außerordentlich strahlender Leuchtkraft auf, die nur auf den oberen Seitenpartien von einem breiten schwarzen Band und einem großen hellblauen Fleck in der Körpermitte unterbrochen wird. Die Schwanzflosse nimmt in gespreiztem Zustand das Aussehen eines auffälligen gelben, seitlich schwarz gerahmten Fächers an. Schwarz gesäumt ist auch die Afterflosse. Leider verblasst diese herrliche Färbung mit zunehmendem Alter, sie nimmt dann eine gelbgraue Tönung an.

NAHRUNG Die Akklimatisierung dieser Spezies im Aquarium erfolgt rascher, wenn die Exemplare schon im Jugendstadium erworben werden. Das Futter sollte grundsätzlich aus pflanzlichen Nahrungsmitteln bestehen, ergänzt durch Stückchen von Krebsen, Würmern und Weichtieren.

VERHALTEN Im Allgemeinen erweist sich diese Art als sehr einfach zu halten, abgesehen von einer gewissen Anfälligkeit für Hautinfektionen, deren Ursachen nicht immer bekannt sind. Weil von sehr friedlichem Wesen, können sie mit anderen Fischen zusammen gehalten werden, sofern diese nicht zu lebhaft sind; man muss Zukäufe mit großer Vorsicht ins Becken setzen, um keine Traumen zu verursachen. Im Jugendstadium kann man sie auch im Schwarm halten; erwachsene Tiere können manchmal ein aggressives Verhalten gegenüber Artgenossen an den Tag legen.

FORTPFLANZUNG Bisher im Aquarium noch nicht nachgewiesen.

TECHNISCHE TIPPS

Die Einrichtung des Beckens sollte sichere Verstecke, aber auch genügend Raum für freies Schwimmen bieten. Die Beleuchtung muss mäßig sein und die Wassertemperatur zwischen 24 und 29 °C betragen, bei einem pH-Wert um 8 und einer Wasserdichte zwischen 1022 und 1025.

Zanclus canescens

Nach Meinung mancher Autoren gehört diese Art nicht zur Gruppe Doktorfische, denn *Zanclus canescens* weist eine für diese Familie sehr ungewöhnliche Körperform auf: er besitzt einen außerordentlich verkürzten und hoch entwickelten Körper, noch betont durch den dritten, wimpelartig verlängerten Strahl der Rückenflosse. Schließlich fehlen noch die beiden Skalpelle. Die typische Fortbewegung mit Hilfe der Brustflossen und ein typisches, nur diesen Fischen eigenes Larvenstadium sprechen jedoch für seine Zugehörigkeit zu den Doktorfischen. Der kleine Kopf endet in einem stark verlängerten Maul, das eine Art Schnabel bildet. Die Grundfarbe ist ein sehr helles Gelb, das auf der Höhe des Kopfes, den hinteren Lateralseiten und am Schwanz vertikal von drei schwarzen Bändern durchlaufen ist. Direkt über den Augen ist eine gelbe »Maske« zu sehen.

NAHRUNG Der Masken-Halfterfisch ist eine ziemlich empfindliche Art mit heiklen Ernährungsansprüchen. Die Tiere müssen mit Algen und kleinen lebenden Krebschen gefüttert werden, oder auch mit einer Mischung aus gehackten Garnelen, Miesmuscheln und Algen, die zusammengemixt werden.

VERHALTEN Sobald sich die Tiere einmal in einem genügend großen Becken eingewöhnt haben, erweisen sie sich als sehr langlebig. Es empfiehlt sich, sehr junge Tiere zu erwerben, weil diese sich leichter einleben. *Zanclus canescens* zeigt sich im Allgemeinen friedfertig und ist für das Zusammenleben mit anderen, allerdings nicht zu lebhaften Arten geeignet: Sein »Wimpel« auf der Rückenflosse kann nämlich einen unwiderstehlichen Anziehungspunkt für die »Flossenbeißer« unter den Fischen bilden. Ist das Aquarium nicht geräumig genug, so können sie sich mit den eigenen Artgenossen in heftigste Kämpfe verwickeln, die nicht selten einen tödlichen Ausgang nehmen.

FORTPFLANZUNG Im Aquarium noch nicht nachgewiesen.

ÄHNLICHE ARTEN Ursprünglich wurden innerhalb der Gattung *Zanclus* zwei Arten klassifiziert, **Z. cornutus** und *Z. canescens*. Ersterer weist zwei stachelige Fortsätze vor jedem Auge auf, die bei *Z. canescens* fehlen: einigen Wissenschaftlern zufolge bildet dies ein Unterscheidungsmerkmal zwischen den beiden Fischarten, anderen zufolge handelt es sich hingegen nur um zwei Stadien einer einzigen Art, nämlich das Jung- und das Erwachsenenstadium.

TECHNISCHE TIPPS

Diese Art ist sehr anspruchsvoll in Bezug auf die Wasserqualität, daher empfiehlt es sich, die Tiere nur in ein eingefahrenes Becken mit einem stabilen ökologischen Gleichgewicht zu setzen.

Zebrasoma flavescens

Diese für die Hawaiianischen Gewässer typische Fischart ist sehr auffällig gefärbt und weist ein ausgeprägtes Revierverhalten auf. Der Körper hat eine stumpfovale Form mit einem stark verlängerten Maul und einem kleinen Mund. After- und Rückenflosse sind hoch. Die Färbung ist über den ganzen Körper einheitlich glänzend gelb; die Skalpelle sind weiß. Manche Exemplare können in einigen Fällen Schattierungen in anderen Farben annehmen.

NAHRUNG Es ist wichtig, bei der Haltung der Tiere immer auf eine sehr vielseitige Kost zu achten, indem man gleichmäßig verteilt pflanzliche Nahrung und tierisches Futter verabreicht. Nach der Akklimatisierungsphase im Aquarium nimmt der Fisch auch gefriergetrocknetes Futter an. Sicher wird er seine Nahrung mit den im Aquarium wachsenden Algen ergänzen: Man kann sie in einem gesonderten Becken auf Steinen wechselnd nachzüchten und dann ersetzen.

VERHALTEN In der Natur führt der Gelbe Seebader normalerweise das Leben eines Einzelgängers oder er lebt paarweise, manchmal findet er sich in kleinen Schwärmen zusammen. Besitzt man nur ein kleines Aquarium, so ist es ratsam, nur ein einziges Exemplar zu halten, ist das Becken mehr als 1,5 m lang, wird es möglich sein, auch eine Gruppe bis zu sechs Individuen gemeinsam zu halten, ohne dass sich die Tiere gegenseitig ernstliche Schäden zuzufügen.

FORTPFLANZUNG Es existieren keine Berichte über eine erfolgreiche Fortpflanzung im Aquarium.

TECHNISCHE TIPPS

Das Becken soll, abgesehen von großer Geräumigkeit, einen flächigen Bodengrund und felsige Zonen mit Verstecken bieten, wo jeder Fisch sein eigenes Revier festlegen kann. Erwachsene Tiere zeigen gewöhnlich Anpassungsschwierigkeiten, während junge sich leichter gewöhnen, vorausgesetzt, die chemophysikalischen Bedingungen des Wassers sind gut. Die Beleuchtung soll mäßig sein, die Wassertemperatur zwischen 25 und 28 °C betragen, bei einem pH-Wert von 8 bis 8,1 und einer Wasserdichte von 1024.

Visitenkarte

Deutscher Name
Gelber Seebader

Herkunft
Pazifik, vor allem rund um Hawaii

Körperlänge
bis zu 20 cm

Haltung
schwierig

Natürliche Umgebung
Korallenriffe

Vergesellschaftung
solitär oder in Gruppen bis zu sechs Individuen möglich

Balistidae

Arten der Familie Balistidae oder Drückerfische zeichnen sich durch ihren großen Kopf und die meist angelegte erste Rückenflosse mit einem stark entwickelten stacheligen Flossenstrahl aus, der in aufrechter Stellung fixiert werden kann. Damit können sie sich bei Gefahr in den Höhlungen und zwischen Korallen fest verankern, um sich vor Raubfischen zu schützen. Der kleine Mund ist mit sehr robusten Zähnchen versehen, mit denen die Drückerfische Schalen von Krebsen und sogar Korallen zertrümmern können. Aus diesem Grund empfiehlt es sich, diese Tiere nicht zusammen mit Wirbellosen zu

Balistoides conspicillum

Visitenkarte

Deutscher Name
Leoparden-Drückerfisch

Herkunft
indopazifischer Raum, vor allem um die Malediven

Körperlänge
in der Natur 50 cm, im Aquarium 22 bis 23 cm

Haltung
anfangs schwierig

Natürliche Umgebung
Korallenriffe

Vergesellschaftung
möglich, aber nicht mit Invertebraten

Der Leoparden-Drückerfisch ist wegen seiner lebhaften Färbung sicherlich eine der meistgeschätzten Arten unter den Balistiden. Er weist einen keilförmigen, seitlich ziemlich abgeflachten Körper und einen kleinen, gerade gesäumten oder leicht konvexen Schwanz auf. Wie auch bei anderen Mitgliedern der Familie ist die erste Rückenflosse mit einem großen Stachel versehen, den der Fisch verwendet, um sich zwischen Felsen oder Korallen zu klemmen, wenn er in Gefahr ist. Der Mund ist klein, aber mit einem robusten Gebiss versehen. Das Kleid ist besonders bunt: der Bauch und die unteren Seitenpartien sind braun, mit großen rundlichen Flecken in Weiß; die Lippen sind von einem leuchtenden Orange und Weiß eingesäumt; das Maul ist dunkel, mit einem hellen Band unter den Augen; auf dem Rücken ist ein breiter gelber, schwarz gepunkteter Fleck zu beobachten; die erste Rückenflosse ist dunkel, während die zweite und die Afterflosse hell sind, beide sind durchscheinend mit hellblauen und gelblichen Reflexen; der Schwanz schließlich weist ein breites helles, dunkel gesäumtes Band auf.

NAHRUNG Obwohl dieser Fisch jedes tierische Futter annimmt, sollte man unbedingt seine Kost variieren. Er bevorzugt Krebstiere (Garnelen, Krabben) und Weichtiere, die er alle verschlingt, nachdem er deren Schalen oder Panzer mit den Zähnen zertrümmert hat, sowie Schwämme und Kalkalgen. Im Aquarium gewöhnt er sich ohne weiteres an Tiefkühlkost.

VERHALTEN In ihrer natürlichen Umgebung leben die Tiere fast ausschließlich solitär und verteidigen ihre Reviere vehement. Im Aquarium kann er mit Exemplaren derselben Größe zusammenleben, sofern es genügend Raum und auch Verstecke gibt. Einmal akklimatisiert, können sich die Fische an jene Person, die sie regelmäßig füttert, gewöhnen, und sind dann nicht selten zu sehr originellen Spielereien und

halten, weil sie diese bald auffressen würden. Der Aquarianer muss Druckerfische mit äußerster Umsicht halten, weil sie einerseits ihren Mitbewohnern ganze Stücke aus dem Körper reißen können und unvorsichtigen Tierhaltern tiefe Bisswunden an der Hand zufügen. Diese Fische haben die eigenartige Angewohnheit, sich auf dem Boden des Aquariums liegend auszuruhen, indem sie sich zur Seite legen. Sie schwimmen arttypisch, indem sie nur Rücken- und Afterflossen bewegen, während der restliche Körper bewegungslos verharrt.

Rhinecanthus aculeatus

Liebkosungen bereit. Manchmal hat diese Art die Angewohnheit, lange Zeit völlig unbeweglich in den eigenartigsten Stellungen zu verharren.

FORTPFLANZUNG In europäischen Aquarien hat sich die Fortpflanzung als unmöglich erwiesen, während in kalifornischen Becken, die besonders großräumig sind und in denen direkt vom Meer kommendes frisches Wasser zirkuliert, gute Resultate erzielt worden sind.

ANMERKUNG Im Aquarium haben die Tiere die merkwürdige Angewohnheit, Heizungskabel und Thermostate zu beschädigen; es empfiehlt sich daher, dafür zu sorgen, dass diese mit Steinen oder anderem Einrichtungsmaterial gut geschützt sind. Gelegentlich ist selbst dies schwierig, weil die Fische immer wieder versuchen, das Becken nach ihrem »Geschmack« einzurichten.

TECHNISCHE TIPPS

In der Phase der Akklimatisierung kann es beim Auftreten von Schwankungen des pH-Wertes, auf die er sehr sensibel reagiert, zu Problemen kommen, einmal eingelebt erweist sich die Spezies aber als sehr widerstandsfähig und kann im Aquarium bis zu 15 Jahre lang leben. Die Tiere sind einfach zu halten. Der Bodengrund des Beckens sollte sandig und mit Felsbrocken ausgestattet sein, die Verstecke bilden, in denen sich der Fisch zum Ausruhen zurückziehen kann. Die Beleuchtung sollte ziemlich stark sein und die Wassertemperatur zwischen 24 und 28 °C betragen, bei einem pH-Wert über 8 und einer Dichte von 1022.

Monacanthidae

Eng verwandt mit Drückerfischen, unterscheiden sich die Mitglieder der Familie Monacanthidae von diesen durch ihre geringere Größe, sie werden nur bis zu 15 cm lang, und durch ihren schlankeren Körper. Der erste stachelige Strahl der vorderen Rückenflosse ist stark verlängert und weist einen ähnlichen Funktionsmechanismus auf, wie bei den Balistiden. Die Bauchflossen sind zu einem weiteren Stachel umgebildet, der ebenfalls aufgestellt werden kann.

Amanses
sandwichiensis

Oxymonacanthus longirostris

Der Palettenstachler wird wegen der sehr lebhaften Farben seines Kleides und seiner geringen Körpergröße besonders geschätzt. Er weist ein langes und spitzes Maul auf, an dessen Ende die sehr kleine Mundöffnung liegt. Die erste Rückenflosse ist mit zwei Sta-

cheln versehen, die Bauchflossen sind auf einen Stachel reduziert. Das Kleid weist eine hellblaue Grundfärbung auf, die durch Streifen auf dem Rostrum und von Reihen runder, leuchtend gelber oder orangefarbener Flecken auf dem übrigen Körper sehr belebt wird. Auch die Färbung der Augen trägt zu der besonderen Lebhaftigkeit des Kleides bei: vom schwarzen Zentrum der Pupille aus gehen strahlig abwechselnd hellblaue und orangefarbene Streifen aus. Auf dem Bauch weist eine schwarze, punktierte Zone auf die Region hin, aus welcher sich der Dorn erhebt. Die zweite Brustflosse und die Afterflosse sind durchsichtig.

NAHRUNG Da es sich hier um Monophage handelt, das heißt, die Spezies ernährt sich nur von einem einzigen Typ von Nahrung, ist eine Haltung schwierig. Der Fisch bevorzugt im Aquarium lebende Krebschen wie *Mysis* und Daphnien, auch *Tubifex* und Stücke von Mollusken. Er kann auch so weit gebracht werden, dass er anderes Futter annimmt, geht dann aber in kurzer Zeit ein.

VERHALTEN Die Tiere vertragen absolut kein Zusammenleben mit temperamentvollen Fischen anderer Art und leiden unter der Gegenwart von Futterkonkurrenten sehr. Zusammen mit Seepferdchen und ähnlichen Fischen gibt es keine Probleme. In der Natur leben erwachsene Exemplare in Paaren zusammen, während die Jungfische dazu neigen, sich zu kleinen Gruppen zusammenzuschließen.

FORTPFLANZUNG Keine Berichte über eine Fortpflanzung im Aquarium.

TECHNISCHE TIPPS

Der Bodengrund des Beckens sollte sandig und so mit Korallen ausgestattet sein, dass der Fisch die Arten von Verstecke, welche er in seiner natürlichen Umgebung in den Korallenriffen hat, vorfindet. Die Beleuchtung sollte stark sein, die Wassertemperatur zwischen 24 und 28 °C betragen, bei einem pH-Wert zwischen 8 und 8,6 und einer Wasserdichte um 1023.

Canthigasteridae

Die Canthigasteriden oder Spitzkopfkugelfische, welche von manchen Autoren nicht als eigene Familie, sondern nur als Teil der Familie Tetraodontidae (Kugelfische) betrachtet werden, können ihren Körper im Unterschied zu den Kugelfischen nur teilweise aufblasen. Ihr Magen weist eine sackförmige Ausstülpung auf, die sie füllen können, indem sie Wasser oder auch Luft hineinpressen. Darüber hinaus weisen sie eine Art spitzer Knochenleiste auf dem Bauch auf. Wie die Ostracidae entwickeln sie eine Art Schnabel, mit dem sie die harten Panzer von Krebsen und anderen - Beutetieren zertrümmern können. Die Tiere schwimmen, indem sie den Schwanz als Steuer verwenden und nur von den Ruderbewegungen der Brustflossen und den wellenförmigen Bewegungen der Rücken- und Afterflossen vorwärts getrieben werden.

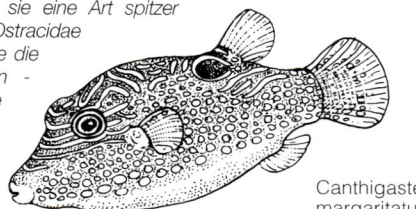

Canthigaster
margaritatus

Canthigaster valentini

Die Mitglieder der Familie Canthigasteridae werden von Aquarianern wegen ihres oft lebhaft gefärbten Kleides und auch wegen der geringen Körpergröße, die sie in Gefangenschaft beibehalten, überaus geschätzt. Diese Art weist einen an beiden Seiten leicht zusammengedrückten Körper auf und entwickelt, wie die übrigen Canthigasteriden auch, eine einzige Rückenflosse ohne harte Strahlen, Bauchflossen fehlen. Die Grundfarbe des Kleides ist Weißlich, hellbraun punktiert, mit einigen großen schwarzen Flecken auf Kopf, Rücken und Schwanzstiel. Die Iris des Auges, die von blaugrünen Kreislinien begrenzt ist, zeigt sich in lebhaftem Grün.

NAHRUNG In der Natur ernähren sich diese Fische von kleinen Weichtieren, Schwämmen und Korallenpolypen; im Aquarium nehmen sie lebendes und totes tierisches Futter sowie Algen, Salat und andere pflanzliche Nahrung problemlos an.

VERHALTEN Sie können mit anderen Fischarten gut zusammenleben, sofern diese nicht aggressiv sind. Nur im Fall von Nahrungsmangel oder wenn das Becken übervölkert ist, können sie aggressiv werden und den anderen Fischen in die Flossen beißen.

FORTPFLANZUNG Kein Bericht existent.

TECHNISCHE TIPPS

Wie bei allen Arten dieser Gattung müssen auch Vertreter dieser Spezies genügend Verstecke zur Verfügung haben, in die sie sich während der Nacht zurückziehen können, sowie ein Becken in geeigneten großen Dimensionen. Die Beleuchtung darf nicht besonders stark sein, und die Wassertemperatur sollte um 24 bis 26 °C liegen, bei einem pH-Wert von ca. 8 und einer Wasserdichte um 1025.

Visitenkarte

Deutscher Name
Sattel-Spitzkopfkugelfisch

Herkunft
indopazifischer Raum

Körperlänge
bis zu 20 cm in der Natur, bis zu 10 cm im Aquarium

Haltung
einfach

Natürliche Umgebung
Korallenriffe

Vergesellschaftung
möglich

Das tropische Süßwasser-aquarium

Tipps zur Pflege und Einrichtung des Beckens

Jedes tropische Süßwasseraquarium stellt im Prinzip eine Art kleines in sich geschlossenes Ökosystem dar, in dem die spezifischen Umweltbedingungen der tropischen Süßgewässer so gut wie möglich nachgebildet werden sollten; aus diesem Grund ist vor allem den je nach Typ erforderlichen chemophysikalischen Faktoren große Bedeutung beizumessen.

In den Tropen sind die **Temperaturen** durchschnittlich weit höher als in unseren Breiten, das wesentlichste Merkmal sind jedoch die geringeren Temperaturschwankungen während des Jahreslaufs. Der Unterschied zwischen warmen und kühlen Jahreszeiten ist im Vergleich zu unseren Breiten ganz gering, tropische Fische sind also daran gewöhnt, in praktisch gleichbleibenden Temperaturverhältnissen zu leben und ertragen Temperatursprünge somit sehr schlecht. Es ist aus diesem Grund ratsam, das Wasser des tropischen Beckens mit mehreren, durch Thermostate geregelte Heizvorrichtungen zu erwärmen, um nicht irreparable Schäden zu riskieren, falls ein Gerät einmal ausfallen sollte.

Tropische Gewässer weisen, gerade weil sie wärmer sind, auch einen eher geringen **Sauerstoffgehalt** auf. Das heißt nicht, dass tropische Organismen, vor allem die Fische, weniger anspruchsvoll sind, sondern bedeutet vielmehr, dass ihr Lebensoptimum nahe an dem oberen und unteren Pessimum liegt, Grenzpunkte, die im Aquarium niemals über- oder unterschritten werden dürfen. Auch die **Wasserhärte** ist aufgrund der in der Natur spärlich vorhandenen Kalk- und Magnesiumsalze niedriger, was auf die vulkanischen oder kristallinen, nicht kalkhaltigen tropischen Böden zurückzuführen ist. Zumeist fließt aus unseren Wasserleitungen oft sehr hartes Wasser, daher empfiehlt es sich, dem Beckenwasser regelmäßig Aqua destillata beizumengen.

Ein Großteil der Fischarten, die wir in tropischen Aquarien halten können, stammt aus Regionen, wo das Wasser von Natur aus einen neutralen oder leicht sauren **pH-Wert** hat. Dies ergibt sich daraus, dass sich das in großen Flüssen oder überschwemmten Ebenen – zum Beispiel im Amazonasbecken – fließende Wasser stetig mit sauren Substanzen anreichert, den so genannten Huminsäuren, die den pH-Wert senken und die auch zu der typischen gelbbraunen Verfärbung des Wassers führen. Bei uns herrschen ähnliche Bedingungen in Braunwasserseen und Torfmooren, wo das Wasser schwärzlich dunkel und leicht sauer ist. Will man daher den Säuregehalt des Wassers im Becken erhöhen, empfiehlt es sich, ein wenig Torf in den Filter zu geben.

BODENGRUND UND EINRICHTUNG

Ein Aquarium bietet nur dann einen ästhetisch ansprechenden Anblick, wenn man das natürliche Ambiente so getreu wie möglich nachahmt. Darüber hinaus haben Steine, Zweige etc. auch die Aufgabe, die technische Einrichtung wie Rohre, poröse Steine und andere für ein gutes Funktionieren des Beckens notwendige Dinge möglichst gut zu verbergen.

Bei der Auswahl von **Sand** und **Kies** sollte man daran denken, dass zu kalkhaltige und zu feine Materialien absolut zu vermeiden sind. Erstere sorgen für ein unerwünschtes Ansteigen der Härte des Wassers, Letztere verursachen oft die Bildung von sauerstoffarmen Zonen in Bodennähe, weil durch die feinen Teilchen des Substrats die Wasserzirkulation beträchtlich behindert wird.

Zuallererst muss auf dem Boden des Beckens ein geeignetes Gitter aus Kunststoff angebracht werden, um das Glas zu schützen und eine geeignete Wasserzirkulation unter dem Sand zu ermöglichen. Das Wasser wird erst eingelassen, nachdem die dekorativen Elemente wie Zweige, Steine etc. eingebracht worden sind.

Die **Steine** haben die Funktion, das Ensemble optisch aufzulockern und unnatürlich wirkende poröse Steine des Diffusors zu verbergen. Darüber hinaus aber übernehmen sie eine wesentliche Rolle im Leben revierbildender Fische: sie dienen dazu, die Reviere der verschiedenen Individuen oder der Paare abzugrenzen. Was ihre chemischen Eigenschaften anbelangt, so müssen kalkhaltige Steine vermieden werden, da diese sich im Wasser langsam auflösen und dadurch die Härtegrade erhöhen. Es empfiehlt sich, Brocken von Granit oder von diversen vulkanischen Gesteinen zu verwenden, welche zumeist reich an Silikaten und zugleich kalkarm sind.

Äste und **Wurzeln** verleihen dem Becken das Aussehen eines See- oder Teichgrundes in Ufernähe. Abgesehen vom ästhetischen Wert, tragen sie ebenfalls dazu bei, den Säuregrad des Wassers innerhalb der richtigen Grenzen zu halten, da sie, indem sie sich langsam zersetzen, Huminsäuresubstanzen abgeben. Faulende oder mit Schimmel, Moosen oder Pilzen bedeckte Holzteile dürfen nicht eingebracht werden, weil sich daraus eine Überlastung an organischem Material, welches leicht zu faulen beginnt, ergäbe. Der gewählte Ast sollte gut getrocknet und frei von Rinde sein: nach einiger Zeit im Becken färbt er sich dunkel und verliert auch seinen anfänglich starken Auftrieb. Am besten für das Aquarium geeignet ist sicherlich Moorholz aus Torfstichen, das im Fachhandel zu kaufen ist.

DIE VEGETATION

Zu den **Pflanzenarten,** die sich für tropische Süßwasseraquarien eignen, gehören viele **Wasserpflanzenarten,** aber auch **Landpflanzen.** Letztere leben in der Natur im warmen, feuchten Uferbereich der tropischen Gewässer und passen sich auch gut an die Verhältnisse im Becken an. In der Folge stellen wir eine kurze Aufzählung der am besten geeigneten Aquarienpflanzen vor und beschreiben die Ansprüche, die sie stellen, um gut gedeihen zu können. *Dracaenen* sind robuste Pflanzen mit lanzettförmigen, oft gelb und weiß gesprenkelten Blättern und beanspruchen intensives Licht sowie Temperaturen zwischen 18 und 24 °C; sie sollten mit Fischarten zusam-

Das abgebildete Aquarium, mit afrikanischen Cichliden der Gattung Haplochromis, *ist mit Sand, Wasserpflanzen und holzigen Ästen so ausgestattet, dass ein dem natürlichen Habitat ähnlicher Lebensraum geschaffen wurde. Auf Seite 104 ist ein Skalar zu sehen.*

menleben, die sehr warmes Wasser lieben. Eine andere beliebte Gattung ist *Spathi-phyllum* mit hellgrünen, breit lanzettlichen Blättern. Die Pflanzen blühen unter Wasser, wobei die weißen Blüten einen sehr dekorativen Effekt ergeben. *Syngonium* verträgt die Verhältnisse im Aquarium nicht so gut und verliert nicht selten seine Blätter. Optimale Lebensbedingungen sind Wassertemperaturen zwischen 15 und 25 °C, ein neutraler pH-Wert und mittlere Wasserhärte. Die Pflanze verschmäht zu starkes Licht und bevorzugt weiches, sandiges Substrat. Sehr ähnlich im Aussehen, aber mit ziemlich unterschiedlichen Ansprüchen präsentieren sich *Anubias* und *Dieffenbachia bausei*. Erstere braucht warmes Wasser um 25 °C, neutral oder leicht sauer, und spärliche Beleuchtung; Letztere ist unter Wasser weit weniger widerstandsfähig, da sie eigentlich eine Landpflanze ist, aber dafür bei der Anschaffung billiger.

Von den Aquarianern hoch geschätzt werden die Pflanzen der Gattung *Aponogeton*, die aus Afrika, Madagaskar, Südasien und Australien stammen; Farbe und Form der Blätter variieren von Art zu Art stark, *Aponogeton crispus* hat zum Beispiel hellgrüne, längliche und gekräuselte Blätter. Die spektakulärste Art darunter ist *Aponogeton fenestralis* mit löcherig durchbrochenen Blättern, die im Aussehen rechteckigen geklöppelten Spitzen ähneln. *Egeria densa,* auch unter dem Namen *Elodea densa* bekannt, hat sich wegen ihrer Eigenschaft, besonders robust und anpassungsfähig zu sein, den deutschen Namen »Wasserpest« eingehandelt. Sie ist bezüglich aller chemophysikalischen Eigenschaften des Wassers gänzlich anspruchslos, braucht aber Becken mit starker Beleuchtung, um üppig gedeihen zu können. Gut geeignet für das Aquarium sind auch Arten der Gattung *Alternanthera,* grasartige Planzen mit ro-

Egeria densa ist eine sehr widerstandsfähige Wasserpflanze, die sich leicht an das Leben im Aquarium anpasst, vorausgesetzt, das Becken ist gut beleuchtet.

Im Aquarium erträgt die in Europa beheimatete Vallisneria spiralis, *die Sumpfschraube, nur Temperaturen bis 22 °C. Auf dem Bild sind die weiblichen Blüten am Ende langer, spiralig eingedrehter Blütenstiele zu sehen.*

ten oder grünen Blättern, die aus feuchten oder immer wieder überschwemmten Gebieten stammen. Das Wasser muss für diese Gewächse eine Temperatur zwischen 16 und 22 °C haben, bei einem neutralen pH-Wert und mittlerer Härte; sie bevorzugen eine eher intensive Beleuchtung.

Wird das Aquarium mit Steinen oder Ästen eingerichtet, so eignen sich *Microsorium*-Arten, das sind Moose, die Wurzeln und Felsen im Wasser besiedeln. Zuletzt verdienen verschiedene *Hygrophila*-Arten erwähnt zu werden; Moose, die aus tropischen Sumpfgebieten stammen, aber gut auch unter Wasser leben können. Sie brauchen eine Wassertemperatur zwischen 20 und 25 °C, bei mittlerer Härte und neutralem pH-Wert.

Unter den echten Wasserpflanzen sind die Arten der Gattung *Cabomba* zu nennen, die aus den tropischen und gemäßigten Klimazonen Amerikas stammen. Ihre Blätter bilden ein für die Eiablage und den Schutz der Brut vieler Fische günstiges Substrat. Ideale Bedingungen für das Wachstum dieser Makrophyten sind eine Temperatur zwischen 20 und 25 °C, ein leicht saurer pH-Wert, eine sehr geringe Wasserhärte und normale Beleuchtung. Ebenfalls zu den Wasserpflanzen zählt *Vallisneria,* die Sumpfschraube, sowohl die europäische Art *Vallisneria spiralis* als auch die asiatische *Vallisneria gigantea* sowie die amerikanische *Vallisneria neotropicalis.* Die europäische Spezies ist die beliebteste unter den Aquarienpflanzen. Sie fühlt sich bei Temperaturen zwischen 15 und 22 °C wohl, ist also nicht besonders geeignet für sehr warme tropische Aquarien.

*Unter den Gastro-
poden kann
sich* Lymnaea
*(Schlamm-
schnecke) im
Aquarium als nütz-
lich erweisen,
weil sie die Wände
regelmäßig von
winzigen Algen
reinigt.*
Unten: Tubifex.

WIRBELLOSE TIERE

Außer Fischen können tropische Süßwasseraquarien noch viele interessante Tiere beherbergen. Auffällige oder schöne Arten werden mit Absicht hinein gesetzt, andere geraten meist zufällig mit den Wasserpflanzen ins Becken. Zu Letzteren gehören einige **Gastropoden** oder Schnecken, das sind Weichtiere (Mollusken), die sich in den meisten Fällen als nützliche Tiere erweisen, weil sie die Scheiben des Aquariums frei von Algenüberzügen halten. Die von den Gastropoden abgelegten Eier bilden außerdem eine ausgezeichnete Nahrung für gewisse Fischarten. Da diese Organismen sehr fruchtbar sind, ist es ratsam, nur wenige davon im Aquarium zu halten und die überzähligen regelmäßig zu entfernen. Diese Tiere können den Fleisch fressenden Fischen in zerdrücktem Zustand als Futter verabreicht werden, da sie eine fettfreie und fast lebend frische, proteinreiche Nahrung darstellen.

Andere Evertebraten oder Wirbellose, die im Aquarium leben können, sind **Tubifex**-Würmer, die auch als frisches oder tiefgekühltes Futter für zahlreiche Fische verwendet werden. Ihre Besiedelungsdichte sollte jedoch keinesfalls zu groß sein, weil sie viel Sauerstoff verbrauchen und auch unter Sauerstoffmangel lange überleben können. Nicht selten entziehen sie dem Wasser über dem Boden des Beckens so viel von dem lebensnotwendigen Gas, dass höhere Organismen nicht mehr überleben können.

DIE FISCHE

Tropische Süßwasserfische können im Aquarium ihr ganzes Leben verbringen, ohne im mindesten unter den durch das Becken vorgegebenen Raumbeschränkungen zu leiden. Die ursprünglichen Arten, aus denen die heutigen Zuchtvarietäten durch Selektion entstanden sind, kommen aus Habitaten, in denen ihr Bewegungsspielraum von Natur aus beschränkt ist. Gewöhnlich stammen sie aus Teichen, kleinen Seen oder kurzen Wasserläufen mit schwacher Strömung und reicher Vegetation. Es ist recht einfach, dieses Ambiente im Aquarium nachzubauen, wobei noch einmal betont werden soll, dass eines der Hauptziele des Aquarianers darin bestehen muss, so getreu wie möglich die Bedingungen der natürlichen Lebensräume zu rekonstruieren.

Manche Fische, wie Piranhas oder *Astronotus,* grenzen in der Natur ihre nicht besonders großen Lebensräume durch deutliche Reviermarken ab. Sie sind für uns zwar unsichtbar, aber für die dort lebenden Fische von großer Bedeutung.

Die stark entwickelte **Revierbildung** ist sicherlich eines der typischen Merkmale tropischer Süßwasserfische, vielleicht das wichtigste, das man unbedingt in Betracht ziehen muss, bevor ein Aquarium eingerichtet wird. Dieses angeborene Verhalten verschärft sich noch während der Paarungszeit. Erst nach genauer Beobachtung kann man die Reviergrenzen der einzelnen Tiere erkennen, die markante Steine, Pflanzenstängel oder Zweige als Eckpunkte enthalten. Sobald ein Eindringling die Grenzen eines Reviers verletzt, verjagt ihn der Revierbesitzer sofort und beäugt ihn auch später noch misstrauisch.

In der Natur leben die Piranhas in genau abgesteckten Revieren, aber in der Enge des Aquariums ist es wegen ihres Revierverhaltens und vor allem wegen ihrer Gefräßigkeit nicht möglich, andere Fische dazuzusetzen: denn diese würden sogleich gefressen werden.

Pantodontidae

Bei dieser kleinen Familie, die zur Ordnung der Clupeiformes (Heringsartige) gehört, handelt es sich um Fische, die in diversen Regionen Zentralafrikas verbreitet sind. Ihr Name, der »alles Zähne« bedeutet, bezieht sich auf den besonderen Kauapparat dieser Tiere, der aus zahlreichen auf Kiefern, Mund und Zunge verankerten Zähnen besteht. Sie ist im Buch nur durch eine einzige Art vertreten, Pantodon buchholzi, den Schmetterlingsfisch, der auf der Zeichnung und den Fotos dieser beiden Seiten abgebildet ist. Die Beschreibung dieser Art fasst zugleich die eigentümlichen Charakteristika der ganzen Familie zusammen.

Pantodon buchholzi

Visitenkarte

Deutscher Name
Schmetterlingsfisch

Herkunft
Westafrika

Körperlänge
bis zu 15 cm

Haltung
mittelschwierig

Aufenthaltsbereich
Wasseroberfläche

Vergesellschaftung
möglich

In der Natur führt dieser Fisch sein Leben direkt unter der Wasseroberfläche, und auch im Aquarium hält er sich gern in den obersten Schichten auf. Er kann in der Natur bis zu 5 m weite Sprünge vollbringen, um Insekten zu jagen, von denen er sich ernährt, sodass man ihn zu den wenigen »fliegenden« Fischen der Binnengewässer zählt. Er weist einen ziemlich großen Kopf auf, mit einem breiten Mund, gespickt mit kleinen spitzen Zähnchen, die auf den Kiefern, auf der Zunge und an den Wänden der Mundhöhle sitzen. Die Brustflossen sind sehr beweglich und stark in die Länge und Breite entwickelt, sodass sie wie Flügel fungieren können. Sehr charakteristisch sind überdies die Bauchflossen, die aus zahlreichen sehr langen, dünnen Flossenstrahlen bestehen, welche an der Basis durch eine feine Membran vereinigt sind. Der Schwanz ist rautenförmig, ziemlich lang und endet zentral in einem kurzen Büschel aus feinen Strahlen. Das Kleid weist auf dem Rücken und an den Seiten eine bräunliche Färbung mit grüner und gelber, mehr oder weniger entwickelter Marmorierung auf, während die Brustflossen rote oder auch rosa Schattierungen zeigen. Männchen unterscheiden sich von Weibchen durch einen tiefen Einschnitt in die Afterflosse.

NAHRUNG Der Schmetterlingsfisch ist ein Fleischfresser und ernährt sich vorwiegend von Lebendfutter, wie Stechmücken- und Fliegenlarven sowie von verschiedenen Insekten und auch von kleinen Fischchen; deshalb ist davon abzuraten, das Tier mit kleineren, nahe der Oberfläche lebenden Fischarten zu vergesellschaften. In Gefangenschaft nimmt der Fisch auch Flockenfutter an.

VERHALTEN Das Becken für *Pantodon buchholzi* sollte immer abgedeckt sein, denn dieser Fisch ist ein ausgezeichneter Springer. Im Übrigen ist er friedfertig und ziemlich widerstandsfähig. Seine Haltung ist für Anfänger jedoch nicht zu empfehlen. Ein Zusammenleben mit anderen Oberflächenfischen ist schwer möglich.

FORTPFLANZUNG Die optimale Temperatur, um diese Tiere zur Fortpflanzung zu bewegen, liegt um 30 °C, der pH-Wert bei ca. 6, und die Wasserhärte muss bis 10 °dGH betragen. Ins Vermehrungsbecken darf jedoch nur ein einziges Paar gesetzt werden, das vor der Eiablage und Besamung eine komplizierte Hochzeitszeremonie ausführt. Die Eier schwimmen an der Wasseroberfläche. Nach dem Ablaichen müssen die Eltern sogleich aus dem Becken entfernt werden, um Kannibalismus an Jungtieren vorzubeugen. Das Schlüpfen erfolgt gewöhnlich innerhalb weniger Tage. Die Aufzucht der Jungfische erweist sich als ziemlich schwierig, weil diese ausschließlich mit winzigen Insekten ernährt werden müssen.

TECHNISCHE TIPPS

In der Natur lebt der Schmetterlingsfisch in warmen, vegetationsreichen Teichen sowie in langsam fließenden oder stehenden Flussarmen. Er braucht ein flaches Becken mit spärlicher Bodenvegetation und mit flutenden Pflanzen. Übermäßige Beleuchtung erträgt er schlecht. Die Wassertemperatur muss zwischen 25 und 30 °C betragen, bei einem leicht sauren pH-Wert und weichem Wasser.

Charcoidei

Die Charcoidei bilden eine sehr umfangreiche und komplexe Gruppe innerhalb der Ordnung Cypriniformes (Karpfenartige). Verschiedene Autoren klassifizieren sie als eine von 11 bis 15 zugehörigen Familien, dennoch haben solche Verwandtschaftsbeziehungen von Fischen bei den meisten Aquarianern wenig Gewicht. Ichthyologen hingegen werden sicher noch lange über die Systematik dieser Gruppe diskutieren. Aus der gesamten Gruppe werden in diesem Buch die für die Aquaristik besonders repräsentativen Familien vorgestellt, und zwar die Characidae, Serrasalmidae, Alestidae, Gastropelecidae, Lebiasinidae und Anostomidae. Alle Vertreter sind Süßwasserfische und sind mit über 1000 Arten in Mittel- und Südamerika sowie mit etwa 200 Arten in den Tropengebieten Afrikas beheimatet. Obwohl in geographischen Zonen beheimatet, die voneinander derart weit entfernt liegen, zeigen die Charcoidei einige typische gleichbleibende anatomische Merkmale, wie zum Beispiel die fast immer vorhandene Fettflosse, ein kleines strahlenloses, hinter der Rückenflosse angelegtes Organ, dessen Funktion noch nicht vollständig geklärt ist. Einige Arten unter ihnen entwickeln keine Fettflosse, während andere, wie z. B. die Ziersalmler, innerhalb ein und derselben Art eine

Moenkhausia sanctae-filomenae

zeigen können oder auch nicht. Auch die Körperformen der Fische können erheblich variieren; Beispiele dafür sind einige im Buch mittels Zeichnung dargestellte und besonders repräsentative Arten:
Moenkhausia sanctae-filomenae ist ein typischer Characide, mit einem eher langen und seitlich abgeflachten Körper; Myleus rubripinnis, aus der Familie der Serrasalmidae, hingegen ist seitlich stark zusammengedrückt und weist ein eiförmiges Profil auf. Gastropelecus sternicla ist ein Beilbauchfisch aus der Familie der Gastropeleciden mit einem typisch gekielten ventralen Profil; Nannobrycon eques mit spindelförmigem Profil gehört zu den Ziersalmlern aus der Familie der Lebiasinidae. Alle verfügen

Myleus rubripinnis

darüber hinaus über ein besonderes Organ, den Weber'schen Apparat, zwischen der Schwimmblase und dem inneren Ohr gelegen, der es ihnen ermöglicht, niederfrequente Vibrationen und Hochfrequenztöne wahrzunehmen. Die Vertreter der Charcoidei sind mit Ausnahme der Gattung Hydrocyon gewöhnlich nicht sehr groß, eher sogar klein, ihr Körper ist mit Ctenoidschuppen bedeckt. Ihre Schwimmblase fungiert als zusätzliches Atemorgan, weil sie mit zahlreichen Querscheidewänden aus Muskelfasern versehen ist, wodurch die Sauerstoff aufnehmende Oberfläche beträchtlich vergrößert wird. Ein weiteres gemeinsames Merkmal dieser Fische ist die Form ihres robusten Gebisses, mit sehr kräftigen Oberkiefern und vorstehenden Unterkiefern, die beide, zumindest bei den Fleisch fressenden Arten, mit äußerst scharfen Zähnen bestückt sind.

Gastropelecus sternicla

Ein beredtes Beispiel dafür sind die berüchtigten Piranhas des Amazonasbeckens. Die Ernährungsweise der verschiedenen Arten ist sehr unterschiedlich, und neben Fleisch fressenden bzw. räuberischen Fischen kann man zahlreiche Insekten fressende oder sogar Pflanzen fressende Spezies aufzählen. Sie gelten zum größten Teil als ziemlich gierig und aggressiv. Alle Charcoidei sind eierlegend und gehen während der Fortpflanzungszeit stabile Paarbindungen ein, indem die Partner stets eng beisammen bleiben. Die Eier werden, sogleich nachdem das Weibchen sie ausgestoßen hat, besamt, das Männchen bewacht sie vorerst, entfernt sich aber nach dem Schlüpfen der Jungfische.

Nannobrycon eques

Anoptichthys jordani

Hier handelt es sich um eine ganz besondere Fischart, die ausschließlich in einigen Grotten Mexikos vorkommt. Wie viele Grottentiere, die ihr Leben lang in einer völlig lichtlosen Umgebung verbringen, entwickelt das Tier keine Augen. An deren Stelle sind nur mehr zwei silbrige Schuppen und ein Pigmentfleck zu erkennen. Der eher hohe und seitlich zusammengedrückte Körper weist sonst keinerlei Pigmentierung auf, und die rosige Farbe, die ihn kennzeichnet, entsteht durch die Farbe des Blutes im Kapillargefäßnetz, welches durch die feine Haut durchschimmert. Die Flossen sind gut entwickelt, vor allem die sichelförmige Afterflosse, die das gesamte hintere Drittel des Körpers einnimmt. Der Schwanz ist gegabelt mit abgerundeten Lappen. Eine kleine Fettflosse ist immer ausgebildet. Die Männchen unterscheiden sich durch ihr schlankeres Profil.

NAHRUNG Die Tiere nehmen gern Flockenfutter an, das man jedoch mit einer gewissen Häufigkeit durch Lebendfutter, bestehend aus *Tubifex*, Roten Mückenlarven und Daphnien, ergänzt werden muss.

VERHALTEN Diese Fische leben gerne in kleinen Gruppen zusammen, innerhalb deren eine strikte Hierarchie herrscht. Aufgrund der besonderen Anforderungen, welche die Art an ihre Umwelt stellt, kann sie nicht mit anderen Spezies zusammen gehalten werden. Sehr interessant ist ein Echolotsystem, mit dem die Tiere trotz völliger Blindheit selbst kleinste Hindernisse und überaus rasch und sicher das ihnen angebotene Futter erkennen können.

FORTPFLANZUNG Die Tiere pflanzen sich im Becken relativ leicht fort. Nach einem Liebesspiel, während dessen die zwei Partner einander zart berühren, werden die Eier abgelegt und sofort besamt. Während der Embryonalentwicklung pflegt das Männchen diese sorgfältig, muss aber nach dem Schlüpfen der Jungfische aus dem Inkubationsbecken entfernt werden.

Visitenkarte

Deutscher Name
Blinder Höhlensalmler

Herkunft
Mexiko

Körperlänge
bis 8 cm

Haltung
einfach

Aufenthaltsbereich
Beckenmitte, Beckenboden

Vergesellschaftung
nicht möglich

TECHNISCHE TIPPS

Die Beleuchtung des Aquariums sollte nur sehr schwach sein. Das Becken muss mit zahlreichen, an Spalten und Höhlungen reichen Felsstücken ausgestattet werden, weil diese am besten den natürlichen Lebensraum dieser Fische simulieren. Die optimale Wassertemperatur liegt zwischen 20 und 28 °C, der pH-Wert zwischen 7,5 und 8, und die Härte muss über 15 °dGH betragen.

Brycinus longipinnis

Visitenkarte

Deutscher Name
Langflossen-salmler

Herkunft
Afrika,
von Sierra Leone
bis Zaire

Körperlänge
bis 16 cm

Haltung
mittelschwierig

Aufenthalts-bereich
Wasserober-fläche

Vergesell-schaftung
erwünscht

Diese Spezies zeichnet sich durch ihren eher länglichen, nicht sehr hohen Körper aus, der seitlich stark zusammengedrückt ist. Die Augen sind sehr groß, der kleine Mund ist endständig. Die Flossen sind normal entwickelt, mit Ausnahme der Rückenflosse bei den Männchen, die sehr lang und manchmal auch ausgefranst ist. Darüber hinaus unterscheiden sie sich von den Weibchen durch den kleineren, weniger gedrungenen Körperbau, und auch die Färbung ist mit ihrem Goldschimmer etwas anders als das gelbgrünliche Kleid der Weibchen. An den seitlichen hinteren Körperpartien zeigt sich ein schwarzes Band, das bis zum Schwanzstiel verlängert ist.

NAHRUNG Diese Fische halten sich mit Vorliebe in den oberen Schichten des Aquariums auf und bevorzugen lebende Insekten als Nahrung, insbesondere *Drosophila*-Fliegen und Mücken, sie nehmen aber auch *Tubifex,* kleine Regenwürmer und Rote Mückenlarven an. Hin und wieder sollte man zusätzlich Salat verfüttern.

VERHALTEN Langflossensalmler sind charakteristische Schwarmfische von sehr lebhaftem Wesen, die das gesamte Aquarium mit schnellen Schwimmbewegungen der Länge und Breite nach ständig durchqueren. Angesichts der Größe, die sie erreichen können, brauchen sie ziemlich große Becken mit weiten Räumen ohne behindernde Vegetation. Werden sie einzeln oder in zu kleinen Gruppen gehalten, so verlieren die Tiere ihr Temperament, sie vereinsamen.

FORTPFLANZUNG Eine erfolgreiche Fortpflanzung zu erzielen ist bei dieser Art nicht einfach, will man es aber dennoch versuchen, so ist es unabdingbar, nur ein einziges Paar in ein geeignetes Aquarium zu setzen und dann reichlich Lebendfutter zu verabreichen.

TECHNISCHE TIPPS

Das Becken muss, abgesehen von genügend Unterwasserpflanzen, auch eine gute Bedeckung durch Blätter von Schwimmpflanzen aufweisen. Die Wassertemperatur sollte zwischen 22 und 25 °C liegen, bei einem leicht sauren pH-Wert von 6 bis 6,5 und einer Härte zwischen 5 und 10 °dGH.

Cheirodon axelrodi

Diese Art ähnelt der bekannten Spezies Neon-Tetra sehr (S. 132/33), zeigt aber ein spindelförmigeres und schlankeres Profil. Das Weibchen unterscheidet sich durch ein rundlicheres und leicht gedrungeneres Aussehen vom Männchen. Die ziemlich schmale und hohe Rückenflosse setzt auf dem höchsten Punkt des Rückens an. Eine irisierende grünblaue Streifung zieht sich vom Mund bis zum Ansatz der Schwanzflosse; die seitliche und untere Partie des Körpers ist leuchtend rot gefärbt. Der Rücken ist hellbraun, der Bauch schimmert silbrig.

NAHRUNG Die Tiere sind Allesfresser, ihre Nahrung kann aus Flockenfutter oder gefriergetrocknetem Futter bestehen, aber auch *Artemia* und andere Arten von Lebendfutter sind sehr gut geeignet.

VERHALTEN Es handelt sich um lebhafte kleine Fische, die gerne in kleinen Schwärmen vereint leben und das Aquarium der Länge und Breite nach mit raschen Bewegungen durchschwimmen. Die Tiere eignen sich für große Becken, in denen sie sich weiträumig bewegen und umherschweifen können und ertragen absolut keine Einsamkeit, sie sterben sogar daran. Diese Fische sollten in Gruppen von mindestens zehn Individuen gehalten werden.

FORTPFLANZUNG Um die Fortpflanzung zu erleichtern, empfiehlt es sich, Männchen und Weibchen mehrere Tage hindurch mit frischem Futter zu versorgen, vor allem mit fein zerkleinerten Insekten, und das Wasser im Becken leicht anzusäuern. Jedes Weibchen kann bis zu 500 Eier ablegen, vorzugsweise gegen Abend, wenn die Beleuchtung schwächer wird. Nach dem Ablaichen ist es ratsam, die erwachsenen Fische zu entfernen, da sie ihre eigenen Eier verzehren könnten.

TECHNISCHE TIPPS

Die Spezies braucht eher schwache Beleuchtung, die auch von schwimmenden Pflanzen zusätzlich gedämpft werden sollte. Die optimale Wassertemperatur beträgt zwischen 23 und 25 °C, bei einem pH-Wert von 5,5 bis 6,5, und einer niedrigen Wasserhärte (5 °dGH). Mineralreiches und somit hartes Wasser könnte schädlich sein: die darin enthaltenen Kalksalze können nämlich die Nierenfunktion der Fische stören.

Visitenkarte

Deutscher Name
Roter Neon

Herkunft
Nebenflüsse des Rio Negro und Orinoco

Körperlänge
bis zu 4 cm

Haltung
einfach

Aufenthaltsbereich
Beckenmitte

Vergesellschaftung
unbedingt erforderlich

Gymnocorymbus ternetzi

Trauermantelsalmler sind rautenförmige Fische mit einem ziemlich hohen und seitlich stark zusammengedrückten Körperbau. Die Augen sind groß, mit gelber Iris, der Mund ist unterständig. Sie entwickeln zwei Rückenflossen, die erste membranös, kurz und hoch, während die zweite, klein und strahlenlos, an der Basis des Schwanzstiels ansetzt. Die Afterflosse erstreckt sich von der Mitte des Bauches bis zum Schwanz. Die Grundfärbung ist Grau, auf dem Rücken von grünlichen und auf dem Bauch von weißen Reflexen belebt. Drei unscharfe schwarze Querstreifen ziehen vom Rücken zum Bauch: der erste durch die Augen, der zweite hinter den Kiemendeckeln und der dritte auf der Höhe der Rückenflosse. Brustflossen und Schwanz sind durchscheinend weißlich, während Rücken- und Afterflosse dunkel gefärbt sind. Das Männchen ist durch weiße Schwanzspitzen gekennzeichnet. Bei den Jungfischen kontrastiert die Färbung noch etwas mehr, und die schwarzen Streifen glänzen stärker. Mit dem Alter nimmt das Kleid eine einheitlich graue Färbung an, aber nur während der Paarungszeit erscheint wieder die ganze Pracht des Jugendstadiums.

NAHRUNG Der Trauermantelsalmler kann relativ einfach mit Trockenfutter und Flockenfutter ernährt werden, es ist aber gut, die Kost ab und zu mit Lebendfutter, wie *Artemia* und Roten Mückenlarven, zu ergänzen.

VERHALTEN Dank ihres friedlichen Wesens sind die Tiere ideal für gemischte Aquarien, in denen sie mit anderen Schwarmfischen vergesellschaftet leben können. Sie bilden kleine Schwärme und nehmen bei Einzelhaltung ein aggressives Verhalten an. Es ist außerdem nicht ratsam, sie gemeinsam mit Fischen zu halten, die sehr große Flossen entwickeln, um zu vermeiden, dass sie in diese beißen. Auch zusammen mit kleineren Fischen sollten diese Tiere nicht gehalten werden.

FORTPFLANZUNG Hier handelt es sich um eine fruchtbare Spezies, und bei üppiger Vegetation im Aquarium ist eine Fortpflanzung nicht schwierig. Die Elterntiere sollten allerdings sofort nach dem Ablaichen entfernt werden, damit sie die eigenen Eier nicht fressen. Die Jungen schlüpfen im Verlauf von ein bis zwei Tagen, und ihre Nahrung sollte aus im Handel erhältlichem Futter für Jungfische oder aus *Artemia*-Nauplien bestehen.

TECHNISCHE TIPPS

Trauermantelsalmler sind ziemlich robuste und lebhafte Fische, die großräumige Becken benötigen, um frei schwimmen zu können, in denen aber auch Zonen mit reicher Vegetation vorkommen. Die Wassertemperatur sollte zwischen 22 und 25 °C liegen, bei einem pH-Wert von 6 bis 7 und einer Härte zwischen 5 und 10 °dGH.

Hasemania nana

Visitenkarte

Deutscher Name
Kupfersalmler

Herkunft
Südostbrasilien

Körperlänge
bis zu 5 cm

Haltung
einfach

Aufenthalts-bereich
Beckenmitte

Vergesell-schaftung
möglich

Die Spezies zeichnet sich durch einen schlanken, seitlich leicht abgeflachten Körper mit einem gestreckten Schwanzstiel aus. Die Flossen sind normal entwickelt, der Schwanz ist tief gegabelt. Die Färbung des Körpers ist generell sehr veränderlich: auf einem gelb-olivfarbenen Grund sind silbrig blaue oder auch kupferrote Schattierungen zu beobachten. Charakteristisch ist ein Längsstreifen, der bei manchen Exemplaren jedoch nur am Körperende und auf der Schwanzflosse ausgeprägt ist. Die Veränderlichkeit der Färbung wird, abgesehen von der Herkunftsregion, auch von der Beleuchtung und anderen Bedingungen im Becken beeinflusst. Es gibt keine prägnanten Unterschiede zwischen Männchen und Weibchen, auch wenn Letztere durchschnittlich etwas robuster sind.

NAHRUNG Eine allesfressende Spezies, die jede Art von Futter, gleich ob gefriergetrocknet oder frisch, annimmt, sofern es fein zerkleinert ist. Wichtig ist es, die Kost zu variieren, wenn man gute Ergebnisse bei der Fortpflanzung erzielen möchte.

VERHALTEN Kupfersalmler sind sehr friedfertige Schwarmfische, die für Aquarien mit gemischtem Artenbesatz geeignet sind. Die Anwesenheit von größeren Fischen in ihrer Umgebung schüchtert die Tiere ein.

FORTPFLANZUNG Die Fische pflanzen sich ohne besondere Schwierigkeiten fort, wenn man ihnen ein dafür geeignetes kleines Aufzuchtaquarium mit reichlich Unterwasservegetation zur Verfügung stellt. Der Reproduktionszyklus nimmt etwa eine Woche in Anspruch. Die Ablage der etwa 300 Eier zwischen den Pflanzen erfolgt nach einem intensiven Liebesspiel, das Schlüpfen findet nach 20 bis 30 Stunden statt. Nach dem Aufbrauchen des Nährdotters aus dem Dottersack im Lauf von fünf Tagen beginnen die Jungfische frei herumzuschwimmen und müssen dann mit handelsüblichem, sehr fein zerkleinertem Futter ernährt werden. Die Aufzucht der Jungen ist unproblematisch, man darf aber nicht darauf vergessen, regelmäßig jeden Tag ca. 10% des Beckenwassers zu wechseln.

TECHNISCHE TIPPS

Das Becken muss mit vielen Unterwasserpflanzen ausgestattet werden, jedoch genügend weiten Raum zum freien Schwimmen belassen. Die Spezies bevorzugt eine nicht zu starke Beleuchtung; um die Farben des Kleides besser zur Geltung zu bringen, ist es von Vorteil, für den Bodengrund dunkles Material zu verwenden. Das Wasser muss bei einer Temperatur von 23 bis 25 °C bei einem pH-Wert von 6,5 und einer Härte von 5 bis 10 °dGH gehalten werden.

Hemigrammus armstrongi

Visitenkarte

Deutscher Name
Goldsalmler, Goldtetra

Herkunft
westliches Guyana

Körperlänge
bis zu 4,5 cm

Haltung
einfach

Aufenthalts-bereich
Beckenmitte

Vergesell-schaftung
möglich

Vertreter dieser Art sind Fische mit sehr schlankem Körper, der seitlich leicht abgeflacht ist. Die Flossen sind durchschnittlich entwickelt, die Schwanzflosse ist tief gegabelt. Die Farbe des Kleides ist goldschimmernd, mit hellen, glänzenden Flecken auf Nacken und Schwanzstiel. Gezüchtete Exemplare tendieren zu einer eher grünlichen Färbung. Längs der Seitenlinie verläuft ein feiner grünlich schwarzer Streifen, der zum Schwanz hin breiter wird. Im Allgemeinen erweist sich die Färbung jedoch als sehr veränderlich, und zwar je nach Lichteinfall und Farbton der Einrichtung des Aquariums. Die Weibchen sind generell größer als die Männchen.

NAHRUNG Eine allesfressende Spezies, die daher jede Art von Futter annimmt, ob frisch oder trocken, auch wenn sie eine deutliche Vorliebe für Lebendfutter zeigt, wie z. B. Stechmücken-, Rote Mückenlarven und Wasserflöhe etc. Es ist von Vorteil, diese Kost mit Salatblättern abzurunden.

VERHALTEN Vertreter dieser Art sind von eher ruhigem Wesen, fühlen sich in dichten Schwärmen wohl und eignen sich daher ganz besonders gut für Gesellschaftsaquarien, da die Fische auch mit lebhaften Individuen anderer Arten friedlich zusammenleben. Sie werden leicht von Pilzkrankheiten und verschiedenen anderen Parasiten befallen.

FORTPFLANZUNG Damit eine erfolgreiche Fortpflanzung stattfinden kann, muss das Wasser eine Temperatur zwischen 24 und 26 °C aufweisen und einen pH-Wert um 6 haben. Darüber hinaus sollte das Aquarium ohne grobes Bodenmaterial und nur spärlich mit Pflanzen besetzt sein. Das Schlüpfen erfolgt ca. 24 Stunden nach Ablage der Eier, die geschlüpften Larven bewegen sich sofort an die Wasseroberfläche. Die Jungfische beginnen nach dem sechsten Tag frei zu schwimmen. Ihre anfängliche Ernährung muss aus stark zerkleinertem Futter bestehen, wie z. B. *Artemia*-Nauplien oder aus frisch geschlüpften Daphnien. Damit das Wachstum normal vonstatten geht, empfiehlt es sich, das Wasser jede Woche zu wechseln.

TECHNISCHE TIPPS

Das eher kleine bis mittelgroße Becken braucht eine ziemlich dichte Vegetation und eine nicht sehr starke Beleuchtung. Das Wasser muss eine Temperatur um 23 bis 25 °C haben, bei einem pH-Wert von 6 bis 6,5 und einer Härte zwischen 5 und 10 °dGH.

Hemigrammus bleheri

Diese südamerikanische Spezies weist einen länglichen, spindelförmigen Körper auf. Die Weibchen können von den Männchen wegen ihres robusteren Körperbaues und anhand des rundlicheren Bauches unterschieden werden. Das auffallendste Merkmal des Kleides ist die leuchtend rote Zeichnung um die Augen. Der Rücken ist silbergrau, der Bauch hellbläulich. Die Schwanzflosse ist schwarz mit silbrigen Reflexen, während die restlichen Flossen durchsichtig sind.

NAHRUNG Es handelt sich bei *Hemigrammus bleheri* um eine allesfressende Art, die bevorzugt kleines Lebendfutter verzehrt, aber im Aquarium gerne auch Futter in Form von Flocken, gefriergetrocknet oder in Tablettenform annimmt.

VERHALTEN Der Rotkopfsalmler gilt als besonders robuster und friedfertiger Fisch, der gut mit anderen Arten zusammenleben kann, welche einem ähnlichen Habitat entstammen wie er selbst.

FORTPFLANZUNG Um eine erfolgreiche Fortpflanzung zu ermöglichen, muss das Wasser des Beckens weich sein, am besten durch Torf gefiltert, und eine Temperatur zwischen 25 und 28 °C haben, bei einem pH-Wert von 6 bis 6,5 und einer Härte unter 4 °dGH. In einem großen Becken legen die Weibchen die Eier zwischen den Pflanzen in Gruppen ab. Man muss jedoch anschließend die Elterntiere entfernen, weil sie die eigenen Eier fressen könnten. Nach 36 Stunden findet das Schlüpfen statt; die Jungfische können ab dem vierten Lebenstag frei herumschwimmen. Angesichts ihrer sehr geringen Größe müssen sie mit äußerst fein zerkleinertem Lebendfutter gefüttert werden.

TECHNISCHE TIPPS

Diese Spezies ist nicht immer einfach zu halten, vor allem wegen der gewünschten Bedingungen, die im Wasser stets aufrechterhalten werden müssen: es sind häufige Wasserwechsel und das Hinzufügen eines guten Biostarters vonnöten, und wenn man die Individuen bei guter Gesundheit erhalten will, darf der Nitratgehalt 30 mg/l nicht übersteigen. Das Becken muss über eine Kapazität von mindestens 50 Litern mit üppigem Pflanzenwuchs aufweisen und über genügend freien Raum zum Schwimmen verfügen. Die Wassertemperatur soll zwischen 23 und 26 °C liegen, bei einem leicht sauren pH-Wert.

Visitenkarte

Deutscher Name
Rotkopfsalmler

Herkunft
Kolumbien und Rio Negro, Brasilien

Körperlänge
bis zu 4,5 cm

Haltung
mittelschwierig

Aufenthaltsbereich
Beckenmitte

Vergesellschaftung
möglich

Hemigrammus erythrozonus

Der Körper des Glühlichtsalmlers zeigt eine typische länglich gestreckte Form und ist seitlich zusammengedrückt. Die Flossen sind normal entwickelt. Über den silbrig schimmernden Körper des Fisches zieht sich, beginnend am oberen Rand des Auges bis zur Wurzel der Schwanzflosse, ein leuchtend rotes Längsband (Name!) An der vorderen Basis der Rückenflosse ist ein deutlicher roter Fleck erkennbar. Die Reflexe des Schuppenkleides ändern sich je nach Lichteinfall. Das Maul des Fisches ist endständig.

NAHRUNG Glühlichtsalmler sind Allesfresser, die sich vorzugsweise von *Tubifex,* Stechmückenlarven und auch von Flockenfutter ernähren. Auch Pflanzennahrung sollte bei der Fütterung nicht fehlen.

VERHALTEN Glühlichtsalmler sind lebhafte Schwarmfische, die zumindest paarweise gehalten werden sollten. Sie verhalten sich gegenüber Artgenossen friedlich und bereiten auch im Verband mit Vertretern anderer Spezies kaum Probleme.

FORTPFLANZUNG Das für diese Art geeignete Becken muss mindestens 50 Liter Wasser beinhalten, wobei ein größeres Becken für die Haltung und Nachzucht besser geeignet ist. Das Aquarium sollte einerseits Bereiche mit dichter Vegetation aufweisen und andererseits über Freiräume zum Schwimmen verfügen. Die Fortpflanzung und Aufzucht gelingt in weichem Wasser (4 °dGH) und bei leicht saurem (pH 6) am besten. Das Fortpflanzungsverhalten entspricht dem der meisten Salmlerarten. Die anfängliche Nahrung für die Jungfische muss sich aus stark zerkleinertem Futter zusammensetzen, auch *Artemia*-Nauplien und frisch geschlüpfte Daphnien eignen sich bestens zur Fütterung. Das Beckenwasser sollte für Jungfische wöchentlich etwa ein Mal gewechselt werden.

TECHNISCHE TIPPS

Für die Haltung und Nachzucht der Glühlichtsalmler ist ein größeres Becken besser geeignet (auch auf genügend Vegetationsbereiche achten!). Das Wasser im Aquarium sollte unbedingt den oben stehenden Angaben entsprechen!

Hyphessobrycon flammeus

Visitenkarte

Deutscher Name
Roter von Rio

Herkunft
Brasilien
(Umgebung von
Rio de Janeiro)

Körperlänge
bis 4 cm

Haltung
einfach

Aufenthalts-bereich
Beckenmitte
und -boden

Vergesell-schaftung
unbedingt
nötig

Der Körper dieser aus Brasilien stammenden Art weist eine längliche Rautenform auf, ist beim Weibchen etwas höher und erscheint längs der Seiten stark zusammengedrückt. Die Augen sind groß, mit gelblicher Iris, der Mund ist endständig. In der Nähe des Schwanzstiels sitzt immer eine kleine Fettflosse. Die Färbung der mittleren und hinteren Körperpartien ist Rot, durchbrochen von zwei schwärzlichen Streifen gleich hinter dem Kiemendeckel. Die Flossen sind, mit Ausnahme der Schwanzflosse, rot. Die ziemlich breite Afterflosse und die Bauchflossen des Männchens sind schwarz gesäumt.

NAHRUNG Die Haltung dieser Fischart ist eher einfach und daher auch für Anfänger bestens geeignet. Die Tiere nehmen gerne jede Art von Futter an, die Kost sollte aber variiert werden, indem man auch Lebendfutter verabreicht.

VERHALTEN Die Tiere sind sehr friedliche Schwarmfische und können ohne Schwierigkeiten mit zahlreichen anderen Arten mit ähnlichem Temperament zusammenleben. Die Männchen drohen einander, indem sie die Flossen spreizen, aber diese Rituale arten niemals in Kämpfe aus. Die Spezies benötigt die Gesellschaft ihrer Artgenossen unbedingt, denn allein gehalten wird der Fisch bald »traurig« und stirbt.

FORTPFLANZUNG Eine erfolgreiche Fortpflanzung im Aquarium birgt zahlreiche Probleme in sich, und die bisher erzielten Ergebnisse sind daher eher spärlich. Man kann es versuchen, indem man die Paare in geeigneten Becken mit sehr üppiger Vegetation isoliert hält.

TECHNISCHE TIPPS

Die Fische fühlen sich auch in kleinen Becken wohl, sofern diese mit üppiger Vegetation und weiten Räumen zum freien Schwimmen ausgestattet sind. Die Wassertemperatur muss zwischen 21 und 25 °C betragen, bei einem pH-Wert von 6 bis 6,5 und einer Härte zwischen 5 und 10 °dGH.

Hyphessobrycon callistus

Diese in Südamerika beheimatete Characidenart weist die typischen Merkmale der Gattung auf, welcher sie angehört: ein rautenförmiger, aber eher länglicher Körper, eine Fettflosse, stark entwickelte Rücken- und Afterflossen sowie ein gegabelter Schwanz. Die Grundfärbung spielt deutlich ins Rötliche, auch wenn dies je nach Gemütszustand des Fisches etwas in der Ausprägung der Farbtöne variieren kann. Am oberen Teil der Seiten und am Bauch können irisierende Reflexe auftreten. Charakteristisch ist der auf den Bildern gut erkennbare schwarze sichelförmige Fleck hinter dem Kiemendeckel. Die Flossen sind mit Ausnahme der Rückenflosse und dem Rand der Afterflosse, die schwarz sind, rot. Die Männchen sind kleiner und im Vergleich zu den Weibchen bunter.

NAHRUNG Als Allesfresser nimmt diese Spezies alle Arten von Nahrung an, auch Trockenfutter. Will man die Individuen bei guter Gesundheit halten, sollte man ihnen unbedingt eine sehr abwechslungsreiche Kost anbieten.

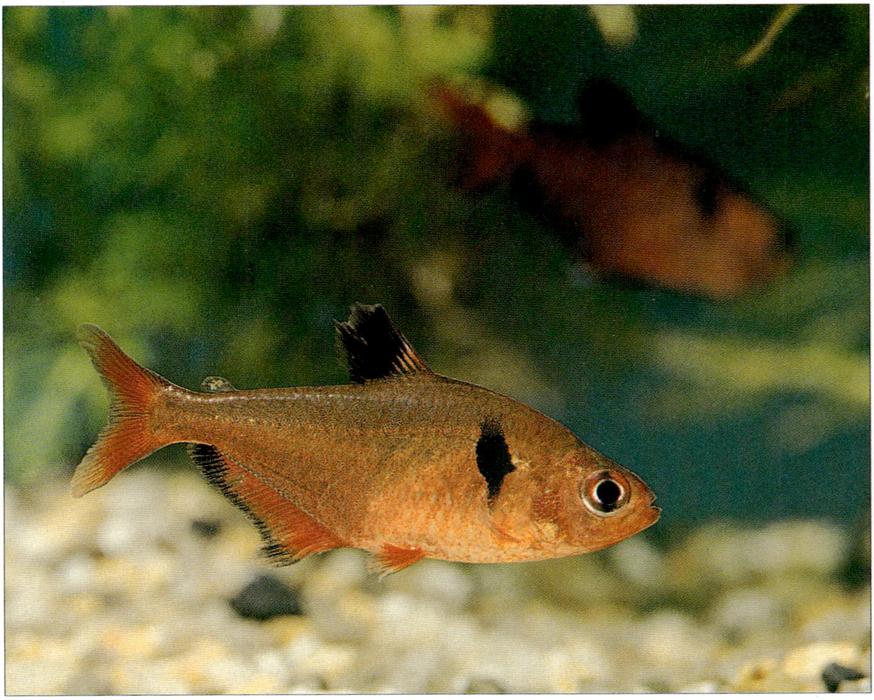

VERHALTEN *Hyphessobrycon callistus* ist eine ziemlich friedliche, aber lebhafte Spezies, die am liebsten in ziemlich dichten Schwärmen zusammenlebt. Die Fische

können in Gesellschaftsaquarien gehalten werden, aber mit Vorsicht, weil sie nicht selten Fische mit stark entwickelten Flossen anknabbern.

FORTPFLANZUNG Im Aquarium geht die Fortpflanzung leicht und ziemlich häufig vonstatten. Man setzt die Tiere in ein geeignetes Becken, das mit feinblättrigen oder fadenblättrigen Pflanzen eingerichtet ist, indem man zuerst das Männchen und nach ein paar Tagen erst das Weibchen einbringt, welches die Eier dann alsbald auf den Pflanzen ablegt. Um Kannibalismus zu vermeiden, müssen die Jungfische nach dem Schlüpfen von den Eltern getrennt aufgezogen werden.

TECHNISCHE TIPPS

Damit eine normale Entwicklung dieser Fische gewährleistet bleibt, sollte das Becken einen nicht zu hellen Boden, einen dichten Wasserpflanzenbestand, aber auch freie Räume zum Schwimmen aufweisen. Die Beleuchtung muss stark sein, und die Temperatur sollte zwischen 23 und 25 °C liegen; das Wasser soll sehr weich sein, bei einem leicht sauren pH-Wert.

Hyphessobrycon robertsi

Visitenkarte

Deutscher Name
Sichelsalmler

Herkunft
Amazonasgebiet

Körperlänge
bis 6 cm

Haltung
einfach

Aufenthalts-bereich
Beckenmitte

Vergesell-schaftung
möglich

Dieser schöne Schwarmfisch weist einen ausgeprägten Geschlechtsdimorphismus auf: die Männchen unterscheiden sich von den Weibchen durch ihre charakteristische, sehr hohe rautenförmige Körperform. Die Afterflosse ist stark entwickelt, dreieckig und endet in einer schwarzen Spitze. Die stark ausgeprägte fächerförmige Rückenflosse ist an der Basis rötlich, in der Mitte schwarz und oben weiß gefärbt. An den Seiten fällt knapp hinter den Kiemendeckeln ein großer schwarzer runder Fleck auf. Das Kleid zeigt eine schwärzlich braune Grundfärbung in unterschiedlich roter Schattierung. Das Weibchen ist gekennzeichnet durch ein schlankeres Profil mit einem fast gänzlich roten Kleid, die Flossen sind klein, der Schwanz ist in der Mitte gegabelt.

NAHRUNG Die Fische nehmen gerne sowohl Lebendfutter wie *Tubifex* oder Insektenlarven als auch gefriergetrocknetes Futter oder Flockenfutter an. Diese Nahrung muss mit Gemüse, vor allem Salat, ergänzt werden.

VERHALTEN Sichelsalmler sind sehr ruhige Schwarmfische, die sich gerne im mittleren oder unteren Bereich des Aquariums aufhalten. Oft gehen die Männchen in Scheinattacken aufeinander los, indem sie einander mit gespreizten Flossen bedrohen, ohne den Gegener dabei je zu verletzen.

FORTPFLANZUNG In Gefangenschaft erweist sich die Fortpflanzung als ziemlich schwierig. Man kann es dennoch versuchen, indem man ein Paar in einem geeigneten Becken isoliert hält. Die Eier werden zwischen Wasserpflanzen abgelegt.

TECHNISCHE TIPPS

Das Becken für Sichelsalmler sollte mit üppiger Vegetation ausgestattet sein, aber auch weite Freiräume zum Schwimmen bieten. Die Beleuchtung darf nicht sehr stark sein. Die optimale Wassertemperatur liegt zwischen 23 und 26 °C, bei einem leicht sauren pH-Wert und einer Härte nicht über 10 °dGH.

Nematobrycon palmeri

Visitenkarte

Deutscher Name
Kaiser-Tetra

Herkunft
Kolumbien

Körperlänge
bis zu 5 cm

Haltung
schwierig

Aufenthalts-bereich
Beckenmitte und -boden

Vergesell-schaftung
möglich

Dieser sehr lebhafte und friedfertige Schwarmfisch weist einen Körper in charakteristischer, seitlich abgeflachter Keulenform auf. Wie bei vielen Characiden sind Rücken- und Afterflosse gut entwickelt, die Fettflosse fehlt. Die Männchen unterscheiden sich von den Weibchen durch die längeren äußeren Flossenstrahlen und den mittleren Strahl des Schwanzes sowie durch ihre lebhaftere Färbung auf der oberen Körperhälfte. Längs der Seiten, ausgehend vom Unterkiefer bis zum mittleren Strahl des Schwanzes, zieht sich ein schwarzer Längsstreifen; die Flossen sind gelbbraun gefärbt.

NAHRUNG Der Kaiser-Tetra nimmt gerne kleine Insekten oder Rote Mückenlarven als Futter an, das tägliche Menü sollte aber auch lebende *Artemia*-Nauplien vorsehen. Ein oder zwei Mal pro Woche empfiehlt es sich, eine mäßige Dosis *Tubifex* und Trockenfutter mit erhöhtem pflanzlichem Anteil dazuzugeben.

VERHALTEN Diese Tiere erweisen sich als friedliche und ziemlich widerstandsfähige Spezies. Sie leben am liebsten in Gesellschaft von Artgenossen oder zumindest von ruhigen Fischen. Die Revier bildenden Männchen teilen sich den Raum im Becken in Territorien auf, die sie dann erbittert verteidigen.

FORTPFLANZUNG Diese Spezies ist nicht besonders fruchtbar. Man muss eine gewisse Anzahl an Exemplaren zur Verfügung haben, weil nicht von vornherein anzunehmen ist, dass ein willkürlich zusammengebrachtes Paar miteinander vertraut wird. Wenn die Weibchen einen von Eiern angeschwollenen Bauch zeigen, sind sie bereit für die Paarung. Nach Beendigung ihres lustig anzusehenden Liebesspiels erfolgt die Eiablage, gewöhnlich an dunklen Plätzen, erst dann kommt es zur Besamung. Ist das Geschehen beendet, so muss man die Zuchttiere mit einem sauberen Netz fangen und in ihr Becken zurücksetzen. Nach 30 bis 36 Stunden erfolgt das Schlüpfen der Larven, die noch einen großen Dottersack haben. Die Jungen nehmen frisch geschlüpfte *Artemia*-Nauplien als erste Nahrung. Nach ca. drei Wochen haben sie 1 cm Länge erreicht und beginnen dann langsam Farbe anzunehmen.

TECHNISCHE TIPPS

Da der Kaiser-Tetra sich gerne im Halbschatten aufhält, empfiehlt es sich, einen Teil der Wasseroberfläche mit schwimmenden Wasserpflanzen zu bedecken. Auf dem Bodengrund des Beckens sollte mit Moos überzogenes Wurzelholz liegen. Die Wassertemperatur muss zwischen 23 und 27 °C gehalten werden, bei einem pH-Wert zwischen 5 und 7,8 und einer Härte um 25 °dGH.

Megalamphodus megalopterus

Bei dieser aus Amazonien stammenden Art ist ein beträchtlich ausgeprägter Geschlechtsdimorphismus festzustellen: Der Körper des Männchens *(auf dem Foto unten)* erscheint deutlich höher als der des Weibchens, und zwar wegen seiner stark entwickelten Rückenflosse, die er auch fächerförmig ausbreiten kann. Auch die großen vorderen Strahlen der Afterflosse, die sich etwas nach vorne durchstrecken, tragen zur Vergrößerung des Körper-

profils bei. Die Weibchen *(oben rechts)* sind stärker pigmentiert, und ihre Flossen zeigen auffällige rötliche Reflexe. Die Grundfärbung des Körpers ist Grau, die Flossen sind dunkel, besonders an der Spitze. Hinter dem Kiemendeckel liegt ein vertikal ausgerichteter, sichelförmiger schwarzer Fleck, der beidseitig golden gesäumt ist.

NAHRUNG Die Fische nehmen ohne Probleme alle Arten von Futter an: Daphnien, Rote Mückenlarven, Flockenfutter und auch gefriergetrocknetes Futter.

VERHALTEN Schwarze Phantomsalmler sind friedfertige Fische, die in kleinen Schwärmen oder in Paaren gehalten werden können. Während der Paarungszeit nehmen die Männchen ein Imponiergehabe auf, indem sie ihre Flossen bis aufs Äußerste spreizen. Im weiteren Verlauf dieser rituellen Kämpfe rammt der Rivale den Körper des Herausforderers mit seinem Mund, was bisweilen zum Zerreißen der Flossen führen kann; diese heilen rasch. Die Fische bevorzugen es, in den unteren Schichten des Aquariums zu verweilen, nur auf der Suche nach Futter steigen sie bis an die Wasseroberfläche auf.

FORTPFLANZUNG Das ausgewählte Paar sollte aus jungen Exemplaren bestehen, die dann in einem ca. 30 Liter umfassenden Becken beherbergt werden. Während

des leidenschaftlichen Werberituals schwimmt das Männchen mit aufgespreizter Rücken- und Afterflosse um das Weibchen und kommt ihm dabei immer näher. Schwimmt die Gefährtin dann zu einem Pflanzenversteck, so folgt ihr das Männchen: Nun schreitet sie zur Ablage der Eier, die der Partner sofort besamt. Das Schlüpfen erfolgt nach ca. 22 bis 24 Stunden; die Jungfische sind winzig. Erst wenn sie den Nährdotter aus dem Dottersack aufgebraucht haben, müssen sie mit *Artemia*-Nauplien gefüttert werden.

TECHNISCHE TIPPS

Vertreter dieser Art gehören zu den am einfachsten zu haltenden Fischen, weil sie keine besonderen Ansprüche an die chemische Beschaffenheit des Wassers stellen. Am besten passen sie in Gesellschaftsaquarien, die reich an Verstecken und an Pflanzen sind, mit einer Wassertemperatur von ca. 24 °C, einem pH-Wert zwischen 6 und 7,5 und einer Härte bis zu 18 °dGH.

Megalamphodus sweglesi

Visitenkarte

Deutscher Name
Roter Phantomsalmler

Herkunft
Brasilien

Körperlänge
bis 4 cm

Haltung
mittelschwierig

Aufenthalts-bereich
Beckenmitte und -boden

Vergesell-schaftung
erwünscht

Vertreter der Art *Megalamphodus sweglesi* sind ziemlich lebhafte Schwarmfische, die sich gern in den unteren Schichten des Aquariums aufhalten. Das Profil des Körpers ist rautenförmig und länglich; die erwachsenen Tiere weisen ein Kleid auf, auf dem die Farbe Rot vorherrscht. Hinter dem Kiemendeckel fällt ein großer schwarzer Fleck auf *(wie auf dem Foto rechts schön zu sehen)*. Die Rückenflosse ist sehr hoch, rot und beim Männchen schwarz gesäumt. Die Afterflosse nimmt die hintere Hälfte des Körpers ein und ist trapezförmig, während die Bauchflossen dreieckig sind und in einer schwarzen Spitze auslaufen. Junge Exemplare sind grünlich gefärbt, ihre Rückenflossen sind schwarz mit weißen Flecken. Eine kleine Fettflosse ist immer vorhanden.

NAHRUNG Der Rote Phantomsalmler ist ein widerstandsfähiger Fisch, der Flockenfutter gerne annimmt. Hin und wieder sollte man seine Kost durch Lebendfutter, das aus Roten Mückenlarven, *Tubifex* oder Daphnien besteht, ergänzen.

VERHALTEN Eine sehr friedliche Spezies, die im Aquarium gern in Gruppen schwimmt und ständig in Bewegung ist. Die Tiere leben problemlos mit zahlreichen anderen Arten derselben Größe zusammen und eignen sich daher besonders für Ge-

sellschaftsaquarien. Um die Vorherrschaft im Schwarm zu gewinnen, nehmen die Männchen innerhalb einer Gruppe bisweilen eine Imponierstellung gegeneinander ein. Dabei spreizen sie ihre Flossen bis aufs Äußerste, ohne einander jedoch je in Beschädigungskämpfe zu verwickeln. Diese Fische brauchen die Gesellschaft ihrer Artgenossen und ertragen Einsamkeit nicht.

FORTPFLANZUNG Eine Fortpflanzung dieser Art im Aquarium erweist sich als schwierig. Man muss dazu zunächst ein Paar in einem kleineren, an Pflanzen reichen Becken isolieren. Die Eier werden vom Weibchen im Gewirr der Stängel abgelegt, das Männchen übernimmt deren Bewachung. Die Jungfische sind ziemlich klein und müssen mit geeignetem, feinst zerkleinertem Futter gefüttert werden.

TECHNISCHE TIPPS

Das Becken muss für diese Salmlerart ziemlich groß und mit reicher Unterwasservegetation versehen sein. Auch weite Freiräume zum Schwimmen dürfen nicht fehlen. Die Beleuchtung darf nicht zu stark sein. Die optimale Wassertemperatur beträgt zwischen 23 und 26 °C, der pH-Wert liegt zwischen 6 und 6,5, die Härte darf 10 °dGH nicht übersteigen.

131

Paracheirodon innesi

Visitenkarte

Deutscher Name
Neon-Tetra

Herkunft
oberes Amazonasbecken

Körperlänge
bis zu 4 cm

Haltung
mittelschwierig

Aufenthaltsbereich
Beckenmitte und -boden

Vergesellschaftung
erwünscht

Die Trivialbezeichnung »Neon« für diese sehr bekannten Fische rührt von den auffällig fluoreszierenden Farben seiner Seiten her. Heute stammen 95% der im Handel erhältlichen Neonfische aus Nachzucht in Gefangenschaft. Der Körper der Tiere ist ziemlich gedrungen, auch wenn die bunten leuchtenden Längsstreifen dem Fisch ein eher spindelförmiges Aussehen verleihen. Die Flossen sind gut entwickelt, die dreieckige, oben zugespitzte Rückenflosse setzt recht weit hinten an. Der Schwanz ist in der Mitte gegabelt, der Mund klein, die Augen groß. Das Männchen unterscheidet sich vom Weibchen durch die konkave Kehle, während das Weibchen durchschnittlich korpulenter ist. Beide tragen ein auffälliges Kleid: der Kopf ist silbrig, der Rücken olivgrün und der Bauch metallisch glänzend weißlich gelb gefärbt. Die Seiten sind, wie erwähnt, durch zwei übereinander liegende Längsstreifen verziert: der obere erstreckt sich vom Auge bis zur Schwanzwurzel und ist fluoreszierend türkisblau, während der darunter liegende, auf die hintere Hälfte des Körpers beschränkte Streifen leuchtend rot ist.

NAHRUNG Neonfische sind Allesfresser, die Flockenfutter gerne akzeptieren; während der Paarungszeit empfiehlt es sich jedoch, Frisch- oder Frostfutter wie Daphnien, *Artemia* und Rote Mückenlarven zu verabreichen, um bessere Reproduktionsresultate zu erzielen.

VERHALTEN Friedliche Fische, die sehr schnell in kleinen Schwärmen im Becken herumschwimmen. Sie akzeptieren die Gesellschaft kleiner geselliger Fischarten gerne, vertragen sich aber mit größeren Mitbewohnern nicht.

FORTPFLANZUNG Damit sich der Neon-Tetra erfolgreich fortpflanzen kann,

muss das Wasser im Becken unbedingt bei einer Temperatur von 24 bis 25 °C gehalten werden, weich sein (1 bis 2 °dGH) und einen pH-Wert von 6 haben. Der Paarung geht ein kompliziertes Werbungsritual voraus, in dessen Verlauf die beiden Tiere
nahe zur Oberfläche schwimmen. Das Männchen drängt sich an das Weibchen her-
an und begleitet es so lange mit seinen Werbungstänzen, bis die ca. 200 Eier in
Gruppen zu je 20 abgelegt werden, dann besamt es diese. Nach dem Ablaichen
müssen die Elterntiere entfernt und das Becken in Halbdunkel gehalten werden, um
das Schlüpfen zu fördern, das nach etwa einer Woche erfolgt. Sobald die Jungfische
zu schwimmen beginnen, kann man sie mit spezieller Nahrung füttern, später mit
frisch geschlüpften *Artemien* und schließlich mit zerkleinertem Futter.

TECHNISCHE TIPPS

Das Becken für Neon-Tetra kann auch mittlere Größe haben (70 Liter), mit üppiger
Vegetation, nicht nur aus Unterwasserpflanzen, sondern auch mit schwimmenden
Gewächsen, damit diese die Beleuchtung dämpfen. Die Wassertemperatur muss
zwischen 22 und 24 °C gehalten werden, bei einem leicht sauren pH-Wert (6 bis 6,5)
und einer Härte zwischen 2 und 10 °dGH.

Phenacogrammus interruptus

Diese afrikanische Fischart weist ein eher untersetztes Profil mit einem leicht elliptischen und seitlich abgeflachten Körper auf. Die Weibchen sind unscheinbar, während die Männchen neben ihrer leuchtenderen Farbe über sehr entwickelte fahnenartige Flossen verfügen, dies gilt vor allem für die Rücken-, Schwanz- und Afterflosse. Das Farbenspiel der Fische hängt sehr von der Beleuch-

tung ab; bei strahlendem Licht erscheinen stark irisierende, gelbe und bläulich grüne Reflexe. Der Rücken ist gewöhnlich dunkel gefärbt, die Flossen sind durchsichtig, mit bläulichen Schattierungen und teils weiß eingesäumt.

NAHRUNG Es ist wichtig, die Kost für diese Fische sehr abwechslungsreich zu gestalten, indem man Flockenfutter mit Lebend- und Tiefkühlfutter variiert, wie etwa *Tubifex,* Rote Mückenlarven, Daphnien und pflanzlichen Substanzen. Aufgrund der besonderen Empfindlichkeit dieses Fisches gegenüber im Wasser gelösten Stickstoffverbindungen empfiehlt es sich, nur wenig, dafür aber mehrere Male täglich zu füttern.

VERHALTEN Kongosalmler sind ruhige Fische, die nicht gemeinsam mit aggressiven Arten gehalten werden sollten, wenn man sie nicht ständig verschüchtert und verhärmt erleben will.

FORTPFLANZUNG Vorzugsweise sollte für diese Tiere ein eigenes Aquarium eingerichtet werden. Die Liebesspiele der Paare beginnen mit dem ersten Tageslicht, egal ob natürlich oder künstlich. Die Eier, bis zu 300, werden frei im Wasser abgelegt. Nach etwa sechs Tagen erfolgt das Schlüpfen; die Jungfische sind sehr schwierig aufzuziehen und müssen mit zerkleinertem Lebendfutter ernährt werden; von der zweiten Woche an akzeptieren sie *Artemia*-Nauplien und kleine Futterflocken.

TECHNISCHE TIPPS

Das Becken für Kongosalmler muss groß sein und sollte wenig Pflanzenbewuchs und viel freien Raum zum Schwimmen aufweisen. Wichtig sind ein dunkler Bodengrund und Schwimmpflanzen, damit das Licht gedämpft wird, um die Farben des Kleides hervorzuheben. Die Wassertemperatur soll zwischen 24 und 27 °C betragen, bei einem pH-Wert von 6,2 und einer Härte zwischen 4 und 18 °dGH.

Carnegiella strigata

Das Aussehen dieser Fische lässt sofort verstehen, warum man sie mit dem Namen Beilbauchfische bzw. Gastropelecidae versehen hat. Ihr Körper ist an den Seiten und am Bauch stark abgeflacht und weist die Form eines »Beiles« auf, während der Rücken ein gerades Profil zeigt. Vom kleinen, oberständigen Mund verläuft die Seitenlinie in Form eines Halbkreises nach unten, um dann wieder steil in Richtung Schwanzstiel aufzusteigen. Die Brustflossen sind durchscheinend, gut entwickelt und stehen in Form kleiner, spitzer, dem Rücken zugewandter Flügel ab. Die Rückenflosse setzt weit hinten an, eine Fettflosse fehlt. Die Grundfarbe ist Grünlich, aufgelockert durch gelbrosa und teilweise silbrige Schattierungen. Auf dem dunkleren Rücken sind schwärzliche Striche und Streifen zu sehen; während die Seiten von einem Gewirr dunkler Linien durchkreuzt werden, die ein geometrisches Netzmuster bilden.

NAHRUNG Diese Art ernährt sich vorzugsweise von Lebendfutter wie Larven von Roten Mücken, Daphnien und Mücken, vor allem, wenn dieses auf der Wasseroberfläche schwimmt; man kann aber auch kleine Mengen an Trockenfutter verabreichen.

VERHALTEN Marmorierte Beilbauchfische sind eher gefräßige Fische, die sich fast ausschließlich nahe der Wasseroberfläche aufhalten. Sie springen gerne aus dem Wasser und können dabei Gleitflüge vollführen, die 4 bis 5 m weit reichen können.

FORTPFLANZUNG Im Aquarium ist eine erfolgreiche Fortpflanzung dieser Art eher schwierig zu realisieren. Die Ablage der wenigen Eier erfolgt meist auf den Blattbüscheln schwimmender *Myriophyllum*-Arten. Sofort nach dem Ablaichen empfiehlt es sich, die Elterntiere zu entfernen, da sie ihre eigenen Eier sonst auffressen. Im Inkubationsbecken muss die Temperatur, im Unterschied zum Haltebecken, 28 bis 30 °C betragen, bei einem pH-Wert um 6.

TECHNISCHE TIPPS

Das Becken für Beilfische muss mindestens 80 Liter fassen, einen üppigen Bewuchs schwimmender Pflanzen mit fadenförmigen Blättern enthalten, aber auch genügend freien Raum an der Oberfläche bieten, welcher es dem Fisch ermöglicht, zu springen und die Nahrung aufzunehmen. Die Beleuchtung sollte mäßig sein, die Wassertemperatur zwischen 25 und 28 °C gehalten werden, bei einem pH-Wert von 5,5 bis 5,6 und niedriger Härte.

Visitenkarte

Deutscher Name
Marmorierter Beilbauchfisch

Herkunft
Amazonien, Guayana

Körpergröße
bis zu 4,5 cm

Haltung
mittelschwierig

Aufenthalts-bereich
Beckenoberfläche

Vergesellschaftung
möglich

Nannostomus beckfordi

Visitenkarte

Deutscher Name
Längsband-Ziersalmler

Herkunft
Guyana,
Rio Negro,
mittlerer
Amazonas

Körperlänge
bis zu 6,5 cm

Haltung
mittelschwierig

Aufenthalts-bereich
Beckenmitte

Vergesell-schaftung
möglich

Die Längsband-Ziersalmler sind kleine und scheue Fische, die in ihren natürlichen Habitaten den größten Teil der Zeit knapp unterhalb der Wasseroberfläche verbringen, wo sie so unbeweglich verharren, dass man sie für ein Stück Holz halten könnte. Diese Spezies wird im Handel in zahlreichen Farbvarianten angeboten. Der Körper ist spindelförmig, die Flossen sind nicht besonders ausgeprägt. Mit ihren sehr großen Augen *(wie auf dem Bild rechts zu sehen)* können die Tiere auch kleinstes Futter erspähen. Der Geschlechtsdimorphismus dieser Art ist nicht be-

sonders stark ausgeprägt, man kann jedoch Männchen, die zumeist schlanker sind als die Weibchen, an den Afterflossen mit abgerundetem Saum leicht erkennen, weil dieser bei den Weibchen spitz zulaufend geformt ist. Im Allgemeinen zeigt das Kleid auf den Seiten ein horizontales schwarzes Band, das im Mittelteil des Körpers etwas breiter wird. Manchmal zeigt dieser Streifen bläuliche Reflexe. Der übrige Teil des Körpers weist rötliche Schattierungen auf, die auf dem Rücken intensiver als auf dem Bauch erscheinen; die Rotfärbung kann je nach dem Gemütszustand des Fisches variieren.

NAHRUNG Diese Art ist nicht schwierig zu füttern und nimmt gerne Flocken- und Lebendfutter an, eigentlich jegliche Nahrung, die der Größe nach in den Mund hineinpasst. Die Fische lieben es, Beute zu jagen, die sich ruckartig im Wasser bewegt, wie etwa Wasserflöhe oder *Cyclops.*

136

VERHALTEN Es handelt sich um eine friedliche und ruhige Art, die sich in Gesell-schaftsaquarien auch zusammen mit lebhafteren Fischen zur Haltung eignet. Oft kann man diese Fische dabei beobachten, wie sie eifrig die Blätter der Wasserpflan-zen nach mikroskopisch kleinen Tieren und feinsten Algen absuchen. Diese Zier-salmler versuchen dabei immer, sich möglichst in der Nähe von geeigneten Ver-stecken aufzuhalten, die ihnen bei Gefahr rasche Zuflucht bieten, weil die Tiere recht klein sind, auch nicht sehr mutig, und daher eine ideale Beute für aggressive Fische darstellen.

FORTPFLANZUNG Um bei dieser Spezies ein Ablaichen zu erzielen, benötigt man ein kleines separates Becken, das viele Wasserpflanzen, vorzugsweise mit fadenför-migen Blättern, enthält. Das Männchen versucht, auffällig gefärbt und mit gespreizten Flossen, sich an der Seite seiner Partnerin zu halten und sich an sie zu schmiegen. Während das Weibchen die hellen und durchscheinenden Eier ablegt, kann man be-obachten, wie sie herausgleiten und dann an den Wasserpflanzen kleben bleiben. Um zu verhindern, dass die Elterntiere ihre eigenen Eier fressen, muss man sie sofort nach dem Ablaichen aus dem Ablaichbecken entfernen. Schon wenige Tage nach dem Schlüpfen müssen die Jungfische mit *Artemia*-Nauplien gefüttert werden.

TECHNISCHE TIPPS

Das Becken für diese Art muss mit vielen Unterwasserpflanzen und zahlreichen aus Wurzeln, Holzstücken oder Steinen gebildeten Verstecken ausgestattet sein, wo es diesen scheuen Fischen möglich ist, sich zurückzuziehen, wenn sie von lebhafteren Arten belästigt werden. Die Wassertemperatur sollte bei 24 bis 26 °C gehalten wer-den, bei einem pH-Wert von 6 bis 7,5 und einer Härte bis zu 20 °dGH.

Nannostomus trifasciatus

Visitenkarte

Deutscher Name
Dreibinden-Ziersalmler

Herkunft
Amazonas, Rio Negro und westliches Guyana

Körperlänge
bis zu 6 cm

Haltung
mittelschwierig

Aufenthalts-bereich
Beckenober-fläche und -mitte

Vergesell-schaftung
möglich

Vertreter dieser Art sind kleine Fische mit spindel-förmigem, seitlich leicht zu-sammengedrücktem Kör-per. Die Flossen sind schwach entwickelt, der Kopf läuft spitz zu. Männ-chen sind viel kleiner als Weibchen. Die Färbung ist lebhaft mit goldbraunen doppelt gestreiften Seiten, einer der beiden Streifen ist besonders breit, verläuft durch das Auge und endet auf dem Schwanzstiel. Der Rücken ist olivbraun ge-färbt, während der Bauch grau ist mit violetten Schat-tierungen. Die Flossen sind durchsichtig, jede mit ei-nem leuchtend roten Fleck. Ein weiteres rotes Mal zeigt sich auf dem Kiemen-deckel. Während der Nacht nimmt das Kleid eine graugrüne, von drei dunklen Bän-dern gezeichnete Färbung an.

NAHRUNG Es handelt sich bei diesen Fischen zwar um eine allesfressende Spe-zies, sie bevorzugen aber Lebendfutter wie Daphnien, Mückenlarven und *Tubifex*-Würmer. Da dieser Fisch ein sehr kleines Maul hat, kann er nur sehr stark zerkleiner-tes Futter aufnehmen. Im Aquarium akzeptieren die Tiere, sofern sie von Anfang an daran gewöhnt werden, auch Flockenfutter.

VERHALTEN Dreibinden-Ziersalmler sind friedfertige Fische, die sich für Gesell-schaftaquarien eignen, sofern ihre Mitbewohner klein und nicht aggressiv sind. Sie leben in Schwärmen und schwimmen mit charakteristischen, unregelmäßigen Bewe-gungen.

FORTPFLANZUNG Nachdem man im Aquarium aus der Gruppe ein Paar ausgewählt hat, sollte man es erst abends in das Fortpflanzungsbecken setzen, das eine
Temperatur von ca. 23 bis 25 °C haben muss. Nachdem das Weibchen die Eier auf
Pflanzen mit faserigen Blättern *(Cabomba, Myriophyllum)* abgelegt hat und diese besamt wurden, muss es samt dem Männchen entfernt werden. Das Schlüpfen erfolgt
nach 30 bis 40 Stunden. Ab dem sechsten Tag, wenn die Jungfische bereits frei
schwimmen können, kann man ihnen frisch geschlüpfte *Artemia*-Nauplien verfüttern.
Nach ca. sechs Monaten erreichen sie die Geschlechtsreife.

TECHNISCHE TIPPS

Das Becken für Tiere dieser Art kann auch kleinere Dimensionen haben (50 Liter),
muss aber reich an Wasserpflanzen sein und genügend Raum zum Schwimmen bieten. Die ideale Wassertemperatur liegt zwischen 25 und 28 °C, bei einem leicht
sauren pH-Wert und sehr weichem, abgestandenem Wasser.

Copella arnoldi

Visitenkarte

Deutscher Name
Spritzsalmler

Herkunft
Amazonas, Rio Pará

Körperlänge
bis zu 8 cm

Haltung
schwierig

Aufenthalts-bereich
Beckenober-fläche und -mitte

Vergesell-schaftung
möglich

Diesem Schwarmfisch vom Amazonas bringen Aquarianer wegen seines interessanten Paarungsverhaltens besonderes Interesse entgegen. Er weist einen sehr schlanken, an den Seiten leicht abgeflachten Körper und einen großen endständigen Mund auf. Der obere Lappen des Schwanzes ist länglich, vor allem beim Männchen, welches sich vom Weibchen darüber hinaus auch durch buntere Flossen und den größeren Körper unterscheidet. Die Färbung ist Silbrig Grünlich, am Bauch mit roten Schattierungen. Rückenflosse und Kiemendeckel zeigen je einen auffälligen schwarzen und rot gesäumten Fleck. Die großen Schuppen erzeugen auf dem Körper einen netzartigen Eindruck.

NAHRUNG Die Ernährung dieser Tiere stellt kein Problem dar, sie nehmen Flocken-, Tiefkühl- und Lebendfutter gerne an. Um sie auf die Fortpflanzung vorzubereiten, sollte man jedoch reichlich lebende, wirbellose Tiere verfüttern wie z. B. Daphnien, Rote Mückenlarven und Stechmückenlarven.

VERHALTEN Spritzsalmler sind kleine, friedliche, aber lebhafte Fische, die in Schwärmen oder paarweise leben. Sie eignen sich für Gesellschaftsaquarien, wobei aber ein Zusammenleben nur mit ruhigen Arten möglich ist.

FORTPFLANZUNG Die Paarungsgewohnheiten dieser Fische sind einzigartig. Voraussetzung ist eine ausgezeichnete Wasserqualität und reichlich Nahrung auf der Basis von wirbellosen Tieren. Gewöhnlich legt das Weibchen die Eier außerhalb des Wassers auf der Unterseite der Aquarienabdeckung ab, oder auch auf Blättern, die aus dem Wasser ragen. Knapp vor der Eiablage begibt sich jeder Partner an die Seite des anderen, dann springen sie gemeinsam an den Ort, der ihnen für die Ablage geeignet erscheint. Dort klebt das Weibchen schnell die Eier an, und das Männchen besamt sie sofort. Dieser Vorgang wiederholt sich viele Male, bis etwa 150 bis 200 Eier abgelegt sind. Das Männchen befeuchtet das Gelege ständig, indem dieses wiederholt durch abrupte Bewegungen des Schwanzes bespritzt wird. Die Eier, die dabei herunterfallen, werden nicht beachtet. Das Schlüpfen erfolgt nach 2 bis 3 Tagen, die Jungfische brauchen innerhalb von 48 Stunden den Nährdotter aus dem Dottersack auf. Nach dieser Phase muss die Kost aus kleinem Lebendfutter bestehen, das in der Natur gesammelt oder zu diesem Zweck eigens gezüchtet wird.

TECHNISCHE TIPPS

Da sich Spritzsalmler in den mittleren und oberen Wasserschichten des Beckens aufhalten, muss ein Teil des Beckens von schwimmenden Wasserpflanzen besiedelt sein wie zum Beispiel *Ceratopteris thalictroides,* während andere Teile mit dichter und üppiger Vegetation eingerichtet sein sollten. Es empfiehlt sich außerdem, eine gläserne Abdeckung anzubringen, um zu verhindern, dass die Fische aus dem Wasser springen. Um die Fische bei guter Gesundheit zu halten, ist es unerlässlich, das Wasser regelmäßig teilweise zu wechseln. Die Beleuchtung muss gut sein und die Wassertemperatur zwischen 25 und 29 °C betragen, bei einem pH-Wert zwischen 6,5 und 7,5 und einer Härte zwischen 2 und 12 °dGH.

Leporinus fasciatus

Auch unter dem Artnamen *Leporinus affinis* bekannt, kann dieser südamerikanische Fisch bis zu 30 cm lang werden. Seinen Namen verdankt er der Form seines Mund, die dem eines Hasen ähnelt, weil er zwei hervorstehende Vorderzähne aufweist. Die Tiere können damit Pflanzen bis auf Stumpf und Stiel abfressen. Der muskulöse, zylindrische und seitlich leicht abgeflachte Körper ermöglicht es den Fischen, schnell zu schwimmen und große Sprünge aus dem Wasser zu vollführen. Sie verfügen über eine Fettflosse. Junge Exemplare haben eine ockergelbe Färbung mit neun schwarzen vertikalen Streifen und graue Flossen. Erwachsene sind weniger intensiv gefärbt.

NAHRUNG Es handelt sich bei den Tieren um eine vorwiegend Pflanzen fressende Art. Sie bevorzugen große Pflanzenblätter wie Wasserkresse, Salat, Spinat und Erbsen, nehmen aber auch *Tubifex,* Stechmückenlarven und Flockenfutter als Nahrung an.

VERHALTEN Vertreter dieser Art sind ruhige und friedfertige Fische, die am liebsten in dichten Schwärmen leben, allerdings greifen sie manchmal auch Exemplare der eigenen Art an. Man kennt den Grund dafür nicht, aber wenn sie in allzu kleinen Gruppen oder, schlimmer noch, allein gehalten werden, so führt dies zu besonders gewalttätigen Auseinandersetzungen. Es ist ratsam, die Tiere zusammen mit anderen Arten der gleichen Größe zu vergesellschaften.

FORTPFLANZUNG Es gibt keine gesicherten Daten über eine geglückte Fortpflanzung im Aquarium.

TECHNISCHE TIPPS

Diese Fische brauchen ein großes Becken mit klarem Wasser und mit einem Bodengrund, der aus Kies, Wurzeln, kleinen Stämmen und reichlich Pflanzen mit ledrigen Blättern besteht. Da es sich um einen Fisch handelt, der gerne springt, ist es ratsam, das Aquarium abzudecken. Die Wassertemperatur muss zwischen 24 und 27 °C liegen, bei einem pH-Wert von 6,5 und einer Härte zwischen 5 und 10 °dGH.

Visitenkarte

Deutscher Name
Grüner Leporinus

Herkunft
Südamerika (Venezuela, Brasilien)

Körperlänge
bis zu 30 cm

Haltung
schwierig

Aufenthaltsbereich
Beckenboden

Vergesellschaftung
mit Arten ähnlicher Größe erwünscht

Cyprinidae

Die Familie Cyprinidae oder Karpfenfische umfasst über 2000 Arten, die, mit Ausnahme von Australien und Südamerika, fast über die gesamte Welt verbreitet sind. Diese Fische weisen fast immer ein eiförmiges Profil mit mehr oder weniger zusammengedrückten Seiten auf. Der Mund ist gewöhnlich klein und zahnlos: die Kaufunktion übernimmt ein besonderer Mechanismus, der von zwei großen sichelförmigen Knochen gebildet wird, welche am Anfang des Schlundes sitzen und mit einer veränderlichen Anzahl von mehr oder weniger spitzen Fortsätzen ausgestattet sind (Schlundzähne). Alle Cyprinidae besitzen, analog zu den Characoideae und den Siluriformes, einen Weber'schen Apparat, der zur Wahrnehmung von Schwingungen dient. Eine Fettflosse ist nie ausgebildet. Bei einigen Arten weist die Rückenflosse verknöcherte und spitze Flossenstrahlen auf. Der Geschlechtsdimorphismus ist

Barbus filamentosus

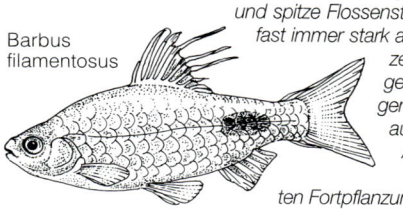

fast immer stark ausgeprägt, vor allem während der Paarungszeit, wenn viele Männchen ein auffallend bunt gefärbtes Kleid annehmen und sich mit hornigen, perlmuttartigen Hautgebilden, dem Laichausschlag, schmücken. Außer in seltensten Ausnahmen sind die Fische eierlegend (ovopar) und zeigen dabei die unterschiedlichsten Fortpflanzungsstrategien.

Barbus lateristriga

Visitenkarte

Deutscher Name
Schwanzband-barbe

Herkunft
Südostasien

Körperlänge
bis 18 cm

Haltung
einfach

Aufenthalts-bereich
Beckenboden

Vergesell-schaftung
erwünscht

Diese recht großwüchsige asiatische Barbenart ist sehr aktiv und hat wie die meisten Barben die Gewohnheit, stetig im Sand zu wühlen. Sie weist einen schlanken, hochrückigen Körper mit abgeflachtem Bauch auf. Zu beiden Seiten des Mundes stehen am Ende zwei Paar kurze Barteln. Die silbrige Grundfärbung zeigt manchmal leichte goldene Reflexe. Das

Kleid wird durch zwei breite schwarze, vertikal verlaufende Bänder und einen schmäleren, längs über die hintere Hälfte des Körpers verlaufenden Streifen geschmückt. Die Weibchen sind durchschnittlich etwas korpulenter als die Männchen.

NAHRUNG Die Tiere dieser Art sind Allesfresser, ihre Nahrung kann daher aus Flockenfutter oder gefriergetrocknetem Futter sowie auch aus Lebendfutter bestehen; auch auf frisches pflanzliches Futter wie Salat oder Spinat nicht vergessen.

VERHALTEN Schwanzbandbarben sind sehr lebhafte Schwarmfische, die sich im Becken gerne in der Nähe des Bodengrundes aufhalten, wo sie ständig im Sand herumwühlen. Die Fische eignen sich für große Gesellschaftsaquarien und müssen zusammen in eher großen Gruppen gehalten werden, sonst vereinsamen sie.

FORTPFLANZUNG Eine Vermehrung dieser Art in Gefangenschaft ist sehr problematisch, bis dato wurden dabei noch keine guten Resultate erzielt.

TECHNISCHE TIPPS

Man sollte das Becken für Schwanzbandbarben mit wenigen robusten Pflanzen ausstatten und auch genügend Freiraum zum Schwimmen belassen. Der Bodengrund muss aus feinem Sand bestehen. Diese Spezies liebt keine häufigen Wasserwechsel. Die Wassertemperatur muss zwischen 20 und 25 °C betragen, bei einem pH-Wert von 6,5 bis 7 und geringer Härte, nicht über 10 °dGH.

Barbus conchonius

Diese in Südostasien beheimatete Spezies ist ein bereits seit langem geschätzer Bewohner von Süßwasseraquarien, und zwar wegen seines mutigen, aber ruhigen Charakters und seiner sprichwörtlichen Widerstandsfähigkeit gegenüber einem Leben in der Gefangenschaft. Die Körperform ist typisch für Barben: an den Seiten leicht zusammengedrückt, mit rautenförmigem Profil und robustem Schwanzstiel. Der Kopf ist mittelgroß, mit großen Augen und einem oberständigen Mund. Die Flossen sind breit, der Schwanz auffällig gegabelt. Es gibt auch eine Variante mit gut entwickelten Schleierflossen. Die Grundfärbung ist Silbrig bis Golden, schimmernd belebt von grünlichen Schattierungen auf dem Rücken und roten auf dem Bauch. Seitlich fällt in der Nähe des Schwanzes ein rundlicher schwarzer Fleck auf. In der Paarungszeit wird die Rotfärbung intensiver, vor allem bei den Männchen; die Flossen werden ebenfalls rot, mit schwarzen Punkten. Dennoch ist es immer noch schwierig, die Geschlechter sicher zu unterscheiden.

NAHRUNG Als Allesfresser nehmen diese Tiere jede Art Futter an, von Lebend- über gefriergetrocknetes bis zu Tiefkühlfutter.

VERHALTEN Prachtbarben sind friedliche, aber lebhafte Schwarmfische. Die Tiere haben ihre Freude daran, an den Flossen anderer Fische zu zupfen, oder auch, langsamere Tiere zu verfolgen. Oft wühlen sie im Boden auf der Suche nach Futter, indem sie ständig Kies aufnehmen und wieder ausspeien, ein Verhalten, das nicht selten leichte Schäden an der Einrichtung des Aquariums verursacht.

FORTPFLANZUNG Diese Spezies zu vermehren, ist ziemlich einfach. Wichtig ist dabei, den Bodengrund des Beckens zuerst mit grobem Kies auszulegen und dann mit einem Kunststoffgitter so zu überdecken, dass die Eier bis zum Boden durchrieseln können und vor eventuellen Räubern geschützt bleiben. Das Ablaichen folgt einem sehr lebhaften Hochzeitsritual. Die Larven schlüpfen nach ca. 30 Stunden. Eine Besonderheit: der Fisch pflanzt sich nur in flachem Wasser (8 bis 10 cm), fort, die Jungfische müssen reichlich gefüttert werden.

TECHNISCHE TIPPS

Um wirklich Freude an Tieren dieser Art zu haben, empfiehlt es sich, diese Fische nur mit Ihresgleichen vergesellschaftet in großen Gruppen zu halten. Das Becken sollte einen weichen Bodengrund mit robusten Pflanzen längs der Wände haben, mit viel Freiraum zum Schwimmen dazwischen. Die ideale Temperatur liegt bei 22 bis 24°C, bei einer mittleren Härte von 10 bis 15 °dGH und einem leicht sauren oder neutralen pH-Wert.

Visitenkarte

Deutscher Name
Prachtbarbe

Herkunft
Vietnam

Körperlänge
in der Natur bis zu 14 cm, im Aquarium selten größer als 7 cm

Haltung
einfach

Aufenthalts-bereich
Beckenmitte und -boden

Vergesell-schaftung
erwünscht

Barbus pentazona

Diese asiatische Spezies weist eine für die Gattung *Barbus* typische Körperform auf: hochrückig und an den Seiten abgeflacht. Am Mund sitzen zwei Paar sehr kurze Barteln. Die Färbung ist an den Seiten Braunrot, mit fünf schwarzen, vertikal verlaufenden Bändern, während der Bauch goldgelb schimmert. Die Weibchen unterscheiden sich durch ihren größeren Körper und durch das weniger stark gefärbte Kleid sowie breitere vertikale Bänder. Die Bauchflossen des Männchens sind rot.

NAHRUNG In der Natur ist diese Spezies allesfressend; im Aquarium ernähren sich die Fische bevorzugt von *Tubifex*, Stechmücken- und Roten Mückenlarven, nehmen aber auch Flockenfutter an. Eine Ergänzung der Kost mit pflanzlicher Trockennahrung ist unbedingt notwendig.

VERHALTEN Fünfgürtelbarben sind relativ friedliche Fische, die sich gern in der üppigen Vegetation versteckt aufhalten. Sie leben verträglich mit anderen Schwarmfischen zusammen, zeigen aber die Angewohnheit, in die weichen Flossen anderer Arten zu beißen und diese zu beschädigen.

FORTPFLANZUNG Der Erfolg der Fortpflanzung hängt einerseits von den Partnern selbst ab, die sich vertragen müssen, andererseits aber auch von der Wasserbeschaffenheit, die weich, mit erhöhtem Säuregrad sein sollte. Sind diese beiden Bedingungen gewährleistet, so setzt man das Paar abends ins Nachzuchtbecken. Die Eiablage erfolgt zumeist bereits am folgenden Morgen. Das Schlüpfen erfolgt nach 24 bis 36 Stunden; die Fischbrut verweilt einen oder zwei Tage lang auf dem Bodengrund, dann heften sich die Fischchen an die Wände des Aquariums oder an Wasserpflanzen. Nach dem Schlüpfen der Jungen muss man die Eltern möglichst bald aus dem Becken entfernen. Das Futter für die Jungfische besteht aus *Artemia*-Nauplien und anderen kleinen Krebschen.

TECHNISCHE TIPPS

Das Becken für Fünfgürtelbarben, das auch kleine Dimensionen haben kann (50 Liter), muss breiten Raum zum Schwimmen aufweisen, aber auch robuste Pflanzen enthalten. Es ist empfehlenswert, das Wasser regelmäßig zu wechseln. Die Temperatur muss um 24 bis 25 °C liegen, bei einem neutralen oder leicht sauren pH-Wert und einer Härte um 10 °dGH.

Barbus tetrazona (Puntius tetrazona)

Visitenkarte

Deutscher Name
Sumatrabarbe

Herkunft
Indonesien, Borneo

Körperlänge
4 bis 5cm

Haltung
einfach

Aufenthalts- bereich
Beckenmitte und -boden

Vergesell- schaftung
möglich, beißt aber in die Flossen anderer Fischarten

Diese kleinen Fische zählen sicher zu den am häufigsten im Aquarium gehaltenen Barbenarten. Sie weisen einen rautenförmigen, seitlich abgeflachten, recht hochrückigen Körper auf. Die Männchen sind kleiner und schlanker als die Weibchen, welche auch eine rundlichere und höhere Form haben. Das Maul ist kurz und stumpf. Rücken- und Bauchflossen sind groß und stehen auffällig vom Körper ab; die Rückenflosse ist im Vergleich zu den Bauchflossen etwas weiter rückwärts positioniert. Die Flossen sind durchsichtig und von orangeroter Farbe, während der Körper stark silbrig schimmert; der Rücken ist dunkelbraun bis olivfarben; die Schuppen haben rötliche Säume. Vertikal über den Körper verlaufen vier schwarze Bänder, von denen sich der Name der Spezies ableitet; *tetra* stammt aus dem Griechischen und bedeutet »vier«; das erste Band überzieht den Kopf auf der Höhe der Augen, das zweite verläuft zwischen Brust- und Bauchflossen über die Brust, das dritte setzt an der Rückenflosse an und zieht sich bis zur Afterflosse, das vierte durchquert die Region des Schwanzstiels. Der Name der Gattung ist auf die kleinen Barteln rund um den Mund zurückzuführen, Organe, die allerdings bei der Art *Barbus tetrazona* fehlen.

NAHRUNG Diese Spezies zählt zu den Allesfressern und gewöhnt sich auch an Flockenfutter. Auf jeden Fall ist eine Abwechslung von Fertigprodukten mit *Tubifex*, tiefgekühlten Roten Mücken und mit Lebendfutter sowie mit Larven von Krebschen unerlässlich. Darüber hinaus brauchen die Fische auch frisches und zartes Gemüse.

VERHALTEN Die Sumatrabarben sind Schwarmfische, die sich ihren Artgenossen gegenüber friedlich verhalten, anderen Arten aber, vor allem in erwachsenem Alter, aggressiv gegenübertreten, indem sie in ihre Flossen beißen. Es empfiehlt sich daher, diese Fischart nicht mit langflossigen Fischen gemeinsam zu halten, wie z. B. mit gewissen Varietäten von Goldfischen oder mit Skalaren.

FORTPFLANZUNG Zur Zucht sollte man Männchen und Weibchen aussuchen, die intensiv gefärbt sind, ein Kleid mit vollkommener Zeichnung haben und mindestens zwei Jahre alt sind. Das ausgewählte Paar muss in einem separaten Becken isoliert werden, das etwa dieselben Bedingungen wie das Stammaquarium aufweist. Weibchen unterscheiden sich von Männchen durch den vergrößerten Bauch. Die Ablage erfolgt nachts. Schon am darauf folgenden Morgen müssen die Elterntiere entfernt

werden, damit sie nicht ihre eigenen Eier auffressen. Die Jungen schlüpfen nach einem Tag und können sofort mit Jungfischfutter, mit *Artemia*-Larven oder anderen Planktonorganismen gefüttert werden. Wichtig ist es, die chemophysikalischen Bedingungen des Wassers exakt aufrechtzuerhalten. Dieses darf nur teilweise und in reduzierten Dosen erneuert werden, um jegliche abrupte Veränderung der Haltungsbedingungen zu vermeiden.

VARIETÄTEN Von den Sumatrabarben sind, neben der Ausgangsart, auch gezüchtete Mutanten erhältlich, auch eine Varietät, die heller ist und einen rosafarbenen Fleck hinter dem Auge aufweist, sowie **Albinos** (Hongkongbarbe).

TECHNISCHE TIPPS

Diese Barben sind als Aquarienfische weit verbreitet und leicht zu halten. Sie brauchen ein ziemlich geräumiges Becken, indem sie sich ungehindert bewegen können. Das Aquarium sollte mit sehr gut wurzelnden widerstandsfähigen Pflanzen ausgestattet werden, um zu verhindern, dass die Fische sie aus dem Boden reißen, am besten solche mit schmalen Blättern, um den Fischen genügend Freiraum zum Schwimmen zu ermöglichen. Breitblättrige Pflanzen würden von diesen lebhaften Fischen in kurzer Zeit abgefressen werden. Der Bodengrund des Beckens muss aus einer ziemlich dicken Schicht feinen Sandes bestehen. Die Wassertemperatur sollte zwischen 23 und 26 °C betragen, bei einem neutralen oder leicht sauren pH-Wert und geringer Härte (5 bis 10 °dGH). Die Beleuchtung darf nicht zu intensiv sein, ideal ist ein diffuses Licht.

Brachydanio rerio

Visitenkarte

Deutscher Name
Zebrabärbling

Herkunft
Ostindien

Körperlänge
bis zu 6 cm

Haltung
einfach

Aufenthalts-bereich
Beckenober-fläche und -mitte

Vergesell-schaftung
erwünscht

Diese äußerst lebhaften und absolut friedlichen Schwarmfische werden insbesondere wegen der Eigenschaft geschätzt, sich leicht an die Bedingungen im Aquarium anzupassen und sich dort auch fortzupflanzen. Die Tiere weisen einen spindelförmigen Körper auf, der seitlich leicht zuammengedrückt ist; der Schwanz ist leicht gekerbt. Der kleine Mund ist oberständig und an den Seiten mit zwei Paar Barteln versehen. Der Körper wird der Länge nach von braun-schwarzen Streifen auf silbrig goldenem Grund durchlaufen, die sich auch auf die Flossen erstrecken. Der Rücken weist eine olivgrüne, ins Bräunliche spielende Färbung auf; der Bauch hingegen ist eher rosa gefärbt. Die Weibchen sind korpulenter.

NAHRUNG Obwohl diese Fische Allesfresser sind, handelt es sich um keine sehr gefräßigen Tiere, die sowohl Fertigfutter in Form von Flocken als auch Trockenfutter ebenso wie *Tubifex* als Nahrung annehmen.

VERHALTEN Die Tiere sind ziemlich lebhaft, aber friedlich und somit besonders geeignet für die Haltung im Aquarium. Als Schwarmfische sollte man diese Art in Gruppen von zumindest zehn Individuen zu halten.

FORTPFLANZUNG Zur Fortpflanzung muss man ein Paar in ein kleineres Aufzuchtbecken übersiedeln, mit einem feinen Kiesgrund und dichtem Pflanzenwuchs. Die Ablage der Eier erfolgt nach einigen Tagen lebhafter Werbung. Die Temperatur muss um 23 °C liegen; nach einem Tag schlüpft die Brut, welche sich anfänglich auf den Blättern aufhält, um sich erst nach etwa einer Woche nahe an die Wasseroberfläche zu begeben. In den ersten Lebenstagen müssen die Fischchen mit Jungfischfutter ernährt werden, in der Folge füttert man frisch geschlüpfte *Artemia*-Larven.

TECHNISCHE TIPPS

Diese Spezies fühlt sich in langen Becken wohl, welche genügend Freiraum zum Schwimmen zwischen den Blättern aufweisen. Diese Tiere stellen keine besonderen Ansprüche an die chemophysikalischen Eigenschaften des Wassers. Die Temperatur kann zwischen 18 und 25 °C betragen, bei einem neutralen pH-Wert und einer mittleren Härte (5 bis 15 °dGH). Die Beleuchtung des Beckens sollte sehr intensiv sein.

Brachydanio frankei

Visitenkarte

Deutscher Name
Leopardbärbling

Herkunft
Südostasien

Körperlänge
bis 6 cm

Haltung
einfach

Aufenthalts-bereich
Beckenober-fläche und -mitte

Vergesell-schaftung
erwünscht

Diese in Asien beheimatete Fischart wird in der Aquaristik neuerdings immer bekannter. Der Körper des Fisches ist sehr schlank und seitlich leicht zusammengedrückt. Der Mund ist klein, endständig, etwas nach oben gerichtet und hat seitlich zwei Paar feiner Barteln. Die Flossen sind normal entwickelt, mit Ausnahme der Schwanzflosse, die lang, in der Mitte tief gegabelt ist und abgerundete Lappen hat. Das Kleid, beim Männchen goldfarben und beim Weibchen silbrig, wird durch dichte schwärzliche Punkte aufgelockert, denen der Fisch seinen deutschen Namen Leopardbärbling verdankt. Die Weibchen sind korpulenter als die Männchen.

NAHRUNG Leopardbärblinge nehmen jede Art von Nahrung an, Flockenfutter, gefriergetrocknetes, tiefgefrorenes oder lebendes Futter.

VERHALTEN Diese Tiere sind sehr lebhafte und friedliche Schwarmfische, die sich gerne in den mittleren und oberen Schichten des Aquariums aufhalten. Sie sind gute Springer und müssen daher immer im Auge behalten werden, sobald das Becken geöffnet wird. Sie fühlen sich in großen Schwärmen wohl und durchschwimmen das Aquarium der ganzen Länge und Breite nach auf stetiger Suche nach Nahrung, auf die sie sich buchstäblich stürzen, sobald sie verabreicht wird. Das sanfte Wesen dieser Spezies erlaubt eine problemlose Vergesellschaftung mit anderen Schwarmfischen ähnlichen Charakters. Die Fische ertragen die Einsamkeit nicht.

FORTPFLANZUNG Während der Paarungszeit schwimmen beide Geschlechtspartner eng nebeneinander und vollführen dabei ständig Zickzackbewegungen. Die Eier werden auf dem Boden abgelegt, wo sie sogleich vom Männchen besamt werden. Die Elterntiere müssen anschließend sofort entfernt werden, weil sie die Eier innerhalb weniger Augenblicke auffressen könnten. Das Schlüpfen erfolgt nach wenigen Tagen. Nachdem der Nährdotter aus dem Dottersack aufgebraucht ist, müssen die Jungfische mit sehr feinem Futter ernährt werden.

TECHNISCHE TIPPS

Das Becken für Leopardbärblinge muss ziemlich groß sein, mit spärlicher Bepflanzung und großen Freiräumen zum Schwimmen. Die ideale Wassertemperatur sollte zwischen 20 und 25 °C liegen, bei einem leicht sauren pH-Wert und einer Härte nicht über 10 °dGH.

Capoeta semifasciolata

Messingbarben sind Fische von eher länglicher Körperform, mit leicht gekrümmtem Rücken und abgeflachtem Bauch. Der Mund ist endständig und mit sehr kleinen Barteln versehen. Die Unterschiede zwischen den Geschlechtern sind ziemlich markant, gemeinsam sind den Tieren jedoch zahlreiche schwarze Streifen entlang der Körperseiten, die in Bezug auf Länge und Breite aber so sehr uneinheitlich sind, dass man niemals identisch gezeichnete Exemplare finden kann. Die Männchen

entwickeln goldglänzende Seiten, einen schwärzlichen Rücken und rote, weiß gesäumte Flossen. Die Weibchen sind heller, mit einem braunen Rücken und grünlichen Flossen; außerdem weisen sie im Vergleich zu den Männchen einen höheren und robusteren Körperbau auf.

NAHRUNG Diese Spezies nimmt jede Art Futter an, lebend oder getrocknet, braucht aber auch Gemüse, vor allem Salat, für eine ausgewogene Ernährung.

VERHALTEN Die Messingbarben sind lebhafte Schwarmfische von friedlichem Wesen und halten sich gern im mittleren und unteren Bereich des Aquariums auf, wo sie problemlos mit zahlreichen anderen ruhigen, auch kleineren Arten zusammenleben können. Sie erweisen sich als eine sehr widerstandsfähige Spezies und sind somit auch für völlig unerfahrene Anfänger der Aquaristik geeignet.

FORTPFLANZUNG Setzt man ein einzelnes Paar in ein kleines Becken, so pflanzen sich die Tiere problemlos fort. Während der Paarungszeit nimmt das Kleid der Männchen eine stark leuchtende Färbung an und sie umwerben die Weibchen mit Zickzackbewegungen. Das Ablaichen erfolgt nahe dem Bodengrund, an der Basis der Wasserpflanzen. Sofort nach der Besamung müssen die Elterntiere entfernt werden, damit sie die eigenen Eier nicht auffressen. Die Jungfische werden innerhalb einer Woche immer aktiver und müssen dann mit feinst zerkleinerter Kost gefüttert werden.

TECHNISCHE TIPPS

Das Becken für Messingbarben soll sehr groß, die Vegetation auf dem Boden nicht zu dicht sein, und es muss genügend Freiraum zum Schwimmen vorhanden sein. Die Wassertemperatur soll zwischen 20 und 25 °C betragen, bei einem leicht sauren pH-Wert und einer Härte zwischen 5 und 10 °dGH.

Capoeta titteya (Puntius titteya)

Visitenkarte

Deutscher Name
Bitterlingsbarbe

Herkunft
Sri Lanka

Körperlänge
bis zu 5 cm

Haltung
einfach

Aufenthalts-bereich
Beckenmitte

Vergesell-schaftung
möglich

In der Natur bewohnt dieser anmutige und lebhafte Fisch aus Sri Lanka kleine Bäche und ist daher für ein zu dicht besetztes Aquarium nicht geeignet. Der Körper ist länglich, leicht zusammengedrückt, mit hoher Rückenflosse und mit einem hohen Rücken. An den Seiten des Mundes befinden sich zwei Barteln. Der Rücken weist eine hellbraune Färbung mit grünlichen Reflexen auf, während Bauch und Seiten silbrig mit rötlichen Schattierungen schimmern. Von der Spitze des Mundes bis zur Schwanzflosse verläuft quer durch das Auge ein schwarzer Streifen, der gegen den Rücken zu breiter wird. Die Flossen sind rot, besonders die Afterflosse. Diese an sich schon sehr lebhafte Färbung wird beim Männchen während der Paarungszeit stärker und nimmt dann einen kirschroten Ton an. Das Weibchen ist im Allgemeinen einheitlich gefärbt und zeigt gelbliche Flossen.

NAHRUNG Die Bitterlingsbarbe ist ein Allesfresser, ernährt sich aber bevorzugt von *Tubifex* und Stechmückenlarven; nach der Akklimatisierungsphase nimmt sie auch Trockenfutter und Salat an.

VERHALTEN Die Bitterlingsbarbe ist ein Fisch, der ein wenig scheu ist und sich gerne in den schattigen Zonen des Aquariums zwischen den Pflanzen aufhält. Die Männchen zeigen gegeneinander, vor allem während der Paarungszeit, eine gewisse Aggressivität.

FORTPFLANZUNG Das für die Fortpflanzung ausgesuchte Paar sollte abends ins Becken gesetzt werden, schon am folgenden Vormittag findet die Eiablage statt. Das Schlüpfen erfolgt nach 24 bis 36 Stunden; die Jungfische (ca. 150 bis 250) bleiben ein bis zwei Tage auf dem Bodengrund, um sich dann an die Pflanzen oder an die Wände des Beckens zu heften. Sie sollten mit Infusorien, *Artemia*-Nauplien und anderen kleinen Krebschen gefüttert werden. Sind ihre Umweltbedingungen gut, dann wachsen sie sehr schnell.

TECHNISCHE TIPPS

Das Becken für Bitterlingsbarben sollte mit dichter Vegetation und schwimmenden Pflanzen eingerichtet werden, wobei genügend Freiraum zum Schwimmen bleiben muss. Der Bodengrund soll dunkel sein, mit einer nicht sehr dicken Schicht Sand. Die Wassertemperatur muss bei 24 bis 26 °C gehalten werden, bei einem pH-Wert von 5,7 bis 6 und einer Härte von 10 °dGH. Die Beleuchtung muss gedämpft sein.

Carassius auratus

Der einfache Name »Goldfisch« ist wohl eine etwas zu trivial wirkende Bezeichnung, um eine derart berühmte und weit verbreitete Sorte in allen Spielarten von Farben und Formen variierende Spezies ausreichend zu beschreiben. In China werden Goldfische seit über 1000 Jahren gezüchtet. Zum ersten Mal nach Europa importiert wurden diese Tiere gegen Ende des 17. Jahrhunderts, und zwar nach Portugal. Die erste in Europa dokumentierte Zucht erfolgte 1728 in Holland. Die Stammform ähnelt in Farben und Habitus allen anderen Cypriniden: Der Körper ist spindelförmig, seitlich zusammengedrückt, der Kopf ist klein, der Mund hat eine mittlere Größe und der Schwanz ist gegabelt. Die Flossen sind normal entwickelt, aber variieren bei den diversen Mutanten enorm in der Länge und Breite; auch der Schwanz kann z. B. wie ein breiter Fächer gestaltet sein. Darüber hinaus werden einige Formen gezüchtet, die mehr oder weniger hervorquellende Organe (Augen) aufweisen und aufgeblähte Körperproportionen zeigen. Um auf die ursprüngliche Wildform zurückzukommen: diese Fische zeigen keine rote Färbung, sondern eher gedämpfte Farbtöne in Gelb, Braun und Grün. Die Zuchtvarianten weisen alle ein ziemlich unterschiedliches Kleid auf, mit Schattierungen, die von weißem Metallglanz bis zu Kupferrot und Schwarz reichen können. Die Färbung kann einheitlich oder scheckig sein.

NAHRUNG Die weit verbreitete Meinung, Goldfische würden alles fressen, ist sicher nicht ganz richtig; tatsächlich nimmt er sowohl Lebend- als auch Trocken- und auch Flockenfutter. Zu vermeiden ist jedoch das Verfüttern von Brot oder fetten Lebensmitteln, die oft schwerwiegende, bisweilen auch tödliche Darmstörungen verursachen können.

VERHALTEN Goldfische sind friedliche, aber lebhafte Tiere. Bei Exemplaren mit sehr breiten fächerartigen Flossen ist von einer Vergesellschaftung mit »boshaften« Fischen, wie etwa Barben, die gerne in die Flossen anderer Fische beißen, abzuraten.

FORTPFLANZUNG Eine erfolgreiche Fortpflanzung kann nur in sehr geräumigen Becken mit ca. 200 Liter Inhalt erfolgen, mit nacktem Boden und höchstens mit ein wenig Moos auf den Steinen. Man muss dazu ein laichbereites, von Eiern aufgeblähtes Weibchen in das Aquarium setzen, dazu einige Männchen, die bereit sind, sich mit ihm zu paaren: nach einigen Stunden des Werbens findet die

Visitenkarte

Deutscher Name
Goldfisch, Goldkarausche

Herkunft
China, wo diese Art seit mehr als 1000 Jahren gezüchtet wird

Körperlänge
Wildform 45 bis 50 cm, im Aquarium 10 bis 15 cm

Haltung
einfach

Aufenthalts-bereich
Beckenmitte und -boden

Vergesell-schaftung
möglich

Ablage von tausenden Eiern und die Besamung statt. Das Schlüpfen erfolgt nach etwa sechs Stunden. Die erwachsenen Fische müssen jedoch entfernt werden. Die Jungfische ernähren sich in der ersten Woche von feinstem Trockenfutter, in der Folge jedoch von Frisch- oder Lebendfutter.

VARIETÄTEN Durch selektive Zucht entstanden wunderschöne Rassen und Varietäten von Goldfischen, von denen sich viele von der ursprünglichen Form bereits beträchtlich unterscheiden. Unter den homosomen Varietäten, das heißt denjenigen, deren Körperform der Wildform einer Karausche entspricht, ist *Carassius auratus,* der Goldfisch, die im Handel am häufigsten vertretene Art. Diese Tiere sind robust und können in Teichen ständig im Freien leben, dies auch in Gegenden, wo die Oberfläche im Winter zufriert, oder auch in kleinen Aquarien im Hause. Eine ziemlich häufig anzutreffende Art ist der **Kometgoldfisch,** der punktierte Flossen aufweist, welche stärker entwickelt sind als die von *Carassius auratus.* Diese Tiere sind aktive Schwimmer, welche sich nicht für die Beengtheit kleiner Aquarien eignen. Unter den heterosomen, also jene Rassen, die sich deutlich von der wilden Karausche unterscheiden, gibt es Formen mit gedrungenem Körperbau und einem stark aufgebläht hervorstehenden Bauch, der dem Fisch ein eiförmiges Aussehen verleiht; trotz der enormen Übergröße der Flossen schwimmt diese Varietät nur langsam und mit Schwierigkeiten; kleine Exemplare dieser **»Schleierschwänze«** sind in Geschäften, welche auf tropische Fische spezialisiert sind, zumeist erhältlich. Man unterscheidet Formen mit einfachem, doppeltem, dreifachem Schwanz und Schleierschwanz; bei Letzteren fällt die zweigeteilte, überlang entwickelte Schwanzflosse wie ein weicher Schleier nach unten. Bei einer anderen Varietät mit einer charakteristischen ovalen Form wird das eiförmige Aussehen durch das Fehlen der Rückenflosse noch verstärkt. Aus der Selektion einer Missbildung des Augapfels entstanden sogenannte **Teleskopfische** mit abnorm großen, vorstehenden Augen. Das Hervortreten wird von einer gesteigerten Konvexität der Linse hervorgerufen und kann verschiedene Formen annehmen. Schließlich soll noch die Varietät **Perlschupper** mit einem rundlichen Körper und doppeltem Schwanz erwähnt werden; die Besonderheit dieser Tiere besteht darin, dass ihr Körper von changierenden konvexen Schuppen bedeckt ist.

TECHNISCHE TIPPS

Goldfische sind besonders robust und bestens geeignet für Anfänger, die aber dennoch ihre Ansprüche beachten müssen. Da die Fische ständig herumschwimmen, brauchen sie große Becken mit Freiräumen zwischen der Vegetation. Die Beleuchtung sollte gedämpft sein, der Filter leistungsfähig. Die optimale Temperatur liegt bei 22 bis 24 °C, bei einem neutralen pH-Wert und einer Härte zwischen 10 und 20 °dGH.

Labeo erythrurus

Visitenkarte

Deutscher Name
Grüner Fransenlipper

Herkunft
Thailand

Körperlänge
bis zu 12 cm

Haltung
mittelschwierig

Aufenthalts-bereich
Beckenboden

Vergesell-schaftung
nicht möglich

Ähnlich wie bei *Labeo bicolor* zeichnet sich diese Art im Wesentlichen durch den länglichen, spindelförmigen Körper mit einem hohen und langen Schwanzstiel aus. Der Rücken ist leicht gewölbt, der Bauch fast flach; der Kopf ist klein und weist große Augen auf; der Mund ist unterständig und trägt feine Barteln. Die Rückenflosse weist eine dreieckige Form auf; Brust- und Bauchflossen sowie die Afterflosse sind fächerartig und stark entwickelt. Der tief gegabelte Schwanz ist groß und lang. Die Färbung ist Braun, fast Schwarz; Flossen und Schwanz sind hellrot. Im Handel findet man auch eine albinotische Form in hellrosa Färbung mit roten Flossen.

NAHRUNG Als Allesfresser ernährt sich diese Art mit großem Appetit von allem Fressbaren wie Flockenfutter, *Detritus* und zartem frischem Futter, z.B. *Tubifex,* Rote Mückenlarven oder Salat. Die Tiere fressen auch gerne Algen und reinigen dabei das Aquarium.

VERHALTEN Die Art erweist sich als ausgesprochen revierbildend, dies vor allem im Erwachsenenalter: zäh verteidigen sie ihr Territorium und vertreiben Eindringlinge sogar mit Bissen. Als Jungfische tolerieren die Tiere andere Exemplare derselben Spezies.

FORTPFLANZUNG Aufgrund des aggressiven Verhaltens Artgenossen gegenüber ist die Fortpflanzung dieser Spezies im Aquarium bisher noch nicht geglückt.

TECHNISCHE TIPPS

Das Becken für diesen Fisch soll groß sein und reichlichen Pflanzenwuchs und Verstecke bieten. Die Spezies zeigt keine besonderen Ansprüche hinsichtlich pH-Wert und Wasserhärte, ideal ist aber neutrales oder leicht saures Süßwasser. Als Wassertemperatur werden ca. 24 bis 27 °C empfohlen.

Labeo bicolor

Die Körperform dieser thailändischen Art erinnert etwas an die eines Haies: lang gestreckt und überaus hydrodynamisch. Der Rücken ist leicht gekrümmt, der Bauch abgeflacht. Der kleine Kopf weist einen unterständigen Mund auf, der an der Unterlippe von kurzen Barteln umgeben ist. Die Rückenflosse ist hoch und spitz, Brustflossen, Bauch- und Afterflosse sind ebenfalls ziemlich gut entwickelt; der Schwanz ist stark, lang und gegabelt. Die Grundfärbung ist Samtschwarz, einschließlich der Flossen, welche eine weiße Spitze aufweisen können, nur der Schwanz ist intensiv orangerot gefärbt. Die Weibchen sind größer als die Männchen.

NAHRUNG Der Feuerschwanz-Fransenlipper ist ein Allesfresser und ernährt sich sowohl von Flocken- als auch von Lebendfutter sowie von pflanzlichem Futter wie Salat und Spinat.

VERHALTEN Bei dieser Art handelt es sich um dezidiert revierbildende Fische, die nicht zögern, wenn es um die Verteidigung ihres Lebensraumes geht. Sie attackieren Rivalen heftigst, vor allem Artgenossen, aber auch andere Arten. Aus diesem Grund ist es ratsam, das Aquarium nicht mit kleinen Fischen zu besetzen, weil diese angegriffen oder gefressen würden. Um die Aggressivität der Fische in Grenzen zu halten, sollte das Aquarium mit vielen Pflanzen bestückt sein und reichlich Verstecke aus Wurzeln und Steinen bieten.

FORTPFLANZUNG Für eine erfolgreiche Nachzucht sollte man ein Paar in ein Becken setzen, das ca. 50 bis 70 Liter Wasser fasst und welches etwas wärmer und saurer ist als gewöhnlich. Nach dem Ablaichen, das meist in einem Hohlraum zwischen den Steinen erfolgt, werden die Eier bis zum Schlüpfen vom Männchen behütet. Die Jungfische beginnen schon ein paar Tage danach aufgeweichtes Futter aufzunehmen und bleiben noch etwa einen Monat unter der Obhut des Männchens. Danach ist es besser, dieses zu entfernen.

TECHNISCHE TIPPS

Angesichts des raschen Wachstums dieser Spezies sollten sie von Anfang an in einem großen Becken aufwachsen. Die Einrichtung muss Zweige, Tongefäße und üppige Bepflanzung enthalten sowie Verstecke bieten. Der Bodengrund sollte weich sein und aus Sand bestehen, weil diese Fische gerne wühlen. Die Wassertemperatur muss zwischen 24 und 27 °C liegen, bei einem neutralen oder sauren pH-Wert und einer Härte zwischen 5 und 10 °dGH.

Labeo frenatus

Auch dieser Fransenlipper ist der Art *Labeo bicolor* (S. 156) ähnlich, man kann diese Fische aber anhand ihres schlankeren Profils und wegen der Flossenfarbe in leuchtendem Rot von diesen unterscheiden. Der Mund ist klein, unterständig und mit einem Paar feiner, sehr beweglicher Barteln versehen. Die Schwanzflosse ist lang, in der Mitte stark gegabelt und hat spitze Lappen. Die Farbe des Körpers ist ein dunkles schwärzliches Braun mit einer deutlichen hellen Seitenlinie. Auf dem Schwanzstiel ist ein schwarzer Fleck zu sehen. Die Schwanzflosse des Männchens ist schwarz gesäumt. Das Weibchen ist etwas korpulenter.

NAHRUNG Diese Fische sind Allesfresser, ihre Kost kann daher aus Flockenfutter oder Lebendfutter bestehen. Man darf dabei jedoch nicht vergessen, den Tieren häufig auch pflanzliches Futter, besonders Salat, zu verabreichen.

VERHALTEN Zügelfransenlipper sind lebhafte, dämmerungsaktive Fische und bevorzugen daher Aquarien, die nur spärlich beleuchtet sind. Sie zeigen sich aggressiv, sind aber nicht gefährlich für Mitbewohner. Sie halten sich gerne in Verstecken auf, die nahe dem Bodengrund vorhanden sein sollen. Von dort aus attackieren die Fische andere Beckenbewohner, die in ihre Nähe kommen, verletzen diese dabei jedoch kaum. Becken mit großem Rauminhalt dämpfen ihre Aggressivität.

FORTPFLANZUNG Bislang gibt es noch keinen Bericht über eine erfolgreiche Fortpflanzung im Aquarium.

ANMERKUNG Manchen Wissenschaftlern zufolge ist diese »Art« möglicherweise nur das Jugendstadium von *Labeo erythrurus* (S. 155).

Visitenkarte

Deutscher Name
Zügel-
fransenlipper

Herkunft
Thailand

Körperlänge
8 cm

Haltung
mittelschwierig

**Aufenthalts-
bereich**
Beckenboden

**Vergesell-
schaftung**
in großen
Becken
möglich

TECHNISCHE TIPPS

Das Becken sollte zahlreiche Verstecke aus Steinen oder Wurzeln und eine Vegetation aufweisen, die es jedem Individuum erlaubt, darin das eigene Revier abzustecken. Die optimale Wassertemperatur liegt zwischen 24 und 28 °C. Der pH-Wert soll leicht sauer, nicht über 6,5 sein und die Härte zwischen 5 und 10 °dGH liegen.

Puntius lineatus

Diese ursprünglich auf dem Malaiischen Archipel beheimatete Art weist einen eher schlanken Körperbau auf, mit kantigem Rücken und abgeflachtem Bauch. Die Rückenflosse ist, besonders bei den Männchen, hoch und spitz, die Schwanzflosse ist gegabelt mit abgerundeten Lappen. Die Seiten zeigen einen silbrigen Schimmer, bisweilen auch goldene Reflexe und werden bis zur Schwanzwurzel der Länge nach von vier schwarzen, gerade verlaufenden Streifen durchzogen, die hinter den Kiemendeckeln ansetzen. Die Männchen unterscheiden sich von den Weibchen durch einen kleineren und spindelförmigeren Körper sowie durch eine Rückenflosse, die manchmal rosa Schattierungen aufweist.

NAHRUNG Diese Fische sind Allesfresser, ihre Kost kann daher sowohl aus Flockenfutter als auch aus Lebendfutter bestehen.

VERHALTEN Diese Tiere lieben die Gesellschaft ihrer Artgenossen und schwimmen mit Vorliebe in den unteren Schichten des Aquariums herum. Einsamkeit macht sie ziemlich aggressiv, sodass sie häufig andere Arten angreifen. Sie sind ausgezeichnete Schwimmer und nur für große Aquarien geeignet.

FORTPFLANZUNG Die Besamung der Eier findet schon nach kurzer Werbung statt, während der die beiden Partner schnelle und komplizierte Manöver unter Wasser vollführen. Die Eier werden auf dem Bodengrund abgelegt, und die Embryonalentwicklung zieht sich durch etwa fünf Tage. Die frisch geschlüpften Jungfische zeigen sich sofort sehr lebhaft und nehmen gerne stark zerkleinertes Flockenfutter an.

TECHNISCHE TIPPS

Diese Spezies bevorzugt große Becken mit sandigem Bodengrund und nicht sehr dichter Vegetation. Die Beleuchtung darf nicht zu stark sein, die Wassertemperatur muss zwischen 22 und 25 °C gehalten werden, bei einem pH-Wert zwischen 6 und 7 und einer Härte, die nicht über 8 bis 10 °dGH liegt.

Rasbora heteromorpha

Visitenkarte

Deutscher Name
Keilflecken-
bärbling

Herkunft
Malaysia,
Singapur
sowie einige
Gebiete
in Sumatra
und Thailand

Körperlänge
bis zu 4,5 cm

Haltung
mittelschwierig

**Aufenthalts-
bereich**
Beckenmitte

**Vergesell-
schaftung**
erwünscht

Fische dieser Art sind in Süßwasseraquarien sehr verbreitet. Sie weisen einen viel höheren Körperbau als andere Arten ihrer Gattung auf. Der Körper ist an den Seiten zusammengedrückt. Der Kopf ist ziemlich groß, mit einem oberständigen Mund und sehr großen Augen. Die Rückenflosse ist stark entwickelt, ebenso die Bauchflossen und die Afterflosse. Der Schwanz ist lang und gegabelt. Die Grundfärbung der Seiten ist Gelblich Rosa mit metallischen Reflexen. Der Rücken ist dunkler, mit braunen Reflexen, während der Bauch fast weiß und vorne von einem dunklen Band mit violetten Reflexen durchlaufen ist. An der Seitenpartie des Körpers zwischen dem Ansatz der Rückenflosse und der Schwanzwurzel ist ein großer keilförmiger, bläulich schwarzer Fleck zu beobachten. Rückenflosse und Schwanz sind teilweise rot gefärbt. Bei den Weibchen, die generell größer und korpulenter sind, ist der vordere Rand des keilförmigen Flecks gerade, während er bei den Männchen eine Abrundung aufweist.

NAHRUNG Die Keilfleckenbärblinge sind Allesfresser und akzeptieren Flockenfutter ebenso wie Lebendfutter und auch gefriergetrocknete Nahrung.

VERHALTEN Diese Tiere sind lebhafte, friedliche Schwarmfische, die ständig mit raschen und schnellenden Bewegungen herumschwimmen. Sie leben gerne in großen Gruppen zusammen. Bisweilen können sich die Männchen untereinander in Kämpfe verwickeln.

FORTPFLANZUNG Es ist sehr schwierig bei dieser Art, im Aquarium eine Nachzucht zu erzielen: das Wasser muss dafür sehr weich und sauer sein, bei einer Temperatur von 25 bis 28 °C. Man sollte je ein Weibchen und ein Männchen im Alter von ein oder zwei Jahren ins Becken setzen. Nach einem sehr malerischen Balzritual erfolgen Eiablage und Besamung, worauf man das Elternpaar besser entfernt. Das Schlüpfen der Larven erfolgt nach 24 Stunden; die Jungfische müssen mit kleinem Lebendfutter gefüttert werden.

TECHNISCHE TIPPS

Diese Fische brauchen unbedingt ein großes Becken, reich an Vegetation, dazwischen weite Räume zum Schwimmen. Die ideale Wassertemperatur liegt um 24 bis 26 °C, bei einem leicht sauren pH-Wert und einer geringen Härte (5 °dGH).

Rasbora hengeli

Der Körper dieser indonesischen Art ist seitlich abgeflacht und relativ hoch, mit ziemlich langem Schwanzstiel. In der Färbung ähneln die Tiere *Rasbora heteromorpha* (siehe Seite 159), mit einem längs verlaufenden keilförmigen Seitenband am hinteren Körperdrittel, unterscheiden sich aber von dieser durch die gelblichen Farbschattierungen auf dem Kopf. Die Weibchen sind kräftiger und haben einen etwas höheren Körper. Während der Paarungszeit erscheint ihr Bauch rot pigmentiert.

NAHRUNG *Rasbora hengeli* sind allesfressende Fische. Im Aquarium nehmen sie, abgesehen von nicht zu großem Trockenfutter, auch Wasserflöhe, Rote Mückenlarven und *Artemia* gerne als Futter an.

VERHALTEN Vertreter dieser Art sind friedliche Fische, die gewöhnlich in sehr großen Gruppen zusammenleben. Sie gewöhnen sich auch gut in kleineren Aquarien ein.

FORTPFLANZUNG Zur Zucht geeignete Weibchen lassen sich an ihrem roten Bauch, die Männchen an ihren Liebesspielen erkennen. Das Ablaichen dauert 2 bis 3 Stunden, an Eiern können bis zu 250 Stück abgelegt werden. Nach dem Schlüpfen, das nach 24 bis 28 Stunden erfolgt, heften sich die Jungfische mit einem besonderen Fortsatz an die Wände des Beckens und an die Blätter von Pflanzen. Nach sechs Tagen beginnen sie frei zu schwimmen und akzeptieren als Nahrung problemlos frisch geschlüpfte *Artemia*-Nauplien.

TECHNISCHE TIPPS

Diese Spezies fühlt sich in einem nicht zu großen Becken wohl, das aber reich an Vegetation, vor allem an Schwimmpflanzen, sein muss und außerdem viele Verstecke und genügend Freiraum zum Schwimmen bieten soll. Das Bodenmaterial muss dunkel sein. Die Wassertemperatur soll zwischen 24 und 28 °C betragen, bei einem pH-Wert von 5,5 bis 6,5 und einer Härte zwischen 2 und 6 °dGH.

Tanichthys albonubes

Bei vielen Aquarianern gilt diese Art schon seit langem als eine der beliebtesten Aquarienfische. Im Vergleich zum Großteil der gebräuchlichsten Zierfischarten braucht diese Spezies eher niedrigere Wassertemperaturen: ihr natürliches Habitat bilden nämlich die Gebirgsbäche ihrer Heimat China, wo sie plötzlich auftretende Temperatursprünge aushalten muss. Der Körper dieser Art ist sehr schlank und hat ein fast zylindrisches Aussehen. In der Natur weist die Wildform eher schwach entwickelte Flossen auf, aber zahlreiche Varietäten, die bei der Zucht durch Kreuzungen erzielt wurden, haben mehr oder weniger gut entwickelte Schleierflossen. Der Mund ist oberständig, klein und ohne Barteln. Die Färbung ist je nach Herkunft der Tiere unterschiedlich, generell variiert die Färbung des Rückens in den Farben Olivgrün bis Braun; der blaue Streifen, der sich vom Auge bis zum Schwanzstiel zieht, wird von einer silbrigen Linie gesäumt. Schwanz- und Rückenflosse sind rot gestreift, während die anderen Flossen fast völlig durchsichtig sind. Die Färbung verblasst mit zunehmendem Alter. Die Weibchen sind größer und robuster.

NAHRUNG In der Natur sind Kardinalfische vorwiegend Insektenfresser, nehmen aber im Aquarium sowohl Lebend- als auch Trockenfutter an.

VERHALTEN Tiere dieser Art sind lebhafte, aber friedliche Fische, die sich in der Gruppe wohl fühlen und sich gerne nahe der Wasseroberfläche aufhalten.

FORTPFLANZUNG Die Nachzucht erfolgt verhältnismäßig leicht in einem eigenen Becken, wo das Männchen sofort beginnt, dem Weibchen zu folgen. Das Ablaichen findet zwischen den Pflanzen statt; das Schlüpfen erfolgt nach 48 bis 60 Stunden. Nach drei oder vier Tagen schwimmen die Jungfische frei herum und müssen dann mit sehr kleinem Lebendfutter oder pulverisiertem Trockenfutter ernährt werden. Nach einer Woche ist es möglich, an die Fischchen *Artemia*-Nauplien zu verfüttern. Ein Rat: Um die Jungen bei guter Gesundheit zu halten, ist es notwendig, immer wieder einen teilweisen Wasserwechsel vorzunehmen und den Boden des Beckens abzusaugen, um alle Futterreste und *Detritus* zu eliminieren. Die Fische erreichen im Alter von ca. einem Jahr die Geschlechtsreife.

TECHNISCHE TIPPS

Das Becken für diese Art kann auch klein sein, sofern der Bodengrund aus feinem dunklem Sand besteht. Es ist empfehlenswert, entlang der Wände viele Pflanzen mit feinen Blättern zu setzen und dazwischen genügend Raum zum Schwimmen zu belassen. Die Spezies stellt keine besonderen Ansprüche, was die chemophysikalischen Eigenschaften des Wassers anbelangt: die Temperatur sollte zwischen 18 und 22 °C liegen, bei einem neutralen pH-Wert und einer Härte um 15 °dGH.

Visitenkarte

Deutscher Name
Kardinalfisch

Herkunft
China (Kanton, Hongkong)

Körperlänge
bis zu 4 cm

Haltung
einfach

Aufenthaltsbereich
Beckenoberfläche und -mitte

Vergesellschaftung
möglich

Cobitidae

Cobitiden sind in Europa und Asien beheimatete kleine Fische mit länglichem Profil, deren Haut mit Schleimdrüsen übersät ist. Die Seiten des unterständigen Mundes sind von einer variablen Anzahl von Barteln umgeben, die sich als Sitz außergewöhnlicher Sinnesorgane zum Lokalisieren von versteckter Beute erweisen. Nahe der Augen und in manchen Fällen auch auf den Kiemendeckeln zeigen gewisse Arten kleine, aufstellbare und sehr spitze Stacheln, die zur Verteidigung dienen oder dazu benützt werden, um sich in Verstecke hinein-zuzwängen. Diese Fische führen ein benthales Leben am Grund von Teichen, Seen oder Flüssen mit sehr langsamer Strömung, vorzugsweise dort, wo die Vegetation sehr dicht ist; tagsüber verbleiben die Tiere manchmal eingegraben im Substrat, um erst während der Dämmerung aktiv zu werden und auf die Jagd nach Insektenlarven oder kleinen Würmern zu gehen. Sie können Luftsauerstoff aufnehmen, indem sie an die Oberfläche steigen, um dort nach Luft zu schnappen.

Botia
lohachata

Botia macracantha

In der zoologischen Systematik sind die wissenschaftlichen Namen, welche man den Tieren gegeben hat, nicht selten von Merkmalen abgeleitet, die die jeweilige Spezies besonders auffällig kennzeichnen: in diesem Fall weist der Artname *macracantha* auf das Vorhandensein eines großen Sta-

chels (unter dem Auge) hin. Der Körper ist leicht zusammengedrückt, mit einem geraden Bauch und einem leicht gekrümmten Rücken. Der Kopf ist ziemlich groß und weist große Augen und einen unterständigen, mit Barteln versehenen Mund auf. Die Flossen sind eher klein, mit Ausnahme der Schwanzflosse, die breit und in der Mitte gegabelt ist. Die Grundfärbung ist Gelb, durchbrochen von drei schwarzen keilförmigen Bändern, die vertikal über den Körper verlaufen: das erste in Höhe des Auges, das zweite hinter den Brustflossen und das dritte von der Rücken- zur Afterflosse. Bauch- und Brustflossen sowie der Schwanz sind orangerot; Rücken- und Afterflosse sind hellgelb, vom Band schwarz durchzogen.

NAHRUNG Das Futter der Prachtschmerlen sollte aus *Detritus, Tubifex* und Flockenfutter bestehen, muss aber auch mit pflanzlicher, aus Algen bestehender Nahrung ergänzt werden.

VERHALTEN Diese Tiere sind relativ friedliche Schwarmfische, es ist aber angesichts der Größe, die sie erreichen können, besser, das Becken nicht mit zu vielen Exemplaren zu besetzen und die Fische auch nicht mit allzu kleinwüchsigen Arten zusammenleben zu lassen. Als Jungtier leidet er sehr an Einsamkeit, es empfiehlt sich daher, ihn in Gesellschaft von Individuen derselben Spezies zu halten. Diese Fische wühlen gerne im Bodengrund, was im Aquarium oft Probleme ästhetischer Natur schafft.

FORTPFLANZUNG Die Bedingungen für eine erfolgreiche Fortpflanzung sind unbekannt.

TECHNISCHE TIPPS

Prachtschmerlen sind nicht besonders anspruchsvoll, was Härte und Säuregrad des Wassers betrifft. Die Temperatur sollte zwischen 22 und 26 °C betragen.

Acanthophthalmus myersi

Visitenkarte

Deutscher Name
Dornauge

Herkunft
Thailand

Körperlänge
bis 8 cm

Haltung
einfach

Aufenthalts-bereich
Beckenboden

Vergesell-schaftung
möglich

Diese thailändische Art weist einen sehr langen, schlangenförmigen Körper mit stark reduzierten Flossen auf. Der unterständige Mund mit drei Paar Barteln ist typisch für alle Fischarten, die sich von am Boden liegenden *Detritus* ernähren. Die Grundfärbung ist Gelblich und wird von etwa elf dunklen, zum Bauch hin mehr oder weniger spitz zulaufenden, vertikalen Bändern durchbrochen. Das Weibchen unterscheidet sich vom Männchen durch ihren größeren Körper.

NAHRUNG Vertreter dieser Spezies sind Allesfresser; sie ernähren sich daher sowohl von Lebend- als auch von Trockenfutter, sofern es fein zerkleinert ist. Das dargebotene Futter muss sich aber auf dem Boden ablagern. In der Kost sollten auch pflanzliche Nahrungsmittel enthalten sein, wie Salat und Spinat, auch tiefgefroren und dann aufgetaut.

VERHALTEN Dieser Fisch ist ein ausgezeichneter »Putzer« und verbringt fast den ganzen Tag zurückgezogen unter den Stämmen oder Steinen. Erst in den Nachtstunden wird das Tier besonders aktiv, wenn jede Ecke des Aquariums auf der

Suche nach Futter durchstöbert wird. Eine sehr ruhige Spezies, die im Zusammenleben mit anderen friedliebenden Arten weder Probleme hat noch solche verursacht.

FORTPFLANZUNG Im Aquarium ist eine Vermehrung dieser Tiere praktisch unmöglich. In der Natur laicht das Weibchen an der Wasseroberfläche ab, und die Eier, die eine charakteristische glänzend grüne Färbung haben, bleiben dann an den Wurzeln und an den Blättern der Schwimmpflanzen kleben.

ANMERKUNG Die Arten der Gattung *Acanthophthalmus* genießen bei den Aquarianern wegen ihrer Besonderheiten eine gewisse Beliebtheit; allerdings passiert es bisweilen, dass die Tiere im Substrat verschwinden und dabei sogar unter das Filtergitter unter dem Sand geraten. Dabei besteht die Gefahr, in den äußeren Filter gesaugt zu werden. Es empfiehlt sich, drei oder vier Exemplare im Becken zu halten, denn einzelne Individen lassen sich nur selten im offenen Wasser blicken.

TECHNISCHE TIPPS

Das Becken für Dornaugen sollte eine Kapazität von mindestens 80 Litern und einen dunklen und weichen Bodengrund haben, der mit feinem Sand, Kies oder Erde bedeckt ist sowie einen reichen Bestand an Wasserpflanzen aufweisen. Die Beleuchtung muss schwach, die Sauerstoffanreicherung gut sein, die Wassertemperatur sollte zwischen 23 und 25 °C liegen, bei einem pH-Wert um 6,5 bis 7 und einer Härte zwischen 5 und 10 °dGH. Wichtig ist ein guter Filter und häufig ein teilweiser Wasserwechsel.

Siluridae

Die Arten der Familie Siluridae sind in Amerika, Asien und Europa verbreitet und zeichnen sich durch einen schlanken, drehrunden Körper aus, der vom Kopf zum Schwanz hin gleichmäßig dünner wird. Die Augen sind eher klein, der bei einigen Spezies riesige Mund ist an den Seiten mit langen Barteln versehen. Die Brustflossen weisen bei manchen Arten hornige Strahlen auf, die in spitze Dornen auslaufen; diese können, verbunden mit Giftdrüsen, schwere und schlecht heilende Verletzungen hervorrufen. Die Rückenflosse ist

stark reduziert, anders als die Afterflosse, die fast immer ziemlich gut entwickelt ist und über die gesamte Bauchseite entlangzieht. Die Haut ist schuppenlos und reich an Schleimdrüsen, deren Sekret den Fischen eine außerordentliche Schlüpfrigkeit verleiht. In der Aquaristik schätzt man nur wenige Arten von Welsen: unter diesen fallen besonders die Glaswelse der Gattung Kryptopterus *auf.*

Kryptopterus
bicirrhis

Kryptopterus bicirrhis

Mit Sicherheit ist der Indische Glaswels eine der ungewöhnlichsten Arten, die in einem Aquarium beobachtet werden können. Seinen Namen verdankt dieser Fisch der Durchsichtigkeit seines Körpers, die sogar Skelett und innere Organe deutlich erkennen lässt. Der Körper ist seitlich stark zusammengedrückt und länglich, der Kopf ist klein, der unterständige Mund mit zwei langen Bartfäden auf der Oberlippe versehen. Die Rückenflosse ist auf den ersten Strahl reduziert, während die Afterflosse die gesamte Bauchpartie einnimmt; die dreieckigen Brustflossen sind gut entwickelt, während die Bauchflossen sehr klein sind. Der Schwanz ist gegabelt. Der silbrige Kopf setzt sich deutlich vom restlichen transparenten Körper ab. Auf dem Kleid sind oft kleine schwarze Punkte zu beobachten.

NAHRUNG Diese Welsart ernährt sich vorzugsweise von Lebendfutter, gibt sich aber auch mit Frisch- oder Trockenfutter zufrieden, wie etwa tiefgekühlten Roten Mücken oder dehydrierten Daphnien.

VERHALTEN Diese Tiere leben gerne in kleinen Gruppen, die aus Individuen derselben Spezies bestehen, eng zusammen. Sie können praktisch unbeweglich verharren und bewegen dabei ständig die Flossen, um den hinteren Teil ihres Körpers im Gleichgewicht zu halten. Die Fische zeigen ein ruhiges Wesen und schwimmen gerne langsam herum.

FORTPFLANZUNG Im Aquarium sind bisher noch keine positiven Zuchtergebnisse erzielt worden.

TECHNISCHE TIPPS

Indische Glaswelse benötigen ein großes Becken mit reicher Vegetation und mit großen Freiräumen, wo sie vorzugsweise in der Mitte des Beckens in der Gruppe schwimmen können. Die Temperatur muss zwischen 20 und 25 °C liegen, der pH-Wert sollte neutral sein, die Härte 10 bis 20 °dGH betragen.

Callichthydae

Die Vertreter dieser südamerikanischen Fischfamilie werden weniger wegen ihrer Schönheit als Aquarienbesatz ausgewählt als vielmehr aufgrund ihrer Gewohnheit, sich mit großem Eifer über dem Bodengrund des Beckens hin und her zu bewegen und diesen dabei von jeder Verunreinigung zu säubern, sodass sie nicht nur sich selbst, sondern auch allen ihren Mitbewohnern ein gesünderes Leben ermöglichen. Ein Beispiel dafür sind die Vertreter der Gattung Corydoras (siehe Foto auf nebenstehender Seite). Sie werden Panzerfische genannt, weil Kopf und Körper mit ziemlich dicken Knochenplättchen bedeckt sind. Sie

Corydoras
melanistius

Corydoras panda

Visitenkarte

Deutscher Name
Panda-
Panzerwels

Herkunft
von Kolumbien
bis zum
Rio de la Plata

Körperlänge
bis zu 4,5 cm

Haltung
einfach

Aufenthalts-bereich
Beckenboden

Vergesell-schaftung
möglich

Zur Gattung *Corydoras* gehören verschiedene, bei den Aquarianern wegen ihrer Aktivitäten als »Beckenputzer« besonders geschätzte Fischarten. Im Handel sind davon über 35 Spezies verfügbar unter denen *C. panda,* dessen geflecktes Kleid an den Großen Pandabären erinnert, in letzter Zeit immer größeren Anklang findet. Sein Körper ist kurz und gedrungen, seitlich mehr oder weniger zusammengedrückt, mit einem stark gewölbten Rückenprofil und flachem Bauchprofil (typisch für Fische, die am Boden leben). Der ziemlich große Mund ist mit zwei Barteln versehen. Die allgemeine Färbung ist Beige, dunkler auf dem Rücken und heller auf dem Bauch. Auffällig sind ein durch das Auge verlaufendes schwarzes Band und ein ebenso schwarzer Fleck auf dem Schwanzstiel. Die Flossen sind durchsichtig, mit Ausnahme der schwärzlichen Rückenflosse.

NAHRUNG Diese Art braucht keine spezielle Kost und nimmt häufig dasselbe Futter auf, das auch den anderen Bewohnern des Beckens verabreicht wird.

VERHALTEN Panda-Panzerwelse sind Fische von friedlichem Wesen, die gerne in Schwärmen zusammenleben. Wie andere Fische seiner Gattung ist auch er ein effizienter »Beckenputzer« und lebt ohne Schwierigkeiten mit anderen Arten zusammen.

FORTPFLANZUNG Für die Fortpflanzung dieser Art empfiehlt es sich, eine kleine Gruppe aus drei Weibchen und fünf Männchen in ein vorzugsweise großes Aquarium

haben eine gedrungene Körperform, einen ab-
geflachten Bauch und einen gewölbten
Rücken. Der Mund ist unterständig und mit
langen, beweglichen Barteln auf beiden Lip-
pen versehen. Die erste Rückenflosse und die
Fettflosse sowie die Brustflossen sind mit lan-
gen Stacheln versehen, die ihrerseits mit Gift-
drüsen in Verbindung stehen. Deren Stich ist
für den Menschen ungefährlich, kann aber
starkes Brennen, Schwellungen und Rötungen
verursachen. Während des langen und kompli-

zierten Balzrituals vollführen Männchen und Weibchen eine Art rhythmischen Tanz, indem
sie sich gegenseitig mit den Bauchflossen umklammern. Das Weibchen legt die klebrigen
Eier auf einem geeigneten Substrat ab, das Männchen besamt sie anschließend.

ohne Einrichtung zu setzen. Zunächst bewahrt das Weibchen ihre Eier in einer durch
die gefaltete Bauchflosse gebildeten Tasche auf; hat sie dann einen geeigneten Ort für
die Ablage entdeckt, so öffnet sie diese Tasche, um die Eier zu entlassen, welche
dann auf dem von ihr gewählten Substrat haften bleiben. Nach wiederholten Paarun-
gen werden bis zu 300 Eier abgelegt. Das Schlüpfen erfolgt nach 6 bis 14 Tagen, und
bereits nach einem Tag schwimmen die Jungfische frei herum. Sie brauchen reichlich
Futter, das aus trockenem pulverisiertem Futter auf pflanzlicher Basis bestehen kann;
nach einer Woche ist es möglich, an die Tiere *Artemia*-Nauplien zu verfüttern.

TECHNISCHE TIPPS

Das Wasser im Becken sollte flach sein und sehr langsam strömen, nicht geeignet ist
stehendes und tiefes Wasser. Die Ausstattung des Aquariums muss einen sandigen,
mulmigen Bodengrund aufweisen, der reich an organischem *Detritus* ist, von dem
sich die Fische ernähren, sowie reichlich Pflanzenwuchs haben und Verstecke bieten. Die Wassertemperatur soll bei 24 °C gehalten werden, der pH-Wert neutral sein.

Corydoras aeneus

Wie die anderen Arten der Gattung *Corydoras* weist auch dieser Fisch einen hohen gekrümmten Bauch, einen gebogenen Rücken und einen unterständigen Mund auf. Der Körper ist von zwei Reihen Knochenplatten bedeckt, die ihn vor Angriffen von Raubfischen schützen. Die Brustflossen sind durch starre Stacheln verstärkt, welche die Fortbewegung des Fisches auf dem Bodengrund unterstützen. Auch die Fettflosse hat einen langen Dorn. Die Färbung kann von Individuum zu Individuum variieren und ist im Allgemeinen hell, mit silbrigen, goldenen oder bronzefarbenen Reflexen. Der Rücken ist dunkel, der Bauch spielt ins Rosafarbene. Es gibt eine albinotische Variante mit weiß-rosa Grundfärbung, roten Augen und sehr deutlichen silbrigen Reflexen. Die Weibchen sind allgemein kräftiger gebaut als die Männchen.

NAHRUNG Normalerweise ernährt sich diese Spezies von allen Nahrungspartikeln, die sich auf dem Grund absetzen und den anderen Fischen entgehen. Falls jedoch der Besatz des Aquariums dicht ist, muss man den Panzerwelsen Futter gesondert verabreichen. Sie bevorzugen zartes Futter, das ihre empfindliche Mundhöhle nicht verletzt. Um die Kost abwechslungsreich zu gestalten, sollte Trockenfutter mit Lebendfutter *(Tubifex)* und pflanzlichem Futter abwechseln.

VERHALTEN Panzerwelse sind Schwarmfische, daher empfiehlt es sich, immer eine größere Zahl davon, zumindest sechs Exemplare, gemeinsam zu halten. Sie sind von friedlichem Wesen und zeigen keinerlei Schwierigkeiten beim Zusammenleben mit anderen Arten. Diese Fische halten sich stets nahe dem Bodengrund auf, wo sie im Sand auf der Suche nach Nahrung wühlen. Solcherart erfüllen sie eine wichtige Reinigungsaufgabe und sorgen dafür, dass alle von den anderen Tieren zurückgelassenen Futterreste verzehrt werden.

FORTPFLANZUNG Zu diesem Zweck muss man in ein geeignetes Becken ein Weibchen und zwei Männchen einsetzen, die bereits mit dem Balzverhalten begonnen haben. Dabei ist es notwendig, den Zuchttieren Lebendfutter, vor allem *Tubifex,* zu verabreichen. Bis zum Ablaichen der ca. 100 Eier auf einem Substrat muss die Wassertemperatur zwischen 25 und 28 °C betragen; in der Folge sollte man sie auf 23 bis 24 °C senken. Nach 4 bis 6 Tagen kommen die Jungen zur Welt, die zu Beginn Jungfischfutter und nach einigen Tagen *Artemia*-Larven oder in Wasser aufgeweichtes Flockenfutter fressen.

TECHNISCHE TIPPS

Das Becken für Panzerwelse soll einen weichen Bodengrund, eine üppige Vegetation bieten sowie zusätzlich mit anderen Objekten eingerichtet sein, die den Fischen einen sicheren Unterschlupf gewähren. Die Beleuchtung sollte nicht sehr intensiv sein. Die Wassertemperatur muss zwischen 22 und 25 °C liegen, wobei diese Fische aber auch Temperaturen von 18 bis 20 °C und bis zu 30 °C tolerieren können. Ideal sind ein neutraler pH-Wert und eine Härte zwischen 5 und 10 °dGH.

Hoplosternum thoracatum

Die Körperform dieser Spezies ist typisch für einen bodenlebenden Fisch: dreieckiger Querschnitt, am Bauch abgeflacht, der Rücken gewölbt, mit länglichem Maul und unterständigem, an den Seiten mit langen Barteln versehenem Mund. Die Flossen sind eher kurz. An den Seiten verlaufen zwei Reihen glatter, knöcherner Schuppen. Die Grundtönung ist Sandfarben, belebt durch schwarze, verschieden große Flecken längs der Seiten. Das Kleid des Fisches variiert je nach der Umgebung und auch nach seinem Gemütszustand. Es gibt keine auffälligen Unterschiede zwischen den Geschlechtern.

NAHRUNG Diese Fischart ernährt sich sowohl von Flockenfutter als auch von Frischfutter wie Rote Mückenlarven oder Gemüse.

VERHALTEN Die Tiere sind friedfertig, können aber während der Paarungszeit etwas aggressiv werden; sie fungieren als ausgezeichnete »Reiniger« des Bodengrundes. Gegenüber kleineren Fischen sind sie kaum aggressiv, aber angesichts der Dimension ihres Mauls ist es ratsam, sie nur mit Fischen der gleichen Größe zusammen zu halten.

FORTPFLANZUNG Bei Nachzuchtversuchen im Aquarium hat es bisher noch keine guten Resultate gegeben. In der Natur besteht das vom Männchen gebaute Nest aus Schaum und ist zwischen den Pflanzen versteckt. Das Weibchen wird dorthin gelockt, dreht sich nach einer Reihe von Manövern mit dem Bauch nach oben und entlässt die Eier in das Nest. Das Schlüpfen erfolgt nach 3 bis 4 Tagen; die Jungfische müssen mit frisch geschlüpften *Artemien* oder mit zerkleinertem Futter gefüttert werden.

TECHNISCHE TIPPS

Diese Spezies braucht ein großes Becken mit vielen Verstecken zwischen Steinen und Zweigen auf dem Boden. Das Wasser muss eine Temperatur um 23 bis 24 °C, einen leicht sauren pH-Wert (6,5) und eine Härte von 5 bis 10 °dGH aufweisen.

Visitenkarte

Deutscher Name
Rehbrauner Schwielenwels

Herkunft
Südamerika

Körperlänge
bis zu 20 cm

Haltung
einfach

Aufenthaltsbereich
Beckenboden

Vergesellschaftung
möglich

Cyprinodontidae

Die Vertreter der Familie Cyprinodontidae sind Fische von sehr geringer, ja winziger Körpergröße, die meistens ein buntes Kleid aufweisen, was diese Arten bei den Aquarianern sehr beliebt macht. Aussehen und Körperform der diversen Arten sind äußerst unterschiedlich, neben wendigen, schlanken gibt es auch gedrungenere und robuste Arten. Der Mund ist endständig und vorstülpbar, mit kleinen konischen oder spitzen Zähnchen, die in mehreren Reihen angelegt sind. Die Flossen zeigen sich gewöhnlich außerordentlich gut entwickelt und sind manchmal sehr groß, mit Ausnahme der Brustflossen. Fast immer ist ein gewisser Geschlechtsdimorphismus zu beobachten, wobei die Männchen durchschnittlich größer und bunter gefärbt sind als die Weibchen. Es handelt sich bei allen Arten um eierlegende Fische, ihre Vermehrungsstrategien variieren von Art zu Art.

Aphyosemion
bivittatum

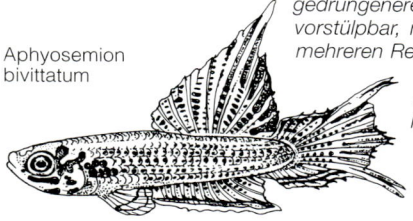

Aplocheilus lineatus

Visitenkarte

Deutscher Name
Streifen-
hechtling

Herkunft
Indien und
Sri Lanka

Körperlänge
bis zu 10 cm

Haltung
einfach

**Aufenthalts-
bereich**
Beckenober-
fläche

**Vergesell-
schaftung**
mit Arten
derselben Größe
möglich

Diese indische Spezies weist die typische Form von nahe an der Wasseroberfläche lebenden Fischen auf, mit abgeflachtem Kopf und Rücken sowie einer weit hinten in der Nähe des Schwanzstiels angesetzten Rückenflosse. Die Brustflossen sind von bemerkenswerter Größe und be-

sonderer Robustheit, während die Bauchflossen klein sind. Der Schwanz ist spatelförmig verlängert, die Afterflosse beträchtlich entwickelt. Der obere Teil des Körpers weist eine braun-olivgrüne Färbung auf, während der Bauch einschließlich Brust- und Bauchflossen gelb gefärbt ist; die Seiten sind rotbraun und reichlich mit goldenen Punkten übersät. Alle Flossen haben rötliche Schattierungen. Das Weibchen ist kleiner und heller gefärbt, die 6 bis 10 vertikal verlaufenden schwarzen Streifen sind deutlicher. Die Rückenflosse zeigt an ihrem Ansatz einen schwarzen Punkt.

NAHRUNG Diese Spezies ernährt sich vorzugsweise von Insekten, die sie in ihrem Habitat fängt, indem sie ihre Beute knapp über der Wasseroberfläche springend erhascht. Im Aquarium kann die Kost aus jeglicher Futterart bestehen.

VERHALTEN Diese Tiere sind sehr aggressive Raubfische. Es ist daher ratsam, sie nur mit Exemplaren derselben Größe gemeinsam zu halten. Die Männchen drohen einander mit Imponiergehabe, bekämpfen sich aber nicht ernsthaft.

FORTPFLANZUNG Ein Zuchtpaar, welches in ein Aquarium von ca. 30 Litern Inhalt eingesetzt wird, laicht gewöhnlich in Abständen von mehreren Wochen ab. Die Eier sollten in kleinen Behältern erbrütet werden, wobei man für häufigen Wasserwechsel sorgen muss. Die Jungfische schlüpfen nach 12 bis 18 Tagen und müssen dann in ein Aufzuchtbecken transferiert werden.

TECHNISCHE TIPPS

Die Wassertemperatur sollte zwischen 24 und 28 °C betragen, die Härte niedrig (5 °dGH) und der pH-Wert leicht sauer (6 bis 6,5) sein. Die Beleuchtung muss spärlich sein. Das Becken sollte immer abgedeckt sein, da die Fische aus dem Wasser springen.

Epiplatys chaperi

Visitenkarte

Deutscher Name
Querband-
hechtling

Herkunft
Afrika,
von Sierra Leone
bis Ghana

Körperlänge
bis zu 6,5 cm

Haltung
einfach

Aufenthalts-bereich
Beckenober-
fläche

Vergesell-schaftung
mit Arten
gleicher Größe
möglich

Der Name der Gattung *Epiplatys* bezieht sich auf das fast gerade Profil der oberen Körperpartie, eine Körperform, welche in der Natur eine nützliche Anpassung an das Leben an der Wasseroberfläche darstellt. Der Körperbau ist spindelförmig, mit typischerweise oberständigem Mund. Die Flossen sind gut entwickelt, ebenso der Schwanz, die Rückenflosse setzt weit hinten an. Das Kleid ist gelb-olivfarben, von 5 bis 6 schwarzen unvollständigen Querstreifen gezeichnet. Das Männchen weist eine leuchtendere Färbung als das Weibchen auf, sein Rücken ist mit zahlreichen roten Fleckchen versehen, der Unterkiefer ist leuchtend rot gefärbt. Darüber hinaus ist der untere Lappen der Schwanzflosse zu einer kurzen Spitze verlängert. Das Weibchen ist kleiner und weist auch weniger gut entwickelte Flossen auf.

NAHRUNG Diese Fische nehmen ohne Probleme jedes Lebendfutter an, wie *Tubifex,* Larven von Wasserflöhen, *Cyclops, Drosophila*-Fliegen, kleine Fischchen, aber auch getrocknetes Futter.

VERHALTEN Es sind sehr friedliche Fische, welche keine Schwierigkeiten im Zusammenleben mit anderen Arten zeigen. Trotz ihrer geringen Körpergröße sind sie flinke Räuber und im Stande, auch Fischchen zu verschlingen. Es empfiehlt sich daher, sie nur mit Tieren gleicher Größe zu vergesellschaften.

FORTPFLANZUNG Diese Spezies vermehrt sich mit Erfolg auch im Aquarium. Man muss dazu das Zuchtpaar in ein Becken mit sehr eingefahrenem Wasser und mit flutenden Pflanzen setzen. Das Weibchen entlässt die Eier einzeln, insgesamt 15 bis 10 im Laufe des Tages, die sofort vom Männchen besamt werden und an den Pflanzen haften. Das Paar ist im Stande, mehrere Wochen hindurch an je einem Tag in der Woche abzulaichen. Die Eier müssen aber jedesmal in einen seichten Behälter transferiert werden, der mit Wasser aus dem Ablaichbecken gefüllt ist. Das Schlüpfen erfolgt nach 15 bis 20 Tagen, die Jungfische müssen mit *Artemia*-Nauplien gefüttert und in separierten Becken gehalten werden, bis sie genügend gewachsen sind, um ins große Aquarium gesetzt zu werden.

ANMERKUNG *Epiplatys chaperi* wird auch *Epiplatys dageti monroviae* bezeichnet.

TECHNISCHE TIPPS

Das Becken für diese Spezies sollte reich an Vegetation sein, mit verschiedenen flutenden Pflanzen. Die Wassertemperatur muss zwischen 24 und 28 °C betragen, bei einem leicht sauren pH-Wert und einer Härte nicht über 10 °dGH.

Poeciliidae

Fische der Familie Poeciliidae sind in den tropischen und subtropischen Regionen Amerikas beheimatet. Von der Systematik her ist sie sehr artenreich und komplex und umfasst Spezies, die in Gestalt und Aussehen überaus unterschiedlich und manchmal sehr ungewöhnlich sind. Es handelt sich dabei um Fische mit sehr geringer Körpergröße und mit auffallend buntem Kleid, vor allem bei den Männchen. Es zeigt Flecken und Streifen, die einen interessanten Kontrast zur Grundfärbung bilden. Die Weibchen sind ovovivipar, d. h., sie bringen lebende Junge zur Welt, die Männchen begatten sie mittels ihrer Afterflosse, die in ein Begattungsorgan umgewandelt ist (Gonopodium). Die Eibefruchtung findet im Körperinneren statt. Nach einer Tragzeit von wenigen Wochen bis zu mehreren Monaten werden zahlreiche Jungfische geboren, die nur wenige Millimeter groß, aber dennoch bereits im Stande sind, auf Futtersuche zu gehen. Der Mund der Poeciliiden ist generell

Xiphophorus variatus

Derzeit stammen alle auf dem Markt verfügbaren *Platy*-Rassen aus Kreuzungen von *Xiphophorus maculatus* (S. 176) mit *X. variatus,* wobei der ursprüngliche Stammvater die Art *X. helleri* ist (S. 174). Diese Arten und Varietäten sind untereinander im Lauf der Zeit so intensiv gekreuzt worden, dass eine sichere Benennung der Kreuzungsprodukte mit wissenschaftlichen Artnamen manchmal unmöglich erscheint. Aquarianer sollten sie weiterhin nur für die Formen verwenden, die den Ausgangsarten noch am ähnlichsten sind. Die häufigste und am einfachsten zu beschaffende Spielart zeigt einen sehr veränderlichen Körperbau, der jedoch immer jener der Spezies *X. helleri* sehr ähnlich ist und sich nur durch das Fehlen der Schwanzverlängerung von ihr unterscheidet. Der Kopf läuft leicht spitz zu, der Mund ist oberständig. Im Allgemeinen zeigen die Männchen ein in diversen Rottönen intensiv gefärbtes Kleid mit mehr oder weniger ausgebreiteten Flecken oder mit Netzzeichnung, und zwar je nach Variante. Die Weibchen hingegen sind unauffällig und oft recht eintönig graubraun gefärbt. Die Männchen sind zarter und weisen eine zum Gonopodium umgewandelte Afterflosse auf.

NAHRUNG Papageienplatys sind allesfressende Fische und nehmen jede Futterart an, sofern sie genügend klein und reich an pflanzlichem Material ist. Um eine volle Entfaltung ihrer wunderschönen Farben zu erreichen, empfiehlt es sich, karotinreiche Nahrung zu verfüttern.

oberständig, die Kiefer sind mit winzigen spitzen Zähnen versehen. Die Nahrung besteht aus kleinen Insekten und Insektenlarven; zahlreiche Arten sind auf Stechmückenlarven als Beute spezialisiert und werden daher in verschiedenen Ländern der Welt als biologische Waffe gegen die gefährliche Anophelesmücke eingesetzt, die für die Übertragung der Malaria verantwortlich ist. So wurde zum Beispiel in Italien die Art Gambusia affinis, welche im Süden der Vereinigten Staaten beheimatet ist, für die Säuberung bedeutender Sumpfgebiete von Anopheles eingeführt. Es handelt sich dabei um Schwarmfische, die gerne in kleinen Gruppen versammelt sind, sodass sie, einzeln gehalten, vereinsamen und sterben. Die Männchen beginnen oft kleinere Scharmützel, um sich die Vorherrschaft im Schwarm zu sichern.

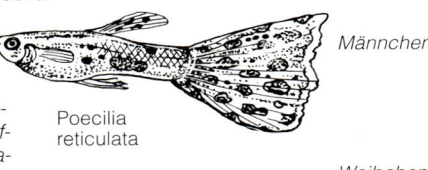 Männchen

Poecilia reticulata

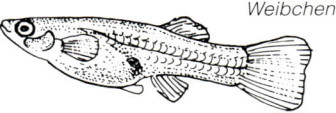 Weibchen

VERHALTEN Es handelt sich um eine friedliche und im Aquarium gesellige Spezies. Oft inszenieren Männchen einen harmlosen Streit, was nichts mit den Drohgebärden anderer Fische zu tun hat.

FORTPFLANZUNG Die Besamung und Befruchtung der Eier erfolgt im Körper des Weibchens. Sobald die Eier in den Eileiter gelangen, werden sie mit Hilfe des Gonopodiums vom Sperma des Männchens befruchtet. Die Embryonen durchlaufen ihre Entwicklung im Körper der Mutter. Die Jungtiere verstecken sich gleich nachdem sie zwischen den Pflanzen zur Welt gekommen sind, in geschützten Bereichen. Das trächtige Weibchen sollte knapp vor der Geburt in einem besonderen Becken isoliert werden, auch wenn sie dort unter dem Mangel an Freiraum leidet. Den Jungfischen muss geeigneter Futterbrei verabreicht werden, allerdings nur in geringen Dosen.

TECHNISCHE TIPPS

Da diese Fische wenig Ansprüche stellen, sind sie für Anfänger besonders geeignet. Einzig wichtig ist eine gute Funktion des Filters, da X. variatus ziemlich sensibel auf das Faulen von im Aquarium vorhandenen organischen Resten reagiert. Die Wassertemperatur kann zwischen 16 und 25 °C variieren, bei einem neutralen oder leicht basischen pH-Wert und einer Härte zwischen 10 und 20 °dGH.

Xiphophorus helleri

Der deutsche Name dieser Aquarienfische leitet sich vom schwertförmig verlängerten Schwanz des Männchens dieser Spezies ab. Der Körper ist länglich, seitlich zusammengedrückt, mit gewölbtem Rückenprofil und abgeflachtem Bauch. Bei der Afterflosse des Männchens sind der dritte, vierte und fünfte Strahl zusammengewachsen und bilden eine Art Trichter, das Gonopodium. Der Schwertträger führt dieses Begattungsorgan in den Geschlechtsapparat des Weibchens ein und legt dort Samenpakete ab, die von diesem

gespeichert werden und in der darauf folgenden Zeit zur Befruchtung mehrerer Würfe dienen. Das Kleid ist auf dem Rücken olivgrün und spielt auf den Seiten und dem Bauch ins Gelbe. Es existieren jedoch viele Farbvarianten, die von Hellgrün bis nach leuchtend Rot gehen. Die Weibchen sind größer. Im schwangeren Zustand weisen sie knapp vor der Geburt einen stark vergrößerten Bauch und einen auffallenden schwarzen Fleck im Afterbereich auf, den so genannten »Trächtigkeitsfleck«.

NAHRUNG Obwohl es sich um eine allesfressende Spezies handelt, sollte den Tieren vorzugsweise Frischfutter, lebende *Artemien* und Gemüse oder Algen verfüttert werden. Sie gewöhnen sich auch leicht an gemischtes Flockenfutter.

VERHALTEN Schwertträger sind lebhafte, aber friedliche Fische, die gern in eher großen Gruppen zusammenleben, innerhalb derer zwischen den verschiedenen, vor allem den männlichen, Individuen eine Hierarchie gebildet wird. Wegen der großen Anpassungsfähigkeit sind diese Fische für Anfänger sehr zu empfehlen.

FORTPFLANZUNG Die Eibefruchtung erfolgt im Körperinneren des Weibchens. Da die Eltern dazu neigen, ihre eigenen Jungen zu fressen, sollte ein oder zwei Tage vor der Geburt ein Schutzgitter eingesetzt werden. Schon nach der Geburt können die Jungfische mit pulverisierter Nahrung gefüttert werden.

TECHNISCHE TIPPS

Das Becken für Schwertträger muss mit üppiger Vegetation ausgestattet sein, soll aber auch genügend Freiraum zum Schwimmen, einen Kiesgrund und Verstecke bieten, in die sich die Jungen vor den Angriffen der erwachsenen Fische zurückziehen können. Die Wassertemperatur muss zwischen 22 und 25 °C gehalten werden, bei einem neutralen pH-Wert und einer mittleren bis großen Härte. Der Schwertträger ist eine der wenigen tropischen Arten, die sich für ein Leben in relativ hartem und wenig saurem Wasser eignet.

Xiphophorus maculatus

Visitenkarte

Deutscher Name
Platy

Herkunft
Mexiko und
Guatemala

Körperlänge
Männchen
bis zu 4 cm,
Weibchen
bis zu 6 cm

Haltung
einfach

Aufenthalts-bereich
Beckenmitte

Vergesell-schaftung
möglich

Die Körperform dieser aus Mittelamerika stammenden Spezies ist äußerst varianten-reich: neben schlanken Individuen treten auch seitlich leicht abgeflachte Formen mit hohem Körper auf. Gewöhnlich ist die Rückenflosse sehr betont und weist neun oder zehn Strahlen auf. Der Schwanz ist nicht sehr entwickelt und zeigt ein charakteristi-sches halbkreisförmiges Profil. Wie bei allen Poeciliiden ist die Afterflosse des Männ-chens zu einem Begattungsorgan zur Befruchtung der Eier im Körper des Weib-chens umgewandelt (Gonopodium). Die ursprüngliche Form dieses Platy weist eine eher unauffällige Färbung, Gelblich Braun oder Grün, mit schwarzen Flecken auf. Durch gezielte Selektion entstanden Varianten mit viel lebhafteren Farben: so existie-ren heute rote, gelbe und schwarze Formen mit blauen, korallenroten und grünen Reflexen, auch unterschiedlich marmorierte Tiere usw.

NAHRUNG Platys sind eine allesfressende Spezies, die Trockennahrung und ge-mischtes Futter annimmt, das sowohl tierische als auch pflanzliche Substanzen ent-halten sollte. Um zu vermeiden, dass die Fische den Pflanzen im Aquarium schaden, muss man ihnen auch frisches pflanzliches Futter verabreichen, wie z. B. Algen, Spi-nat und Salat.

VERHALTEN Platys eignen sich sehr für Gesellschaftsaquarien: es zeigt sich näm-lich, dass sich die Tiere in Gesellschaft von Artgenossen ebenso wohl fühlen wie zu-sammen mit Individuen anderer Arten, sofern diese klein und nicht aggressiv sind.

FORTPFLANZUNG Die Befruchtung der Eier erfolgt im Körperinneren der Weib-chen: das Männchen führt sein Gonopodium dazu in den Körper des Weibchens ein, um dort seine Samenpakete abzugeben. Sobald man bemerkt, dass ein Weibchen trächtig ist, sollte man es in einem anderen Becken isoliert halten. Nach der Geburt muss die Mutter aber sogleich in das Zuchtaquarium zurückgesetzt werden, um zu vermeiden, dass sie ihre eigenen Jungen frisst; diese können mit demselben Futter wie für die erwachsenen Tiere gefüttert werden, aber nur in pulverisierter Form. Für eine erfolgreiche Fortpflanzung muss das Wasser bei einer Temperatur zwischen 22 und 27 °C gehalten werden.

ANMERKUNG   Einer der für Aquarienliebhaber interessantesten Aspekte ist die Möglichkeit, aus Platys und anderen Arten derselben Familie durch Kreuzung eigene Farbvarianten herauszuzüchten, denn dabei sind beachtenswerte Ergebnisse zu erzielen *(auf dem Foto oben fruchtbare Hybriden, die aus einer Kreuzung zwischen* X. maculatus *und* X. helleri *stammen).*

TECHNISCHE TIPPS

Platys sind besonders für Anfänger geeignete Fische, die weder an das Aquarium noch an die chemophysikalischen Parameter des Wassers besondere Ansprüche stellen. Das Becken kann klein bis mittelgroß sein, gut mit Pflanzen ausgestattet, und sollte den Fischen ein paar Verstecke und genügend Freiraum zum Schwimmen bieten. Die Wassertemperatur kann zwischen 16 bis 30 °C variieren. Das Wasser soll einen neutralen pH-Wert mit einer Härte zwischen 10 und 20 °dGH aufweisen.

Poecilia latipinna

Visitenkarte

Deutscher Name
Schwarzer Molly

Herkunft
Nordamerika

Körperlänge
Männchen
8 bis 10 cm,
Weibchen
10 bis 12 cm

Haltung
einfach

Aufenthalts-bereich
Beckenober-fläche
und -mitte

Vergesell-schaftung
möglich

Diese in ihrer Wildform von den Vereinigten Staaten bis Mexiko verbreitete Spezies ist heute in vielen durch Zucht entstandene Varietäten in buntesten Färbungen erhältlich. Der Körper ist ziemlich lang und seitlich abgeflacht, der Rücken vom Ansatz der Rückenflosse an gewölbt. Letztere ist sehr hoch und erstreckt sich fast bis zum Beginn des Schwanzes; die Brustflossen sind breit, während die Bauchflossen eher klein sind. Beim Männchen ist die Afterflosse in ein Begattungsorgan, das Gonopodium, umgewandelt. Der Kopf ist klein, der Mund oberständig. Das Weibchen ist größer als das Männchen und zeigt ein runderes Profil. Die wild lebende Form zeigt ein olivgrünes Kleid mit irisierenden Reflexen an den Seiten und bei einigen Individuen mit schwarzen Flecken. Aus diesen Tieren wurden z. B. der sehr bekannte und beliebte Artbastard **Black Molly** *(auf den Fotos)* durch Kreuzung mit *Poecilia sphenops* herausgezüchtet.

NAHRUNG Es handelt sich um allesfressende Fische, die sich von Frisch-, Trocken- und Lebendfutter ernähren. Unbedingt notwendig ist eine Ergänzung der Kost durch pflanzliche Nahrung, wie frisches oder getrocknetes Gemüse.

VERHALTEN Die Vertreter dieser Spezies sind friedfertig und eignen sich zur gemeinsamen Haltung mit anderen Fischen. Entsprechend ihren Anforderungen bezüglich eines gewissen Salzgehaltes des Wassers eignen sich dafür am besten Brackwasserfische.

FORTPFLANZUNG Die Fortpflanzungsbedingungen sind ähnlich denen des Guppy (S. 180). Es ist ebenfalls ratsam, trächtige Weibchen knapp vor der Geburt zu isolieren.

VARIETÄTEN Ausgehend von der ursprünglichen Wildform wurden im Lauf der Zeit durch gezielte Selektion viele Varietäten und Artbastarde von Mollys gezüchtet:

- **Gefleckter Kaudi:** schwarz gefleckt auf orangefarbenem oder auch gelbem Grund;
- **Black Molly:** tiefschwarzer und sehr auffallender Bastard, entstanden durch eine Kreuzung mit *Poecilia sphenops;*
- **Silberne Molly:** einfarbig silbrig weißes Kleid;
- **Goldene Molly:** orangerot gefärbt mit metallischen Reflexen;
- **Grüne Varietät:** durch Verstärkung der natürlichen Färbung herausgezüchtet. Zeigt olivgrünen Rücken, hellen Bauch und dunklere Längsstreifen entlang des Rückens und entlang der Seiten. Der Schwanz und die Rückenflosse weisen Flecken auf einem fast durchsichtigen Hintergrund auf.
- **Albino-Molly,** rosafarben ohne Pigmente.

TECHNISCHE TIPPS

Das Becken für Mollys muss genügend breit sein, mit üppiger Vegetation und Verstecken für die ersten Lebenswochen der Jungen. Da man dem für diese Fische geeigneten Wasser unbedingt einen Löffel Meersalz pro 10 Liter hinzufügen muss, sollte man nicht vergessen, Pflanzen und Tiere auszuwählen, die diesen Salzgehalt auch tolerieren. Wenn das Aquarienwasser zu wenig Salz enthält oder das Futter arm an Pflanzennahrung ist, kann sich eine allgemeine Schwächung einstellen, die sich durch geringere Widerstandskraft gegen Krankheiten und eine verringerte Größe manifestiert. Das Wasser muss eine Temperatur zwischen 25 und 27 °C haben, die Härte um 10 °dGH und der pH-Wert neutral sein.

Poecilia reticulata

Die für Aquarien gezüchteten Varietäten des Guppy weisen nur noch eine geringe Ähnlichkeit mit den Wildformen auf, von denen sie abstammen, sodass sie leicht für eine andere Fischart gehalten werden könnten. Die selektive Zucht hat zu Varietäten in unterschiedlichsten Farben und Formen geführt, einfarbig oder bunt. Der Körper ist spindelförmig, der Schwanzstiel hoch und lang. Der Mund ist leicht oberständig. Die Flossen, besonders die Rückenflosse und der Schwanz, sind besonders breit, vor allem beim Männchen, sie sind pigmentiert und in den verschiedensten Farben gefleckt. Die Rückenflosse setzt in der Mitte des Rückens an, die Bauchflossen und Afterflosse in der Mitte des Bauches. Der lateinische Name leitet sich von der dunklen Zeichnung ab, die auf dem Rücken eine Art Netzmuster bildet. Männchen weisen auf Körper und Schwanz eine auffälligere Färbung auf. Letzterer kann in der Form beträchtlich variieren, es gibt nämlich leierförmige, dreieckige, fächerförmige, schwertförmige, fahnenförmige und spitz zulaufende Ausbildungen. Die Afterflosse ist ebenfalls zu einem Begattungsorgan umgewandelt (Gonopodium). Beim Weibchen, das zumeist einfarbig silbrig weiß ist, erscheint knapp vor der Geburt der Jungfische auf dem Bauch ein großer schwarzer Trächtigkeitsfleck.

NAHRUNG Guppys sind Allesfresser und ernähren sich in der Natur meist von Stechmückenlarven, während die Tiere im Aquarium sowohl Frisch- oder Tiefkühlfutter (Gemüse, *Tubifex*, Rote Mücken) als auch Lebendfutter *(Artemia)* als Nahrung annehmen. Je abwechslungsreicher die Kost, desto farbenprächtiger ist das Aussehen und um so leichter auch die Fortpflanzung dieser Fische.

VERHALTEN Guppys sind lebhafte, friedliche Tiere, die dazu neigen, das gesamte Aquarium in Besitz zu nehmen, indem sie ununterbrochen geschäftig durch die Beckenmitte schwimmen. Da es sich um eine besonders einfach zu haltende und sehr fruchtbare Art handelt, verwenden viele Aquarianer Guppys als Lebendfutter für die Ernährung besonders anspruchsvoller Fische, wie zum Beispiel von Buntbarschen. Es empfiehlt sich daher, die Tiere im Becken mit kleinwüchsigen Arten zu vergesellschaften, wie etwa Zebrabärblingen und Schwertträgern.

FORTPFLANZUNG Guppys sind sehr fruchtbare Fische (daher auch der Name Millionenfisch). Die Befruchtung der Eier erfolgt im Körperinneren der Weibchen. Die

Männchen besitzen ein besonderes Begattungsorgan, das Gonopodium, mit dem sie ihren Samen in den Körper des Weibchens bringen. Sobald die Eier des Weibchens reif sind und zum Eileiter gelangen, werden sie befruchtet und beginnen sich in einem sackartigen Organ innerhalb des mütterlichen Körpers zu entwickeln. Am Ende der Entwicklung werden die Jungen geboren und schwimmen instinktiv zwischen dichtes Pflanzengewirr, um sich in Sicherheit zu bringen. Da sie an die Oberfläche steigen müssen, um die Schwimmblase erstmals mit Luft zu füllen, dürfen sie nicht in zu große und vor allem nicht in tiefe Becken gesetzt werden. Sie können anfangs mit stark zerkleinertem Futter und später mit pulverisiertem Futter ernährt werden, aber immer in bescheidenen Rationen, um das Wasser nicht zu verschmutzen. In der ersten Zeit ist es besser, öfter zu füttern als die Dosis zu erhöhen. Generell ist es ratsam, Weibchen knapp vor der Geburt in ein geeignetes Becken oder in ein kleines Geburtsbecken zu setzen, auch wenn diese sich im letzteren Falle etwas eingeengt fühlen.

ANMERKUNG Gewöhnlich wird von Anfängern der Aquaristik die Art *Poecilia reticulata* als »Einstiegsmodell« ausgewählt, während erfahrenere Aquarianer diese Fische etwas von oben herab betrachten, weil sie so einfach zu halten sind. Dieses Verhalten ist sicherlich ein Fehler, denn Guppys gehören zu den wenigen Fischen, die im Stande sind, ein Becken sehr lebendig und bunt zu gestalten. Außerdem können erfahrene Aquarianer bei der Haltung dieser Tiere feststellen, dass sich mit steigender Erfahrung auch Aussehen und Färbung der Exemplare beachtlich verbessern. Dies kann schließlich zu einem Anreiz werden, sich mit der Zucht neuer Kombinationen und Schattierungen zu befassen.

TECHNISCHE TIPPS

Das Becken für Guppys sollte geräumig sein und üppige Vegetation aufweisen, aber es ist durchaus auch möglich, kleine Aquarien zu verwenden, sofern sie ruhiges Wasser aufweisen. Obwohl es sich dabei um sehr robuste und fast allen unpassenden Umweltbedingungen gegenüber widerstandsfähige Fische handelt, darf die Haltung nicht einfach dem Zufall überlassen werden. Die Spezies gewöhnt sich leicht an unterschiedliche Temperaturen (zwischen 18 und 28 °C, besser zwischen 20 und 25 °C). Das Wasser muss einen hohen Härtegrad aufweisen (von 10 bis 20 °dGH) und einen neutralen pH-Wert haben.

Poecilia velifera

Visitenkarte

Deutscher Name
Segelkärpfling

Herkunft
Mexiko,
vor allem
Halbinsel
Yucatan

Körperlänge
Männchen
bis 15 cm,
Weibchen
bis 18 cm

Haltung
einfach

Aufenthalts-bereich
Beckenmitte
und -oberfläche

Vergesell-schaftung
möglich

Die Spezies unterscheidet sich von *Poecilia latipinna* (S. 178) durch die Form der großen Rückenflosse; *velifera* bedeutet nämlich »segeltragend«. Der Körper ist länglich, aber seitlich leicht zusammengedrückt, mit einem hohen und massiven Schwanzstiel. Der Kopf ist ziemlich klein, mit oberständigem Mund und großen runden Augen. Die Rückenflosse ist stark entwickelt, besonders bei den Männchen; der Schwanz ist breit, mit rundem, konvexem Saum. Die Färbung wechselt je nach Varietät. Bei der am weitesten verbreiteten Form zeigen die Körperseiten, der Schwanz und die - oberseits orange gesäumte - Rückenflosse eine blaugrüne Färbung mit olivgrünen Reflexen, nur durchbrochen von winzigen leuchtenden Punkten. Bei den

Weibchen, die größer und von gedrungenerem Körperbau als die Männchen sind, ist die Färbung stumpfer und dunkel, die Flossen sind durchsichtig. Sehr verbreitet sind auch eine komplett schwarze sowie eine albinotische rosafarbene Varietät. Die Männchen besitzen ein spitz zulaufendes Gonopodium (Begattungsorgan).

NAHRUNG Die Kost für Segelkärpflinge kann sowohl aus Frischfutter als auch aus Flockenfutter bestehen. Es empfiehlt sich auch, kleine Stücke von gekochtem Spinat oder Salat zu verabreichen.

VERHALTEN Segelkärpflinge sind ruhige Fische, welche mit der verwandten Art *Poecilia latipinna* zusammen gehalten werden können, weil sie dieselben Ansprüche bezüglich der chemischen Zusammensetzung des Wassers stellen. Das Balzverhalten der Männchen lässt sich im Aquarium nicht immer beobachten.

FORTPFLANZUNG In Gefangenschaft erweist sich eine Fortpflanzung dieser Tiere als sehr schwierig. Im Aquarium entwickeln die Männchen auch nur selten eine so schöne Rückenflosse, wie sie die wild lebenden Tiere besitzen.

TECHNISCHE TIPPS

Vertreter dieser Spezies brauchen im Becken viele Wasserpflanzen und einen großen Freiraum zum Schwimmen. Nur wenn der zur Verfügung stehende Raum ausreichend groß ist, kann sich bei den Männchen die charakteristische Rückenflosse ausbilden. Die Wassertemperatur sollte zwischen 20 und 24 °C betragen, bei einem neutralen pH-Wert und einer Härte um 10 °dGH. Auch bei dieser Art muss dem Wasser, wie für Mollys, unbedingt eine kleine Dosis Salz beigefügt werden, und zwar ca. ein Löffel pro 4 Liter Wasser.

Channidae

Diese relativ großen, in Asien beheimateten Fische verfügen über ein zusätzliches At-mungsorgan, ähnlich dem Labyrinth der Anabanthidae; sie wurden daher früher der genannten Familie zugezählt. Diese Fische können auch in sehr sauerstoffarmem Wasser leben, denn sie steigen periodisch an die Wasseroberfläche, um dort nach Luft zu schnappen: diese wird durch das Labyrinth aufgenommen und der darin ent-haltene Sauerstoff an das Blut abgegeben. Dieses Organ erlaubt es den Tieren, den natürlichen Sauerstoffmangel ihres Lebensraumes zu ertragen. Die Luft wird dann, wenn sie mit Kohlendioxid gesättigt ist, wieder ausgestoßen.

Channa micropeltes

Der Körper dieses stattlichen Raubfisches ist länglich und spindelförmig und seitlich nur leicht zusammengedrückt. Die Rückenflosse ist besonders stark entwickelt und erstreckt sich fast über den gesamten Rücken vom Kiemendeckel bis zur Schwanz-wurzel. Die Afterflosse ist sehr lang, aber weniger hoch, auch sie verläuft fast den ganzen Bauch entlang. Der Schwanz ist ziemlich breit und zeigt einen halbkreisförmi-gen Saum. Im Laufe seines Lebens verändert der Fisch sein Aussehen beträchtlich, vor allem was das Kleid betrifft. So zeigen die Jungfische bis zu einer Größe von ca. 15 cm eine grellrote Grundfärbung, über die zwei schwarze Längsstreifen verlaufen. Mit fortschreitendem Alter verblasst diese Färbung allmählich, sodass erwachsene Fische mit ihrem silbrig schimmernden Kleid, das mit zahlreichen grau-schwärzlichen Flecken bedeckt ist, nicht mehr besonders attraktiv erscheinen. Ein Geschlechtsdi-morphismus, welcher die Unterscheidung zwischen den Geschlechtern zulassen würde, ist nicht ausgeprägt.

NAHRUNG Vertreter dieser Art sind Raubfische und ernähren sich von allen Arten von Lebendfutter. Größere Exemplare nehmen nur mehr Fische an und gewöhnen sich schwer daran, Fleischnahrung anderer Art zu fressen.

Die Vertreter der Familie Channidae sind geschickte Räuber und dürfen daher nicht in Becken mit kleineren Fischen gesetzt werden. Im Aquarium erweisen sie sich als langlebig und wider- standsfähig. Wenn sie einmal an die Gefangenschaft gewöhnt sind, nehmen die Tiere häufig ihr Futter sogar direkt aus der Hand der Person, die immer füttert. Da die Fische eine be- trächtliche Größe erreichen kön- nen, muss man schon vor der Kaufentscheidung wissen, ob man sie auch halten kann, wenn sie einmal ausgewach- sen sind. Mit zunehmendem Alter verblassen leider Zeichnung und Farben des Kleides.

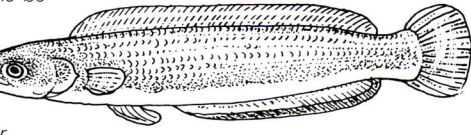

Erwachsener Channa micropeltes

VERHALTEN Die Tiere sind einzelgängerische Raubfische, die wegen ihres manch- mal sehr aggressiven Verhaltens in speziellen Aquarien gehalten werden sollten. Bei dieser Spezies fällt die Aufgabe der Brutpflege den Männchen zu.

FORTPFLANZUNG Eine Eiablage in Gefangenschaft ist nur in Becken möglich, die eine Kapazität von mindestens 100 Litern haben. Die Wassertemperatur sollte zwi- schen 27 und 32 °C betragen. Das Weibchen legt zwischen 2000 und 3000 Eier ab, um die sich, wie schon erwähnt, das Männchen kümmert: es bewacht und verteidigt die Eier und auch die Jungfische bis zum Alter von 4 bis 5 Tagen nach der Geburt. Man muss aber aufpassen, denn die Jungen sind Kannibalen.

TECHNISCHE TIPPS

Das Becken für die Haltung dieser Art muss vor allem genügend groß sein, mit rei- cher Vegetation, feinem Sand als Bodengrund sowie mit ein paar Verstecken zwi- schen Felsen und Pflanzen ausgestattet sein. Diese Spezies weist keine besonderen Ansprüche auf, was die chemophysikalischen Charakteristika betrifft, aber die Tem- peratur darf 26 bis 28 °C nicht übersteigen.

Cichlidae

*Die Cichliden bilden eine artenreiche Familie, mit zahlreichen, vorwiegend in den tro-
pischen Gebieten Amerikas und Afrikas verbreiteten Spezies, die wegen ihres
attraktiven Aussehens und wegen des herrlichen Kleides zu
den geschätztesten Fischen in der Aquaristik zählen.
Was die Vertreter dieser Familie so einzigartig macht,
sind ihre ungewöhnlichen Fortpflanzungsstrategien
und die besondere Brutpflege, die sie ihren Nach-
kommen angedeihen lassen. Vielfach werden die
klebrigen Eier auf das Gewölbe kleiner Grotten oder
einfach auf die Oberfläche glatter Steine oder auf*

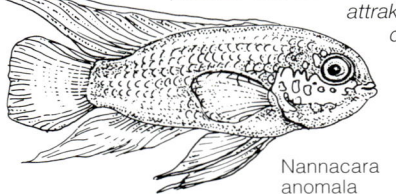

Nannacara
anomala

Apistogramma agassizi

Visitenkarte

**Deutscher
Name**
Agassiz'
Zwergbunt-
barsch

Herkunft
Amazonas-
becken

Körperlänge
bis zu 8 cm,
die Männchen
können größer
werden

Haltung
mittelschwierig

**Aufenthalts-
bereich**
Beckenboden

**Vergesell-
schaftung**
möglich

Die Arten der Gattung *Apistogramma* gehören zur Gruppe der so genannten Kleinen
Cichliden, die nicht nur wegen ihrer geringen Größe, sondern auch wegen ihres wenig aggressiven Temperaments von Aquarianern geschätzt werden, nicht zuletzt
auch deshalb, weil sie nicht die für die Familie typische Angewohnheit haben, den
Bodengrund des Aquariums ständig durcheinander zu wirbeln. *Apistogramma agas-
sizi* zeigt einen länglichen, seitlich leicht zusammengedrückten Körper. Die Flossen
sind stark entwickelt, besonders Rücken- und Bauchflosse, die beide in einer sehr
feinen Spitze enden; der Schwanz des Männchens läuft spitz aus, während der des
Weibchens abgerundet ist. Was die beiden Geschlechter aber am meisten unterscheidet, ist ihre Färbung: das Männchen weist einen gelbbraunen Rücken mit orangefarbenen, grünlich schattierten Seiten auf und zeigt einen schwarzen Längsstreifen, der vom Maul bis zur Schwanzwurzel reicht, aber das Auge frei lässt; das
Weibchen ist hingegen weniger intensiv gefärbt: der Körper erscheint gelblich und
wird von einer mehr oder weniger deutlichen Linie der Länge nach durchlaufen.

NAHRUNG Der Zwergbuntbarsch ist eine allesfressende Spezies, die sowohl Lebendfutter (*Tubifex,* Stechmückenlarven) als auch gefriergetrocknetes Futter und
Flockenfutter als Nahrung annimmt.

VERHALTEN Diese Fische sind revierbildend, aber nicht besonders aggressiv. Sie
können mit Arten derselben Größe problemlos zusammenleben und graben gewöhnlich weder im Bodengrund, noch entwurzeln sie Pflanzen.

FORTPFLANZUNG Das Weibchen legt seine Eier (ca. 150) auf dem Gewölbe einer
dunklen Höhle ab und sorgt dabei für einen ständigen Wasseraustausch, indem es
durch ständige Bewegung der Flossen eine Strömung erzeugt. Gleich nach dem

breite Blätter abgelegt, die zuvor fein säuberlich von jeder Unrein-
heit befreit wurden; in anderen Fällen werden die Eier in kleinen, von den Eltern aus dem Sand gegrabenen Gruben abgelegt. Noch ungewöhnlicher aber sind diejenigen Arten,
welche ihre Eier im Maul ausbrüten. In jedem Fall werden die Jungfischchen ständig teils vom Männchen,
teils vom Weibchen gehütet, wobei die Elterntiere ihnen
liebevoll folgen und bei Gefahr ihre Mundhöhle öffnen,
sodass sich die Jungen blitzschnell darin verstecken
können. Die erwachsenen Fische nehmen Revierverhalten an, und besonders die Männchen verwickeln sich
häufig in heftige, oft grausame Kämpfe mit ihren Rivalen
oder mit Individuen anderer Fischarten, um ihr einmal er-
obertes Revier zu erhalten.

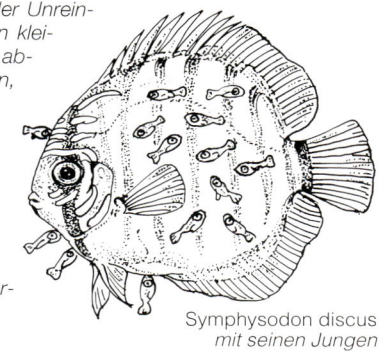

Symphysodon discus
mit seinen Jungen

Schlüpfen werden die Larven sorgsam an die Basis einer im Boden gegrabenen Mul-
de gebracht. Nachdem diese den Nährdotter aus dem Dottersack aufgebraucht haben, können sie mit *Artemia*-Nauplien gefüttert werden, welche am besten mit Hilfe
eines Strohhalmes in unmittelbare Nähe des Schwarms gebracht werden.

TECHNISCHE TIPPS

Das Becken für diese Art sollte mittelgroß (mit einer Kapazität von mindestens 80 Litern) und mit vielen Pflanzen und Verstecken eingerichtet sein. Die Spezies reagiert
besonders empfindlich auf eingebrachte chemische Produkte sowie faulenden
Schmutz und Sauerstoffmangel. Das Wasser sollte eine Temperatur zwischen 23 und
25 °C haben, bei einem pH-Wert von 6 bis 6,5 und einer Härte nicht über 10 °dGH.

Apistogramma cacatuoides

Visitenkarte

Deutscher Name
Kakadu-Zwergbunt-barsch

Herkunft
Surinam und Guyana

Körperlänge
von 4 cm (Weibchen) bis 8 cm (Männchen)

Haltung
schwierig

Aufenthalts-bereich
Beckenboden

Vergesell-schaftung
nicht möglich

Ein weiterer Vertreter der südamerikanischen »Kleinen Cichliden« ist diese Art mit länglichem, seitlich zusammengedrücktem Körper, einem großen Kopf und breitem, endständigem Mund. Die Rückenflosse ist breit und lang und weist, wie auch die Afterflosse, hinten eine spitze Verlängerung auf. Bei den Bauchflossen sind die ersten Strahlen verlängert; der Schwanz ist breit, mit geradem Saum und fadenförmigen Verlängerungen. Die Grundfärbung ist Gelb, mit grünen Reflexen; von den Augen bis zum Schwanz verläuft ein dunkler Längsstreifen. Der Rücken ist braun und weist kurze Bänder auf, die ein wenig über die Seiten reichen, während die Flossen veränderlich in den Tönen Braun und Hellblau gefleckt sind. Die Weibchen sind kleiner und schwächer pigmentiert als die Männchen.

NAHRUNG Kakadu-Zwergbuntbarsche ernähren sich sowohl von Lebend- als auch von Frisch- und Tiefkühlfutter (Rote Mücken und *Tubifex*); nehmen aber keine gefrier-getrockneten oder flockenförmigen Nahrungsmittel an.

VERHALTEN Diese Fische sind von friedlichem Wesen, verteidigen jedoch während der Paarungszeit ihr Revier entschlossen. Sobald die Eier abgelegt sind, kann sich das Weibchen auch seinem Partner gegenüber aggressiv erweisen, und es ist daher ratsam, diesen aus dem Becken zu entfernen. Jedes Männchen ist polygam und be-setzt einen Raum, innerhalb dessen die Reviere von 5 bis 6 Weibchen Platz finden.

FORTPFLANZUNG Das Weibchen legt bis zu 80 Eier innerhalb einer Höhle ab, ge-wöhnlich auf dem Plafond des Gewölbes, und beschäftigt sich anschließend aus-dauernd mit der Brutpflege, wobei es sich manchmal in seinem Unterschlupf sogar einschließt. Das Männchen hat die Aufgabe, sein Hauptrevier zu verteidigen.

TECHNISCHE TIPPS

Vertreter dieser Spezies fühlen sich in Becken mit vielen ruhigen und geschützten Winkeln wohl, wo sie sich zwischen Pflanzen oder Gesteinsbrocken Unterschlüpfe bauen können, in denen von den Weibchen dann die Eier abgelegt werden. Das Wasser sollte eine Temperatur zwischen 24 und 27 °C haben, leicht sauer (mit einem pH-Wert nicht über 6,5) und weich (5 bis 10 °dGH) sein.

Aulonocara nyassae

Visitenkarte

Deutscher Name
Kaiserbunt-
barsch

Herkunft
Malawisee
(endemische
Art)

Körperlänge
bis zu 14 cm

Haltung
mittelschwierig

**Aufenthalts-
bereich**
Beckenboden

**Vergesell-
schaftung**
nicht möglich

Die afrikanischen Seen, in diesem Fall der Malawisee, sind von einer außerordentlich großen Anzahl von Cichliden bevölkert, die in der Aquaristik einerseits wegen ihres herrlichen Kleides und andererseits auch wegen der interessanten elterlichen Fürsorge geschätzt werden, die diese Fische ihrem Nachwuchs angedeihen lassen. Die Mitglieder der Gattung *Aulonocara* haben einen ziemlich hohen und an den Seiten abgeflachten Körper. Auf dem großen Kopf finden sich bei den erwachsenen Exemplaren Furchen, welche die gleiche Wahrnehmungsfunktion wie das Seitenlinienorgan haben. Beim Kaiserbuntbarsch ist das Kleid des Männchens

einschließlich der unpaarigen Flossen intensiv blau mit violetten Schattierungen auf dem Kopf, und je nach Gemütszustand sind an den Seiten auch 9 bis 10 vertikale Streifen mehr oder weniger gut sichtbar. Hinter den Kiemendeckeln liegt eine genau abgegrenzte orange gefärbte Zone; dieselbe Farbe zeigt sich auch auf den Bauchflossen, während die Brustflossen transparent sind. Beim Weibchen ist das Kleid weniger intensiv gefärbt; die Seiten sind grau-braun-grünlich mit metallischen Schattierungen und weisen 9 bis 10 vertikale Streifen auf.

NAHRUNG Kaiserbuntbarsche sind Fleisch fressende Fische, die sich in der Natur von Insektenlarven und kleinen Krebschen ernähren. Im Aquarium nehmen sie jede Art von Futter von geeigneter Größe an, dies aber erst in der Akklimationsphase.

VERHALTEN Vertreter dieser Art sind eher friedfertige Fische, die in der Natur die Küstenregionen bis zu einer Tiefe von ca. 80 m bevorzugen, mit sandigem Boden, wo sich aber auch die Möglichkeit bietet, in den Spalten der Felsen Unterschlupf zu finden.

FORTPFLANZUNG Es existieren keine gesicherten Daten über die Möglichkeiten, eine erfolgreiche Fortpflanzung im Aquarium zu erzielen.

ÄHNLICHE ARTEN Die im Malawisee endemisch vorkommende Art ***A. jacobfreibergi*** *(Feenbuntbarsch, auf den Fotos auf dieser Seite)* weist ein *A. nyassae* sehr ähnliches Kleid auf, von dem sie sich vor allem durch das auffallende gelbe Band unterscheidet, das den oberen Teil des Kopfes zwischen den Augen bis zum Ansatz der Rückenflosse überzieht.

TECHNISCHE TIPPS

Das Becken für Kaiserbuntbarsche sollte genügend groß sein (mindestens 150 Liter) und einige robuste Pflanzen enthalten. Verstecke zwischen Steinen, Felsen, Wurzeln etc. sind unbedingt notwendig. Der Filter muss stets gut funktionieren. Ein regelmäßiger teilweiser Wasserwechsel erweist sich als nützlich; die Beleuchtung darf nicht zu intensiv ausfallen. Die Wassertemperatur sollte bei 24 °C gehalten werden, bei einem pH-Wert von 7,5 bis 8,5 und einer Härte zwischen 15 und 20 °dGH.

Cichlasoma meeki

Visitenkarte

Deutscher Name
Feuermaul-Burtbarsch

Herkunft
Guatemala und Yucatan

Körperlänge
bis zu 15 cm

Haltung
einfach

Aufenthalts-bereich
Beckenboden

Vergesell-schaftung
nicht möglich

Diese Cichlidenart zentralamerikanischer Herkunft ist sehr fruchtbar und vermehrt sich auch in Gefangenschaft leicht. Der Körper weist die typische hochrückige und seitlich abgeflachte Form auf. Das obere Profil erscheint beträchtlich gekrümmt, der Kopf ist groß. Rücken- und Afterflosse beim Männchen sind fadenförmig verlängert, ein Merkmal, das bei den Weibchen völlig fehlt. Die Grundfärbung ist Hellblau-Grau, mit violetten Reflexen; der Rücken ist dunkler, der Bauch auf der hinteren Seite gelblich olivfarben und vorne leuchtend rot gefärbt (eine Farbe, die zum deutschen Namen der Spezies geführt hat). Auf den Seiten verlaufen 5 bis 7 dunkle, ziemlich auffällige Querstreifen sowie eine Linie, die oft von einer Reihe schwarzer Flecken gebildet wird und vom Kiemendeckel bis zur Schwanzwurzel verläuft. In der Körpermitte ist schließlich ein rundlicher schwarzer Fleck zu sehen.

NAHRUNG Diese Spezies bevorzugt Lebendfutter, gewöhnt sich aber auch an gefriergetrocknetes Futter und Flockenfutter. Darüber hinaus nimmt sie auch pflanzliche Nahrung an, allerdings nur in geringeren Mengen.

VERHALTEN Feuermaul-Buntbarsche sind revierbildende Fische und leben paarweise zusammen. Außerhalb der Paarungszeit sind die Tiere nicht aggressiv, es
empfiehlt sich aber, sie nicht mit viel kleineren Artgenossen zu vergesellschaften. Eine
Besonderheit: die Männchen nehmen gegeneinander oft ihre Imponierstellung ein, indem sie die Kiemendeckel spreizen und die Membranen blähen. Diese Fische graben gerne im Bodengrund, beschädigen dabei aber selten die Pflanzen.

FORTPFLANZUNG Diese Buntbarsche bilden feste Paargemeinschaften. Die Geschlechtsreife wird bereits ab einer Länge von 6 bis 8 cm erreicht. Das Weibchen legt
zwischen 100 und 500 Eier auf der Oberfläche von zuvor gesäuberten Steinen ab.
Die Jungfischchen werden anschließend in Gruben gebracht, welche zuvor im Bodengrund ausgegraben wurden. Die Elterntiere können innerhalb eines Jahres mehrere Generationen von Jungfischen heranziehen.

TECHNISCHE TIPPS

Das Becken für Feuermaul-Buntbarsche muss mit feinem Sand, Felsen und Wurzeln
ausgestattet werden, die Verstecke und Unterschlüpfe bieten, es sollte aber auch
genügend Freiraum zum Schwimmen vorhanden sein. Die Wassertemperatur muss
bei 20 bis 23 °C gehalten werden, bei mittlerem pH-Wert und mittlerer Härte.

Etroplus maculatus

Visitenkarte

Deutscher Name
Punktierter Buntbarsch

Herkunft
Süßgewässer und Brackgewässer in Indien und Sri Lanka

Körperlänge
bis zu 8 cm

Haltung
einfach

Aufenthaltsbereich
Beckenmitte und -boden

Vergesellschaftung
möglich

Diese friedliche Cichlidenart aus Indien ist als angenehmer Aquarienbewohner sehr geschätzt, weil diese Fische nie die Vegetation verwüsten. Junge Exemplare weisen noch einen eher länglichen Körper auf, während die erwachsenen einen fast scheibenförmigen Körperbau zeigen, der seitlich sehr stark abgeflacht ist. Die dominierende Farbe des Kleides ist Orangegelb, belebt durch viele kleine rote oder braune Punkte an den Seiten. Über einem großen schwarzen, leuchtend gelb gesäumten Bereich in der mittleren Seitenpartie liegen ovale dunkle Flecken. Die Afterflosse ist vorne von einer schwarzen Zone gezeichnet; die Bauchflossen sind dunkel. Weibchen sind gewöhnlich weniger bunt als Männchen, ihre Rücken- und Afterflossen sind durchsichtig und auch nicht rot gesäumt.

NAHRUNG Punktierte Buntbarsche ernähren sich sowohl von Lebendfutter wie *Tubifex* und Roten Mückenlarven als auch von Trockenfutter.

VERHALTEN Vertreter dieser Art sind ziemlich friedliche Fische, die normalerweise in Paaren zusammenleben. Sie zeigen nicht die Angewohnheit, Pflanzen abzuweiden und den Boden zu durchwühlen. Beide Elternteile widmen sich hingebungsvoll der Brutpflege, indem sie ihre Jungen sogar einige Monate lang betreuen.

FORTPFLANZUNG Im Aquarium ist eine Nachzucht verhältnismäßig einfach zu erzielen, sofern die Zuchtfische nicht mit zu lebhaften Arten zusammenleben müssen, dann empfiehlt es sich nämlich, ein Zucht-Spezialbecken mit mindestens 50 Litern Kapazität zu verwenden. Die Wassertemperatur muss zwischen 25 und 28 °C liegen; und es ist unbedingt notwendig, 5% Meerwasser hinzuzufügen. Die Eier (200 bis 300) werden auf Blättern oder zwischen den Wurzeln, die zuvor gesäubert wurden, abgelegt. Das Schlüpfen erfolgt nach 2 bis 5 Tagen, nach 6 Tagen sind die Jungfische imstande, frei herumzuschwimmen, manchmal heften sie sich an die Seiten ihrer Eltern. Die elterliche Brutpflege zieht sich lange hin. Die Jungen können mit *Artemia*-Nauplien oder mit Trockenfutter gefüttert werden. Die Punktierten Buntbarsche rauben nicht selten Eier und die Jungfische anderer Paare derselben Spezies, niemals aber ihre eigenen.

TECHNISCHE TIPPS

Diese Spezies reagiert besonders empfindlich auf Wasserwechsel. Wenn man etwas Meersalz (1 bis 2 Teelöffel pro 10 Liter) hinzufügt, werden die Tiere widerstandsfähiger. Das Becken sollte mit üppiger Vegetation, einem sandigen Bodengrund und mit Verstecken zwischen den Gesteinsbrocken ausgestattet sein. Die Wassertemperatur muss zwischen 20 und 25 °C gehalten werden, bei einem pH-Wert von 7 bis 7,5 und einer Härte zwischen 10 und 20 °dGH.

Hemichromis bimaculatus

Visitenkarte

Deutscher Name
Roter Buntbarsch

Herkunft
Nil, Niger und Kongo

Körperlänge
bis zu 15 cm

Haltung
einfach

Aufenthalts-bereich
Beckenmitte und -boden

Vergesell-schaftung
nicht möglich

Diese wunderschöne Cichlidenart aus Zentralafrika weist einen nicht besonders hohen Körper auf, ist länglich und an den Seiten abgeflacht, hat einen großen Kopf und eine konvexe Stirn. Rücken- und Afterflosse sind kräftig entwickelt und laufen an den Enden spitz aus. Das Kleid ist sehr variabel, aber gewöhnlich weist diese Spezies jedoch einen braunen Rücken mit grünen Reflexen auf, die Seiten sind grünlich und gelb, und der Bauch zeigt ein helleres Gelb. An den Seiten ist ein dunkler Längsstreifen erkennbar, der sich in Flecken aufteilen kann, manchmal nur zwei, einer davon in der Körpermitte und der andere an der Schwanzwurzel. Während der Paarungszeit nimmt das Weibchen eine intensiv rote Färbung an.

NAHRUNG Der Rote Buntbarsch ist ein Fleisch fressender Fisch, der vorzugsweise Lebendfutter wie *Tubifex,* Rote Mückenlarven oder kleine Fische als Nahrung annimmt. Er gewöhnt sich jedoch auch an tiefgekühltes oder gefriergetrocknetes Futter.

VERHALTEN Im Jugendalter ist es möglich, diese Fische in Gruppen zu halten, während sie in erwachsenem Alter nur paarweise gehalten werden sollen. Sie sind dann ziemlich aggressiv und zeigen großes Vergnügen daran, im Grund zu wühlen und an den Blättern der Pflanzen zu knabbern.

FORTPFLANZUNG Diese Spezies erreicht bereits bei einer Länge von 6 bis 8 cm ihre Geschlechtsreife. Das Weibchen legt die Eier im offenen Raum auf Steinen ab, seltener in Verstecken; die Brutpflege kommt beiden Eltern zu. Die Anzahl der Eier ist sehr groß, das Schlüpfen erfolgt nach 2 bis 5 Tagen; die Jungfische sollten mit *Artemia*-Nauplien und pulverisiertem Trockenfutter ernährt werden. Es empfiehlt sich, Männchen und Weibchen etwa 3 bis 4 Wochen nach dem Schlüpfen der Jungen aus dem Zuchtaquarium zu entfernen.

ANMERKUNG Der Rote Buntbarsch ist eine jener Arten, deren Verhalten besonders genau untersucht wurde, dabei konnte man tatsächlich eine Kommunikation der Fische auf chemischem Wege nachweisen. Das Weibchen kann z.B. die Anwesenheit ihrer eigenen Jungen, auch wenn sie aus ihrem Blickfeld geraten, dank von im Wasser gelösten Substanzen erkennen.

TECHNISCHE TIPPS

Das Becken für diese Buntbarsche muss groß (mindestens 100 Liter) und mit einem Bodengrund aus grobem Kies, vielen Steinen und mit Unterschlüpfen versehen sein. Wasserpflanzen sollten nur wenige, diese aber besonders robust sein. Die Wassertemperatur muss zwischen 22 und 28 °C gehalten werden, bei einem neutralen pH-Wert und einer Härte von mittel bis hoch.

Mesonauta festivum

Dieser in den nordöstlichen Regionen Südamerikas beheimatete Cichlide wird von den Aquarianern einerseits wegen seines friedlichen, manchmal fast furchtsamen Wesens sehr geschätzt, und andererseits weil er nicht die Angewohnheit hat, Wasserpflanzen zu beschädigen. Er weist einen hohen, abgeflachten Körper mit großen, leuchtend roten Augen und mit einem winzigen Mund auf. Bei Rücken- und Afterflosse sind die hinteren Lappen besonders entwickelt und spitz zulaufend. Bei den erwachsenen Tieren sind die Bauchflossen fadenförmig verlängert. Im Allgemeinen ist die Färbung Silbrig Weiß, bei den erwachsenen Fischen nehmen aber sowohl der untere Teil des Kopfes als auch die Seiten eine gelbliche Tönung an, welche von hellgrauen Querstreifen durchbrochen ist. Die Intensität der Zeichnung hängt beträchtlich vom Gemütszustand des Fisches ab. Ein Unterscheidungsmerkmal der Spezies ist ein schwarzer Streifen, der vom Mund ausgehend durch das Auge bis zur Spitze der Rückenflosse hin verläuft. An der Schwanzwurzel ist darüber hinaus ein schwarzer Augenfleck zu beobachten. Die Männchen bilden im Vergleich zu den Weibchen einen robusteren Körperbau und größere Flossen aus.

NAHRUNG Der Flaggenbuntbarsch ist eine allesfressende Spezies, die Lebendfutter (*Tubifex,* Wasserflöhe, Stechmückenlarven, Regenwürmer) und getrocknetes Futter bevorzugt. Es empfiehlt sich, die Kost mit Pflanzlichem wie z. B. Salat zu ergänzen.

VERHALTEN Flaggenbuntbarsche sind von friedlichem Wesen und können ruhig in Becken mit anderen Bewohnern gesetzt werden, sofern diese nicht zu klein sind. Jungtiere können mit vielen Arten von Fischen gemeinsam zusammenleben, erwachsene Exemplare müssen aber paarweise gehalten werden und dürfen nur mit Arten von größerem Körperbau vergesellschaftet werden.

FORTPFLANZUNG Die Fortpflanzung dieser Art erweist sich schwieriger als bei den meisten anderen Cichliden. Das Weibchen legt die Eier (200 bis 500) im Freiwasserbereich auf Steinen auf dem Boden oder auf den Blättern der Wasserpflanzen ab. Die Larven haften mittels eines klebrigen Sekrets auf dem Substrat, beide Eltern kümmern sich um die Brutpflege.

TECHNISCHE TIPPS

Flaggenbuntbarsche sind sehr anpassungsfähige Fische, die ein mindestens 1 m langes Becken brauchen, das mit einer dichten Vegetation von robusten Pflanzen (*Vallisneria, Sagittaria*) ausgestattet ist und Verstecke zwischen Gesteinsbrocken und Wurzeln sowie einige Steine als Substrat für das Ablaichen bietet. Die Wassertemperatur sollte zwischen 20 und 25 °C liegen.

Julidochromis ornatus

Visitenkarte

Deutscher Name
Tanganjika-Zwergbunt-barsch

Herkunft
Tanganjikasee (endemische Art)

Körperlänge
das (größere) Weibchen bis zu 11 cm

Haltung
schwierig

Aufenthalts-bereich
Beckenboden

Vergesell-schaftung
nicht möglich

Die im Tanganjikasee beheimateten Arten der Gattung *Julidochromis* zeigen die eigenartige Fähigkeit, verkehrt herum zu schwimmen, wobei sie ihren Bauch so oft wie möglich der Oberfläche von Felsüberhängen zuwenden. Der Körper ist schlank und spindelförmig, der Kopf spitz und der kleine Mund schräg und ober-ständig. Die Grundfarbe der Spezies variiert von Weißlich bis Goldgelb; die Seiten weisen drei schwarz-braune Längsstreifen auf, wobei der oberste an der Basis der Rückenflosse und der unterste von der Spitze des Mauls über das Auge bis zur Schwanzwurzel verläuft. Die Flossen sind gelblich und hellblau gesäumt oder gefleckt. Die Männchen sind kleiner als die Weibchen, die sich auch durch ihre Schwanzflosse mit dem abgerundeten Saum von Ersteren unterscheiden.

NAHRUNG Als nicht wählerische Allesfresser nehmen diese Fische fast alles als Nahrung an: *Tubifex*, Wasserflöhe, Stechmückenlarven und Flockenfutter. Man sollte jedoch nicht darauf vergessen, gelegentlich auch pflanzliche Lebensmittel wie Spinat und Salat zu verfüttern.

VERHALTEN Vertreter dieser Spezies sind revierbildende Fische, die in Paarbin-dung leben. Generell sind sie friedlich, greifen aber Exemplare derselben Art außerordentlich heftig an. Das Elternpaar pflegt die Jungfische nicht durch beson-dere Brutpflege, offensichtlich schützt es sie aber durch ihr Revierverhalten, weil sich der Nachwuchs mehrere Wochen nach dem Schlüpfen noch immer in der Nähe des Nestes aufhält.

FORTPFLANZUNG Um eine Fortpflanzung im Becken zu ermöglichen, muss die Wassertemperatur um 25 °C betragen, bei einem pH-Wert von 7 bis 7,5 und einer Härte von 15 °dGH. Das Weibchen legt die Eier in leeren Gefäßen mit Was-serpflanzen oder auf sorgfältig gesäuberten Steinen ab. Die Fortpflanzung findet in Abständen von einigen Wochen statt, die Jungfische können aber während der verschiedenen Entwicklungsstadien im selben Zuchtaquarium bleiben. Anfänglich muss das Futter der Jungen aus Nauplien bestehen, in der Folge verabreicht man Stückchen von zerschnittenen *Tubifex*-Würmern.

TECHNISCHE TIPPS

Das Becken für diese Art sollte von mittlerer Größe sein und muss Höhlungen wie etwa leere Gefäße aufweisen, um darin eine Eiablage zu ermöglichen. Das Aqua-rium darf nur robuste Pflanzen (z.B. *Vallisneria*) enthalten. Die Wassertemperatur muss zwischen 22 und 25 °C gehalten werden, bei einem pH-Wert von 7 und ei-ner Härte zwischen 10 und 15 °dGH.

Papiliochromis ramirezi

Früher als der Gattung *Apisto-gramma* zugehörig betrachtet, ist der Schmetterlingsbunt-barsch ein südamerikanischer Kleiner Cichlide mit einem eher länglichen und seitlich abge-flachten Körper. Die Flossen sind ziemlich gut entwickelt (vor allem die Rückenflosse), und der Schwanz zeigt ein ty-pisches trapezförmiges Ausse-hen. Gewöhnlich ist eine Un-terscheidung zwischen den Geschlechtern schwierig. Das kleinere Weibchen weist einen roten Bauch auf, die ersten Strahlen und die Membranen der Rückenflosse sind nicht so lang, die Bauchflossen kürzer. Die sieben dunklen vertikal verlaufenden Bänder des Kleides variieren in ihrer Intensität je nach dem Gemütszustand des Fisches, bis fast zur Unsichtbarkeit hin. Hinter dem zweiten Band ist ein ovaler dunkler seitli-cher Fleck erkennbar, auch dieser in unterschiedlich ausgeprägter Farbintensität. Durch das Auge mit roter Iris verläuft ein schwarzer halbmondförmiger Streifen.

NAHRUNG Diese Cichlidenart nimmt sowohl Lebendfutter als auch gefrierge-trocknetes oder Flockenfutter an.

VERHALTEN Schmetterlingsbuntbarsche sind sanfte Fische, die gewöhnlich paarweise leben. Eine Vergesellschaftung mit lebhaften oder aggressiven Arten ist nicht anzuraten. Beide Elternteile kümmern sich um die Brutpflege, aber ohne Rollenverteilung.

FORTPFLANZUNG Es ist nicht einfach, eine Fortpflanzung dieser Art im Aquari-um zu erzielen. Gewöhnlich besetzt jedes Paar ein Revier und gräbt eine Furche in den kiesigen Bodengrund des Beckens; dann beginnt das Weibchen mit dem Ablaichen der 250 bis 300 Eier, die sofort vom Männchen besamt werden. Die einander regelmäßig in der Brutpflege abwechselnden Eltern sorgen für eine kon-

Visitenkarte

Deutscher Name
Schmetterlings-buntbarsch

Herkunft
Venezuela und Kolumbien

Körperlänge
bis zu 7 cm

Haltung
einfach

Aufenthalts-bereich
Beckenboden

Vergesell-schaftung
nicht möglich

stante Wasserbewegung. Fünf Tage nach dem Schlüpfen beginnen die Jungen zu schwimmen, wobei sie sich in dichten Gruppen versammeln. Die Nahrung der Jungfische kann aus *Artemia*-Nauplien oder jedenfalls sehr kleinem Futter bestehen. Wenn man auf die gute Qualität von Wasser und Futter achtet, wachsen die Jungen gut und schnell: Es ist unbedingt notwendig, Lebendfutter zu verabreichen und das Wasser täglich zu wechseln.

TECHNISCHE TIPPS

Um den Fischen Unterschlupf zu bieten, soll das Becken mit diversen dichten Pflanzengruppen ausgestattet sein, aber es muss auch genügend Freiraum zum Schwimmen vorhanden sein. Die Beleuchtung sollte mittelstark sein, die Wassertemperatur zwischen 23 und 26 °C betragen, bei einem neutralen oder leicht sauren pH-Wert.

Pelvicachromis pulcher

Dieser wunderschöne, aus Kamerun stammende Cichlide, bekannt auch unter dem früheren Namen *Pelmatochromis kribensis,* weist einen spindelförmigen, seitlich leicht abgeflachten Körper auf. Die Flossen sind stark entwickelt und der Schwanzstiel besonders lang. Das Kleid ist ziemlich veränderlich: generell ist die Grundfärbung Gelbbraun, mit roten und bläulichen Schattierungen und einem breiten dunklen Band, das vom Mund bis zum Schwanzstiel verläuft und fast immer von einem goldgelben Streifen gesäumt wird. Bei den Weibchen *(auf Seite 204 unten)* ist die Kehle normalerweise hellblau, während die Bauchregion einschließlich der Flossen leuchtend rot gefärbt ist. Bei den männlichen Exemplaren ist dieser Teil des Körpers leicht rötlich, während die Bauchflossen hellblau sind. Bei den Männchen ist auch die Rückenflosse stärker entwickelt und im hinteren Teil fadenförmig verlängert, während die Afterflosse in einer Spitze endet.

NAHRUNG Kamerun-Prachtbarsche sind eine allesfressende Spezies. In der Natur ernähren sich die Fische vorzugsweise von Wasserflöhen und Stechmückenlarven, während man ihnen in Gefangenschaft auch Trockenfutter verabreichen kann.

VERHALTEN Vertreter dieser Spezies sind relativ aggressive Fische mit typischem Revierverhalten, daher ist eine Vergesellschaftung nur mit Cichliden derselben Größe und nur in speziellen Aquarien ratsam. Im Allgemeinen leben die jungen Individuen in Schwärmen, während die erwachsenen Paare bilden und sich strikt innerhalb eines genau markierten Reviers aufhalten.

FORTPFLANZUNG Das Weibchen legt die Eier (140 bis 180) auf großen Steinen ab; das Schlüpfen erfolgt nach 2 oder 3 Tagen, und beide Elternteile widmen sich der Pflege des Nachwuchses. Nach 4 bis 5 Tagen können die Jungen bereits frei schwimmen und müssen dann mit geeignetem Futter ernährt werden. Die Aufzucht der Jungen erweist sich nur in genügend großen Becken als problemlos.

Visitenkarte

Deutscher Name
Kamerun-Prachtbarsch, Königscichlide

Herkunft
West- und Zentralafrika

Körperlänge
bis zu 9 cm

Haltung
mittelschwierig

Aufenthalts-bereich
Beckenboden

Vergesell-schaftung
nicht möglich

TECHNISCHE TIPPS

In der Natur lebt *Pelvicachromis pulcher* im Unterlauf und in der Mündung von Flüssen mit sehr seichtem, oft brackigem Wasser mit üppiger Vegetation. Das Becken muss daher über eine gedämpfte Beleuchtung, einen dunklen Bodengrund, viele Möglichkeiten für Verstecke (Steine, leere Gefäße) und üppige Vegetation verfügen. Um einen opimalen Salzgehalt zu erreichen, muss man dem Wasser Meersalz hinzufügen (1 bis 2 Esslöffel pro 10 Liter); die Wassertemperatur sollte um 25 bis 28°C gehalten werden, und der pH-Wert muss neutral oder leicht alkalisch sein.

Pseudotropheus auratus

Dieser im Malawisee endemische Fisch ist ein blitzschneller Schwimmer, der sich in seiner natürlichen Umgebung gerne in felsigen Höhlen aufhält. Der Körper ist länglich und an den Seiten leicht abgeflacht. Der Kopf ist groß, der Mund relativ klein. Die Färbung ist bei beiden Geschlechtern sehr unterschiedlich und kann auch zwischen einzelnen Exemplaren variieren. Das Männchen zeigt gewöhnlich eine schwarzbraune Grundfärbung, auf der zwei türkisfarbene Längsstreifen auffallen; der Rücken hingegen ist hellbraun. Das Weibchen hat ein goldgelbes Kleid, das von zwei braunschwarzen, von dunkleren Bändern gesäumten Längsstreifen durchzogen wird. Die Schwanzflosse ist teilweise oder gänzlich von schwarzen Punkten bedeckt.

NAHRUNG Individuen dieser Art benötigen reichlich Lebend- oder Trockenfutter, hin und wieder ergänzt mit pflanzlicher Nahrung (Salat und Algen). Während der Paarungszeit empfiehlt es sich, *Tubifex* zu verfüttern.

VERHALTEN Diese Spezies ist revierbildend und verteidigt den eigenen Raum erbittert. Einem polygamen Männchen müssen im gleichen Aquarium mehrere Weibchen hinzugesellt werden. Diese Tiere sind im Allgemeinen unleidlich, haben aber nicht die Gewohnheit, im Boden zu wühlen oder die Pflanzen zu beschädigen.

FORTPFLANZUNG Die Fortpflanzung kann sowohl im Gemeinschaftsbecken als auch in einem speziellen Becken mit mindestens 50 Litern Inhalt erzielt werden. Das Weibchen brütet die Eier etwa 22 bis 26 Tage lang in der Mundhöhle aus, bis die Jungfische eine Länge von ca. 10 mm erreicht haben. Von dem Zeitpunkt an, wo die Jungen das Maul der Mutter erstmals verlassen, erfolgt noch eine Woche lang die elterliche Brutpflege. Dann müssen die Fischchen mit *Artemia*-Nauplien oder anderem fein zerkleinertem Futter gefüttert werden.

Visitenkarte

Deutscher Name
Türkis-Goldbarsch

Herkunft
Malawisee (endemische Spezies)

Körperlänge
Männchen bis zu 12 cm, Weibchen 8 bis 10 cm

Haltung
mittelschwierig

Aufenthaltsbereich
Beckenboden

Vergesellschaftung
nicht möglich

TECHNISCHE TIPPS

Das Becken für Tiere dieser Art sollte mittelgroß und mit vielen Verstecken und robusten Pflanzen eingerichtet sein. Man muss den Bodengrund mit Felsen und Wurzeln sowie mit einer dichten Sandschicht ausstatten. Die optimale Wassertemperatur sollte zwischen 22 und 25 °C liegen, bei einem etwa neutralen pH-Wert und mittlerer Härte.

Pterophyllum altum

Visitenkarte

Deutscher Name
Hoher Segelflosser

Herkunft
Südamerika, Orinokobecken

Körperlänge
bis zu 20 cm, mit gespreizten Flossen bis zu 50 cm Höhe

Haltung
schwierig

Aufenthalts- bereich
Beckenmitte

Vergesell- schaftung
nicht möglich

Überaus beliebt unter den Cichliden sind die Skalare, und zwar wegen ihrer unge- wöhnlichen, praktisch rautenartigen, seitlich stark zusammengedrückten und auf- fallend hohen Körperform. Die Segelflosser oder Skalare haben als gemeinsames Kennzeichen eine dreieckige Rücken- und Afterflosse, die beide stark in die Län- ge entwickelt sind und fadenförmig auslaufen, sodass manche Ichthyologen alle Formen für Varietäten der Art *P. scalare* (S. 207) halten. *P. altum* zeichnet sich durch das fast gerade Stirnprofil und die charakteristische sattelförmige Nacken- region aus. Die Bauchflossen sind fadenförmig und können eine Länge bis zu 20 cm erreichen. Die Grundfärbung ist Graubraun mit sechs dunklen vertikalen Streifen, wobei der erste, der dritte und der fünfte besonders auffällig sind. Auch die Flossen weisen dieselbe Zeichnung wie der Körper auf.

NAHRUNG Diese Spezies bevorzugt Lebendfutter wie Daphnien und Rote Mückenlarven, jedoch ergänzt mit pflanzlicher Nahrung (Spinat, Salat, Hafer- flocken). Die Tiere nehmen aber auch Flockenfutter an. Man sollte Skalare nicht mit kleinen Arten vergesellschaften, weil diese bald gefressen würden.

VERHALTEN Segelflosser sind ruhige, scheue Schwarmfische mit nicht sehr ausgeprägtem Revierverhalten. Dennoch muss man beachten, dass sich diese Fische nur für spezielle Aquarien eignen.

FORTPFLANZUNG Das Paar vollführt bei der Werbung lebhafte Liebesspiele und säubert dabei jene Objekte, auf denen abgelaicht werden soll. Am liebsten legen die- se Cichliden ihre Eier auf großen Blättern von Pflanzen ab, vor allem *Cryptocoryne, Spathiphyllum* und *Echinodorus.* Sowohl das Männchen als auch das Weibchen sor- gen danach abwechselnd dafür, dass ein stetiger Wasserstrom rund um die Eier ent- steht, die sie zusätzlich ständig inspizieren, um dabei die unbefruchteten Eier zu ent- fernen. Das Schlüpfen findet nach 24 bis 36 Stunden statt; die Jungfische müssen nun mit Nauplien von *Artemia* und *Cyclops* gefüttert werden. Angesichts des schnel- len Wachstums der Fische ist es immer wieder nötig, die Tiere in ein größeres Becken zu übersiedeln.

TECHNISCHE TIPPS

Das Becken für Skalare sollte mit robusten Pflanzen eingerichtet sein, aber auch genügend Raum aufweisen, um den Fischen ein freies Schwimmen zu ermögli- chen. Die Beleuchtung darf nicht zu stark sein und die Wassertemperatur sollte bei 25 bis 28 °C gehalten werden, bei einem pH-Wert von 5,8 bis 6,5 und einer niedrigen Härte (1 bis 5 °dGH).

Pterophyllum scalare

Unter allen Skalaren ist diese Spezies sicherlich die häufigste und am einfachsten erhältlich. Sie zeigt einen charakteristischen, fast runden Körperbau, seitlich stark zusammengedrückt und mit auffällig hoch gewölbtem Bauch und Rücken. Sowohl die Rücken- als auch die Afterflosse sind sehr stark in die Länge entwickelt, symmetrisch und hoch; der Schwanz ist groß und trägt an den Enden, zumindest bei den reifen Exemplaren, fädige Fortsätze; die Bauchflossen sind sehr lang und ebenfalls fadenförmig, wodurch sie häufig den Attacken anderer Fische ausgesetzt sind. Die Grundfärbung ist bei der häufigsten Variante dieser Art Silbrig Weiß, aufgelockert durch schwarze, vertikal verlaufende Bänder. Im Verlauf der Zucht dieser Spezies über viele Jahrzehnte wurden zahlreiche albinotische, goldfarbene, silbrige, völlig schwarze Varietäten geschaffen.

Visitenkarte

Deutscher Name
Skalar

Herkunft
Amazonien

Körperlänge
bis zu 15 cm einschließlich der Flossen

Haltung
einfach

Aufenthaltsbereich
Beckenmitte

Vergesellschaftung
nicht möglich

NAHRUNG Die optimale Kost für diese Art besteht aus Lebendfutter, wie *Artemia* und Rote Mückenlarven oder kleine Fische, die Tiere gewöhnen sich aber leicht daran, auch Flockenfutter zu fressen. Um die Fische immer bei guter Gesundheit zu halten, sollte man nicht überfüttern und mit den verschiedenen Arten von Futter abwechseln.

VERHALTEN Skalare sind friedfertige Fische, aber für eine Vergesellschaftung mit anderen Arten nicht geeignet, da ihre langen fadenförmigen Flossen besonders verlockend zum Beknabbern durch lebhaftere Fische sind. Da Segelflosser mit Vorliebe Lebendfutter fressen, wird außerdem von einer Vergesellschaftung mit kleineren Fischen abgeraten.

FORTPFLANZUNG Eine erfolgreiche Fortpflanzung bei Skalaren ist nur möglich, wenn das Becken dafür genügend groß ist, um die Bildung von Revieren für die Paare zu ermöglichen; andernfalls ist es besser, ein einzelnes Paar in ein geeignetes Becken einzusetzen. Die Eiablage erfolgt gewöhnlich auf der oberen Seite großer und lamellenförmiger Blätter; nach einem Tag schlüpft die Brut. Sobald die Fischchen frei zu schwimmen beginnen, kann man sie mit frisch geschlüpften *Artemien* oder mit winzigem Lebendfutter anderer Art füttern. Die Eltern wechseln einander regelmäßig bei der Brutpflege ab.

TECHNISCHE TIPPS

Das Becken für diese Art muss mindestens 150 bis 200 Liter fassen, denn diese Fische werden in kurzer Zeit ziemlich groß. Die Einrichtung soll aus breitblättrigen Pflanzen bestehen, die am besten längs der Wände gesetzt werden. Die Wassertemperatur muss zwischen 25 und 29 °C gehalten werden, bei einem neutralen pH-Wert und mit mittlerer Härte (5 bis 15 °dGH).

Symphysodon discus

Nach Meinung vieler Aquarianer gehören die Arten der Gattung *Symphysodon* zu den schönsten Fischen, die ein Aquarium beherbergen kann. Sie erreichen alle mehr oder weniger dieselbe Größe und variieren nur in ihrer Färbung. Der Name steht für den besonders abgeflachten und fast runden Körper mit niedrigen, aber meist sehr langen Flossen: Rücken- und Afterflosse überziehen fast das gesamte Profil des Körpers der Länge nach. Der Mund ist winzig. Die Grundfärbung dieser Spezies ist Gelb-Grau, belebt durch leuchtend blaue Streifen auf Kopf, Rücken und Bauch. Über die Seiten verlaufen einige schwarze Bänder. Rücken- und Afterflosse sind leuchtend rot gesäumt. Jungtiere und die Weibchen zeigen im Vergleich zu den erwachsenen Männchen eine weniger intensive Färbung.

NAHRUNG Die Tiere dieser Art sind Fleischfresser, die außer *Tubifex* auch Rote Mückenlarven und *Artemia* als Nahrung bevorzugen. Man kann sie zwischendurch auch an Trockenfutter oder gefriergetrocknetes Futter gewöhnen.

VERHALTEN Der Echte Diskus ist ein ruhiger Schwarmfisch, der sich anderen Arten gegenüber als durchaus friedlich erweist. Es empfiehlt sich jedoch, die Tiere in speziellen Becken zu halten, da sie die Aufdringlichkeit anderer Fische kaum ertragen können. Revierverhalten zeigen sie nur während der Paarungszeit.

FORTPFLANZUNG Das Weibchen legt die Eier gewöhnlich im offenen Raum auf Steinen oder Pflanzen ab. Beide Elternteile kümmern sich um die Brutpflege. Ihre Oberhaut (Epidermis) sondert während dieser Zeit eine besondere Substanz ab, die als Nahrung für die Jungfische in ihren ersten Lebenstagen dient. Die Jungen nehmen die typische Scheibenform im Alter von etwa drei Monaten an und sind dann wegen ihres extrem kleinen Mundes nur äußerst schwer zu füttern.

TECHNISCHE TIPPS

Für junge Exemplare genügt ein mittelgroßes Becken (80 Liter), erwachsene benötigen mindestens 150 Liter. Die Einrichtung sollte aus großen Felsbrocken, einigen Wurzeln und robusten, breitblättrigen Pflanzen bestehen. Das Bodenmaterial sollte weich, die Beleuchtung darf nicht zu stark sein. Die Wassertemperatur muss bei 26 bis 28 °C gehalten werden (im Winter 23 °C), bei einem pH-Wert von 6 bis 6,5 und einer Härte bis zu 8 °dGH.

Centropomidae

*Diese im tropischen Gürtel des Atlantischen, Pazifischen und Indischen Ozeans verbreite-
te Familie umfasst etwa 30 Arten mit teils riesigen Körpermaßen, wie etwa Vertreter
der Gattung* Lates, *von denen Exemplare mit mehr als 250 kg Körpergewicht bekannt wurden. Für aquaristische Zwecke sind natürlich nur kleinwüchsige
Arten geeignet, insbesondere jene der Gattung* Chanda, *die in den
brackigen und süßen Gewässern des indopazifischen Raumes vorkommen. Ihr deutscher Name Glasbarsche leitet sich von der glasarti-
gen Durchsichtigkeit ihrer Körper ab, durch die das Skelett und einige
innere Organe sichtbar werden. Abgesehen von der unten beschriebenen
Art* Chanda ranga *erregt auch die malaiische Art* Gymnochanda filamentosa, *welche nicht länger als 5 cm wird, großes Interesse. Sie zeigt den Körperbau und die typische Durchsichtigkeit ihrer engen Verwandten, unterscheidet sich aber von diesen
durch die Strahlen der After- und Rückenflosse, die stark fädig verlängert sind.*

Gymnochanda filamentosa

Chanda ranga

Dieser Glasbarsch ist ein kleiner, scheuer Fisch mit ziemlich ho-hem, rautenförmigem und seitlich sehr abgeflachtem Körper. Die Stirn ist gewölbt und ausgebuch-tet. Das Tier ist fast völlig durch-sichtig, sodass die Wirbelsäule und viele der inneren Organe zu erkennen sind, wobei Letztere von einer silbrigen Membran um-hüllt sind. Die Rückenflosse be-steht aus zwei Teilen: der erste Teil ist kleiner, dreieckig und mit langen, spitzen Strahlen verse-hen. Ziemlich stark entwickelt ist die Afterflosse, die sich fast über die Hälfte des Bauchprofils erstreckt und ebenfalls durchsichtig ist, mit gelben, grünen und bläulichen Schattierungen. Bei den Männ-chen sind die Afterflosse und die zweite Rückenflosse leuchtend blau gesäumt.

NAHRUNG *Chanda ranga* ist eine Fleisch fressende Spezies, die sich von allen Ar-ten von Lebenfutter ernährt. Die Kost kann zudem mit Flockenfutter ergänzt werden.

VERHALTEN Die Tiere sind friedliche und scheue Schwarmfische. Sie verhalten sich revierbildend und können nur zusammen mit anderen friedlichen Fischen ge-halten werden.

FORTPFLANZUNG Die Wassertemperatur sollte rund 24 bis 28 °C betragen. Das Becken sollte mit Pflanzen ausgestattet sein, die fadenförmige Blätter haben oder schwimmen, damit die Eier darauf abgelegt werden können. Das Schlüpfen erfolgt nach 18 bis 24 Stunden. Die Jungfische müssen mit *Artemia*-Nauplien oder Räder-tierchen gefüttert werden, erst danach kann man zu gröberem Futter übergehen.

TECHNISCHE TIPPS

Das Becken für Glasbarsche sollte eine dichte Vegetation haben, die Verstecke bie-tet, sowie dunkles Bodenmaterial (Lava- oder Basaltkies). Das Aquarium sollte mittel-groß und mit starker Beleuchtung versehen sein. Optimal ist eingefahrenes Wasser mit einer Temperatur von 18 bis 25 °C, einem pH-Wert von 7 bis 8 und einer mittle-ren oder hohen Härte.

Visitenkarte

Deutscher Name
Indischer Glasbarsch

Herkunft
Süß- und Brackwasser in Indien, Myanmar (Birma) und Tansania

Körperlänge
bis zu 8 cm

Haltung
schwierig

Aufenthalts-bereich
Beckenmitte

Vergesell-schaftung
möglich

Gobiidae

Die Vertreter dieser Familie sind in fast allen Meeren der Welt verbreitet, und nur wenige Arten haben sich an ein Leben im Süßwasser oder Brackwasser angepasst. Die Gobiiden sind Fische, die vorwiegend in Bodennähe leben, sie sind fast alle klein, manche winzig. Ihr Körper ist spindelförmig, die Haut ist mit kleinen Schuppen bedeckt oder auch schuppenlos. Der Kopf ist kugelförmig mit einem sehr breiten Mund, der mit einer dichten Reihe kleiner spitzer Zähne versehen ist. Die Augen sind groß, nach oben gerichtet, bei manchen Arten hervorstehend. Ein besonderes Merkmal dieser Fische ist die spezielle Ausformung der Bauchflossen, die zusammengewachsen sind und so eine Art Saugnapf bilden, mit dem sie sich an Felsen oder an Blättern anheften können. Da die meisten Arten ein eher einförmiges Aussehen und ein nicht be-

Stigmatogobius sadanundio

Obwohl nur selten importiert, ist die Gefleckte Grundel mit ihrem zylindrischen Körper und dem ziemlich gedrungenen Kopf bei Aquarianern sehr beliebt. Die Rückenflosse dieses Bodenfisches besteht aus zwei Teilen, deren erster besonders verlängert ist; die Bauchflossen sind zu Saugnäpfen umgewandelt, alle anderen Flossen sind stark entwickelt. Die Grundfärbung ist Bläulich Grau und unregelmäßig schwarz getupft. Auf der Schwanz-, der Afterflosse sowie auf dem zweiten Teil der Rückenflosse ist eine Zeichnung weißer Punkte sichtbar. Bei den Weibchen spielt die Färbung eher ins Gelbliche.

NAHRUNG Die Gefleckte Grundel ist eine Fleisch fressende Spezies, die Lebend- oder Frostfutter wie z.B. Wasserflöhe und Rote Mückenlarven bevorzugt. Nur ungern nimmt sie auch Trockenfutter.

VERHALTEN Dieser Fisch toleriert im Aquarium die Anwesenheit anderer Individuen, nur wenn sie einer anderen Art angehören. Artgenossen gegenüber zeigt er sich wegen seines ausgeprägten Revierverhaltens aggressiv.

FORTPFLANZUNG Die Fortpflanzung in Gefangenschaft bringt beträchtliche Probleme mit sich. Man kann es dennoch versuchen, indem man auf Kiesgrund zahlreiche grottenähnliche Höhlungen baut. Die Eier, bei jeder Ablage mehr als 1000, werden an der Höhlendecke mit einem feinen Faden befestigt. Beide Eltern wechseln einander bei der Brutpflege ab. Die Jungen können mit *Artemia*-Nauplien gefüttert werden.

sonders prachtvolles Kleid aufweisen, werden in der Aquaristik nur wenige von ihnen geschätzt; darüber hinaus bereitet ihre Zucht beträchtliche Probleme, da sie sich ausschließlich von lebenden wirbellosen Tieren, des Benthals, ernähren und kein Flockenfutter annehmen. Einige Arten legen ihre Eier auf dem Gewölbe von Felshöhlen ab, wie in der Zeichnung links dargestellt.

TECHNISCHE TIPPS

Das Becken für diese Art sollte groß sein (mindestens 100 Liter) und einen körnigen Bodengrund sowie viele Verstecke und robuste Pflanzen aufweisen. Diese reichhaltige Ausstattung ist unbedingt erforderlich, um diesen Fischen die Revierbildung zu ermöglichen. Im Allgemeinen ist die Beimengung von Salz nicht notwendig, bei großen Exemplaren empfiehlt es sich aber, dem Beckenwasser 10% Meerwasser hinzuzufügen. Die Wassertemperatur sollte zwischen 21 und 26 °C gehalten werden, bei einem pH-Wert von 7,5 und einer Härte von 15 °dGH. Ein gut funktionierender Filter und mäßig starke Beleuchtung sind unerlässlich.

Brachygobius xanthozona

Diese kleine asiatische Meeresgrundel weist einen gedrungenen, torpedoför-migen Körperbau auf mit einem leicht abgeflachten Schwanzstiel. Der Kopf ist robust, mit großen, nach oben gerichteten Augen. Wie auch bei anderen Gobiiden sind die Bauch-flossen zu einer Art Saug-organ zusammengewach-sen. Der deutsche Name dieses Fisches weist auf das Kleid hin, das durch vier schwärzlich braune

Querstreifen, dazwischen drei leuchtend gelbe Bänder charakterisiert wird: das erste direkt hinter dem Kopf, das zweite auf der Höhe der Rückenflosse und das dritte auf dem Schwanzstiel. Das Männchen zeigt sich lebhafter gefärbt, das Weibchen ist größer und korpulenter.

NAHRUNG Die Goldringelgrundel ernährt sich von Lebendfutter wie *Artemia,* bevorzugt aber vor allem kleine Würmer als Nahrung. Nur selten nimmt sie Trockenfutter an.

VERHALTEN Diese Grundeln sind revierbildende Bodenfische, die sich nicht für Gesellschaftsaquarien eignen. Nicht selten kann man die Tiere dabei beobachten, wie sie sich mit ihrem Haftorgan an Pflanzen und anderen Oberflächen festhalten. Sie können mit Individuen anderer Arten nur dann friedlich zusammenleben, wenn das Becken ihnen die Möglichkeit vieler Verstecke bietet.

FORTPFLANZUNG Das Weibchen legt zwischen 100 und 150 große Eier in gut geschützten Spalten ab. Das Männchen bewacht das Gelege, das Schlüpfen er-folgt nach 3 bis 5 Tagen. Die Jungfische müssen mit kleinen Rädertierchen und in der Folge mit *Artemia*-Nauplien gefüttert werden.

TECHNISCHE TIPPS

Der Bodengrund des Beckens muss dunkel, die Beleuchtung sollte stark sein, aber durch flutende Pflanzen oder einzelne große Gewächse etwas gefiltert werden. Ab-solut unerlässlich ist die Zugabe von 1 bis 2 Löffeln Meersalz oder Kochsalz pro 10 Liter Beckenwasser (die Salztoleranz der Aquarienpflanzen beachten!). Die Wasser-temperatur kann zwischen 24 und 30 °C betragen, bei einem leicht sauren pH-Wert.

Anabantoidei

Die Unterordnung der Anabantoideen umfasst eine riesige Gruppe von Arten, die in den tropischen Regionen Afrikas und Asiens verbreitet sind. Innerhalb dieser Gruppe klassifiziert man einige Familien, die ein gemeinsames Merkmal, das so genannte Labyrinth, aufweisen, als Labyrinthidae oder Labyrinthfische. Dieses Organ liegt in zwei Höhlungen, die mit den Kiemen und dem Schlund in Verbindung stehen und es den Tieren ermöglicht, Sauerstoff direkt aus der Luft aufzunehmen. Das Innere des Labyrinths besteht aus zahlreichen knöchernen Trabekeln (Bälkchen), die mit einem feinen, von Kapillaren durchzogenen Gewebe umhüllt sind, durch die der Gasaustausch mit der aufgenommenen Luft erfolgt. Diese Besonderheit ermöglicht es den Fischen, den immer wiederkehrenden Sauerstoffmangel zu überstehen, der in einigen Perioden des Jahres für die Habitate, in denen sie leben, typisch ist. Einige Labyrinthfischarten sind derart abhängig von der Funktion dieses Organs geworden, dass sie sterben, wenn sie daran gehindert werden, an die Wasseroberfläche zu gelangen, um dort Luft aufzunehmen. Manche Arten können das Wasser verlassen und richtige Wanderungen über das Festland unternehmen, um so neue Lebensräume zu erreichen. Das Labyrinth entwickelt sich schon einige Wochen nach dem Schlüpfen der Jungfische: in der Zeit davor atmen die Jungen ganz normal durch ihre Kiemen. Auch die erwachsenen Fische bedienen sich weiterhin der Kiemenatmung, aber diese reicht dann nicht mehr aus, um sie mit genügend Sauerstoff zu versorgen. Auch die Fortpflanzungsstrategien dieser Tiere sind an die Lösung von Luftsauerstoff im Wasser gebunden: einige Arten bauen Schaumnester, die aus Luft und Schleim bestehen; andere legen schwimmende Eier ab; wieder andere sind Maulbrüter. In allen Fällen dienen diese Brutpflegestrategien dazu, optimale Bedingungen für die Entwicklung der Eier zu schaffen. In der Aquaristik werden die Labyrinthfische gewöhnlich in zwei verschiedene Gruppen unterteilt, und zwar in Gurami und Anabantae. Hier handelt sich jedoch um eine wissenschaftlich nicht begründete willkürliche Unterscheidung, denn zu den Gurami werden z. B. Fische von sehr unterschiedlicher Größe gezählt (zwischen 2,5 und 70 cm). Außerdem werden dabei die diversen Arten, die zur Gattung Macropodus (wie die rechts illustrierte Art) oder zur Gattung Betta (die berühmten Kampffische) gehören, nicht berücksichtigt; Arten, die in der Aquaristik nunmehr eine immer größere Beliebtheit und Verbreitung finden. Vom wissenschaftlichen Standpunkt aus gelten vier Familien als anerkannt: die Anabantidae, zu denen die Gattungen Anabas, Ctenopoma (auf der Zeichnung oben dargestellt) und Sandelia gehören; die Belontiidae mit den Gattungen Belontia, Colisa, Ctenops, Trichogaster, Malpulluta, Sphaerichthys, Parasphronemus, Pseudosphronemus, Trichopsis und Trichopterus; die Familie Helostomatidae, mit der einzigen Gattung Helostoma auf der Zeichnung ganz unten im typischen »küssenden« Imponiergehabe zweier Rivalen, und schließlich die Osphronemidae, auch sie mit nur einer einzigen Gattung, Osphronemus.

Ctenopoma
ansorgii

Macropodus
concolor

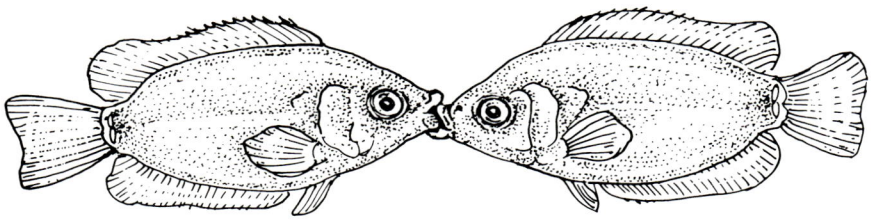

Helostoma temmincki

213

Colisa lalia

Visitenkarte

Deutscher Name
Zwergfaden-
fisch

Herkunft
Nordostindien

Körperlänge
bis zu 6 cm

Haltung
einfach

**Aufenthalts-
bereich**
Beckenober-
fläche

**Vergesell-
schaftung**
möglich

Diese indische Spezies ist die bunteste unter den so genannten *Gurami* und trägt den Namen Zwergfadenfisch, weil die Tiere fadenförmige Flossen haben und nur bis zu 6 cm lang werden, gewöhnlich aber noch kleiner bleiben. Der Körper ist seitlich zusammengedrückt, das Profil zeigt wegen der Ausdehnung der Rücken- und After-flosse eine viereckige Form. Die Bauchflossen sind zu langen und feinen Fäden um-gestaltet. Das Männchen unterscheidet sich vom Weibchen durch sein leuchtende-res Kleid: es weist an der Kehle zusätzlich eine grünblaue Farbe auf, die Seiten sind von schmalen hellblauen und rötlichen vertikal verlaufenden Streifen durchzogen; die Flossen sind orangefarben, After- und Rückenflosse laufen spitz zu. Das Weibchen ist viel heller, es schimmert silbrig und zeigt weit weniger entwickelte Flossen.

NAHRUNG Der Zwergfadenfisch ernährt sich sowohl von Frischfutter (*Tubifex,* Rote Mückenlarven) als auch von Trockenfutter. Die Kost muss regelmäßig mit pflanzlichen Nahrungsmitteln ergänzt werden (Algen).

VERHALTEN Zwergfadenfische sind scheue und friedliche Tiere, ausgenommen während der Paarungszeit: nach Nestbau und Ablaichen wird das Männchen nämlich besonders aggressiv, auch dem Weibchen gegenüber. Man kann die Fische in kleinen Gruppen zusammen halten. Sie schwimmen gewöhnlich nahe der Wasseroberfläche.

FORTPFLANZUNG Ein deutliches Signal für die bevorstehende Fortpflanzung geht vom Männchen aus: es beginnt dann nämlich unter Pflanzen ein Schaumnest zu bauen, indem es aus den Kiemen mit Schleim umhüllte Luftbläschen ausstößt. Nun sollte man das Tier unbedingt zusammen mit einem Weibchen in ein anderes Becken mit vielen Pflanzen übersiedeln. Nach einem komplizierten Balzritual gibt das Weibchen die Eier ab, das Männchen besamt und beschützt sie. Am Tag darauf erfolgt das Schlüpfen, wobei die Jungen noch ein paar Tage im Nest verweilen, immer unter den wachsamen Augen des Vaters. Sobald die Fischchen beginnen, frei zu schwimmen, können sie mit aufgeweichter, fein zerriebener Nahrung gefüttert werden.

TECHNISCHE TIPPS

Das Becken für Zwergfadenfische muss genügend Raum haben und mit schwimmenden Pflanzen versehen sein, wo die Fische ihr Nest bauen können. Die Wassertemperatur sollte um 25 °C liegen, so wie auch die darüber befindliche Luft; der pH-Wert sollte zwischen 6,5 und 7,5 gehalten werden, die Härte zwischen 5 und 15 °dGH.

Betta splendens

Deutscher Name
Kampffisch

Herkunft
Vietnam, Kambodscha, Thailand, Malaysia

Körperlänge
bis zu 6,5 cm

Haltung
einfach

Aufenthaltsbereich
Beckenoberfläche

Vergesellschaftung
möglich, aber nicht mit Männchen derselben Art

Kampffische zählen bei den Aquarianern sicher zu den begehrtesten Fischarten, und früher oder später erwacht in jedem Aquarienliebhaber der Wunsch, sich auch mit Haltung und Aufzucht dieser prächtigen Art zu befassen. Der Körper dieser Fische ist seitlich zusammengedrückt, länglich, mit flachem Bauch und leicht gewölbtem Rücken. Kopf und Augen sind nicht groß, der Mund ist oberständig. Das Männchen weist eine weit hinten angesetzte, breite Rückenflosse auf, die eine Art Segel bildet; die Bauchflossen sowie After- und Schwanzflosse sind stark entwickelt und beweglich und werden während des Werberituals oder zur Einschüchterung von Rivalen prächtig entfaltet. Die Weibchen sind weniger auffallend und entwickeln viel kleinere Flossen *(siehe nebenstehende Seite oben)*. Varietäten, die durch Auslesezucht entstanden sind, zeigen ein außergewöhnlich lebhaftes Farbenspiel, das von Blau bis leuchtend Rot variieren kann; in jedem Fall gibt es immer Unterschiede in der Färbung von Männchen und Weibchen; denn Letztere sind nicht sehr auffällig, ihr Kleid ist vorwiegend in grünlich braunen Tönungen gehalten.

NAHRUNG Kampffische sind Fleischfresser und bevorzugen Lebendfutter, gewöhnen sich aber auch daran, Frisch- oder Tiefkühlfutter und Flockennahrung zu fressen. Um ihre außergewöhnliche Farbenpracht auf Dauer zu erhalten, empfiehlt sich eine sehr abwechslungsreiche Kost.

VERHALTEN Wie der deutsche Name andeutet, sind die Männchen sowohl während der Paarungszeit als auch außerhalb gegenüber ihren Artgenossen besonders aggressiv: es ist daher ratsam, nicht zwei männliche Tiere im gleichen Becken zu halten. Sie tragen dann nämlich grausame, nicht enden wollende Kämpfe bis zum »letzten Blutstropfen« aus, die immer mit dem Tod eines der beiden Kontrahenten enden. In den Ursprungsländern werden mit diesen Tieren scheußlich aussehende Kampfbewerbe veranstaltet, wobei um sehr hohe Summen gewettet wird. Kampffische erweisen sich anderen Fischen gegenüber als tolerant, sofern es sich nicht um allzu lebhafte Fische wie etwa Barben handelt, die diesen Tieren gerne in die prächtigen Flossen beißen.

FORTPFLANZUNG Während der Paarungszeit sollte ein Pärchen in einem Becken mit einer Wassertemperatur von 28 bis 30 °C isoliert von anderen Tieren gehalten werden. Das Männchen baut darin ein Schaumnest, das in der Unterwasservegetation in einer Tiefe von etwa 15 cm verankert wird; nach dem Werbungszeremoniell begibt sich das Paar unter das Nest, wo die Ausstoßung der Eier und ihre unmittelbare Besamung erfolgen. Nach dem Ablaichen muss man das Weibchen sogleich aus dem Becken entfernen, weil es sonst nämlich sofort vom Männchen angegriffen

wird. Dieses ist nun ständig mit der Bewachung des Nestes beschäftigt, wobei es, wenn notwendig, auch weitere Schaumbläschen hinzufügt, das Gelege säubert und die unbefruchteten Eier entfernt. Nach einem Tag schlüpfen die Jungen, und der Vater bewacht sie nun im Inneren des Nestes noch zwei bis drei Tage, solange, bis sie den Nährdotter in ihrem Dottersack aufgebraucht haben. Sobald die Jungen frei zu schwimmen beginnen, muss auch das Männchen entfernt werden, und die Jungfische müssen nun flüssiges Futter als Nahrung bekommen. Während der ersten eineinhalb Lebensmonate steigen die Jungen noch nicht an die Oberfläche auf, um dort nach »Luft zu schnappen«, es ist daher unbedingt erforderlich, dass im Beckenwasser genügend Sauerstoff enthalten ist.

ANMERKUNG Der Zwang zur ständigen Bewegung hat einen beträchtlichen Einfluss auf die Langlebigkeit der Kampffische, deshalb hält man sie bisweilen in speziellen Becken ohne Belüftung, weil diese Tiere mit Hilfe des Labyrinthorgans Sauerstoff aus der Luft aufnehmen können und sich dabei ständig bewegen müssen. Dieser Brauch kommt aus jenen Ländern, wo man *Betta splendens* für Kämpfe einsetzt, bei denen auf die Kontrahenten Wetten abgeschlossen werden. Zu diesem Zweck werden zwei Männchen zuerst getrennt in eine enge Umgebung gesperrt und dann zusammen in ein Becken gesetzt. Die beiden Männchen entwickeln nun ihre ganze Aggressivität und kämpfen mit gegenseitigen Bissen in die Flossen derart erbittert miteinander, dass die Tiere nicht selten an ihren Verletzungen sterben.

TECHNISCHE TIPPS

Der Bodengrund des Beckens für Kampffische sollte weich sein, mit einer Schicht aus Schlamm und *Detritus.* Wichtig ist es, das Aquarium mit reichlich Pflanzen auszustatten, die es den Weibchen ermöglichen, sich der Aggressivität der Männchen zu entziehen. Da diese Fische oft an die Oberfläche steigen, um dort nach Luft zu schnappen, sollte man das Becken abdecken und für Warmluft über der Wasseroberfläche sorgen. Um eine gute Entwicklung der Flossen des Männchens zu gewährleisten, ist es ratsam, wöchentlich ca. 10% des Wassers auszutauschen. Die Beleuchtung sollte mäßig oder gemäßigt stark sein, die Wassertemperatur muss immer konstant bei 25 bis 28° C gehalten werden, bei einem neutralen pH-Wert und einer Härte von 5 bis 10 °dGH.

Macropodus opercularis

Der Paradiesfisch war die zweite bedeutsame Spezies, die nach dem Goldfisch aus Asien nach Europa importiert wurde. Diese Tiere gelten noch heute als besonders robust unter allen im Handel erhältlichen tropischen Fischen Der Paradiesfisch kann Minimaltemperaturen von 15 °C ertragen und galt, bevor andere, ebenso schöne, aber empfindlichere Arten ankamen, als der »König der Aquarienfische«. Der Körper ist schlank und seitlich sehr abgeflacht. Der leicht spitz zulaufende Kopf zeigt einen oberständigen Mund. Die Flossen sind breit entwickelt, vor allem bei den Männchen, und enden in weichen, äußerst biegsamen Verlängerungen. Die typische Färbung weist einen braunen Rücken und rote Seiten auf, über die vertikal zahlreiche bläuliche Bänder verlaufen. Mittlerweile gibt es im Handel aber auch zahlreiche andere Farbvarianten, etwa Blau mit rosa oder gelben Streifen. Bei den Männchen erstreckt sich diese Färbung auch auf die Flossen. Die Weibchen erscheinen im Allgemeinen weniger lebhaft gefärbt, vor allem während der Paarungszeit, wenn das Kleid des Männchens seine leuchtenden Farbtöne annimmt.

NAHRUNG Diese Spezies frisst wirklich alles, was angeboten wird, nahrhaftes Lebendfutter ebenso wie großes Flockenfutter und gefriergetrocknete Nahrung in Tablettenform. Diese Fische werden auch dazu eingesetzt, eingeschleppte Planarien aus dem Aquarium zu eliminieren.

VERHALTEN *Macropodus opercularis* zeigt sich als eine robuste Art, deren Aggressivität nicht immer gleich zum Ausdruck kommt. Werden die Tiere in geräumigen Aquarien und optimal gehalten, so verhalten sie sich friedlicher, wenn auch sehr lebhaft. Im Gesellschaftsaquarium empfiehlt es sich daher, nur ein Pärchen zusammen mit friedlichen Fischen gleicher Größe, aber anderer Art zu halten.

FORTPFLANZUNG Die Fortpflanzung im Becken gelingt nicht schwer. Während der Paarungszeit baut das Männchen ein Schaumnest, gewöhnlich unter einem großen Blatt, dann lockt es das Weibchen hin, das hier bis zu 500 Eier ablegt. Nach Beendigung des Ablaichens muss die Mutter entfernt werden, während sich das Männchen nun intensiv der Brutpflege widmet. Das Schlüpfen erfolgt nach zwei oder drei Tagen. Am Beginn ihrer Entwicklung sollten sie mit Infusorien, später mit *Artemien* gefüttert werden.

TECHNISCHE TIPPS

Diese Spezies erfordert ein großes Becken mit genügend Raum zum Schwimmen, aber auch Verstecke für die Männchen. Obwohl die Tiere keine Pflanzenfresser sind, sollte man das Aquarium mit robusten, gut wurzelnden Pflanzen ausstatten, um ein ständiges Herausreißen zu vermeiden. Die Wassertemperatur kann zwischen 16 und 26 °C betragen, bei einem pH-Wert von 6 bis 8 und einer Härte bis 30 °dGH.

Trichogaster trichopterus

Visitenkarte

Deutscher Name
Blauer Fadenfisch, Blauer Gurami

Herkunft
Südostasien, indoaustralischer Archipel

Körperlänge
bis zu 13 cm

Haltung
schwierig

Aufenthalts- bereich
Beckenmitte und -boden

Vergesell- schaftung
möglich

Dieser südostasiatische *Gurami* weist einen ziemlich hohen und seitlich abge- flachten Körper auf. Die Flossen sind breit, die Afterflosse zieht sich entlang der hinteren Bauchpartie, und die Bauchflossen sind in zwei fadenförmige lange Ge- bilde umgewandelt. Beim Weibchen ist die Rückenflosse breiter und rund ge- säumt. Die Grundfärbung ist Silbrig Blau, belebt von dunklen Punkten, die sich in einem einzigen Fleck vereinigen können. Von dieser natürlichen Spezies wurden auch andere Varietäten herausgezüchtet, wie zum Beispiel der Goldgurami, des- sen gesamter Körper golden schimmert.

NAHRUNG Der Blaue Fadenfisch nimmt jegliche Art von Nahrung an, von künst- lichem Futter bis zu getrockneten Daphnien.

VERHALTEN Diese Fischart ist friedlich, absolut nicht aggressiv und leicht zu er- schrecken; es empfiehlt sich daher, das Becken an einem ruhigen Ort aufzustellen. In der Jugend zeigen sich die Tiere sehr verspielt, dann werden sie allmählich ruhiger.

FORTPFLANZUNG Das Männchen, welches während der Werbungsphase eine dunklere Färbung annimmt, baut ein Schaumnest, das eine Art »Eierfalle« dar- stellt. Das Weibchen muss nach der Eiablage sofort entfernt werden, das Männ- chen erst nach dem Schlüpfen der Larven. Die Jungfische werden am besten mit pulverisiertem Flockenfutter gefüttert.

TECHNISCHE TIPPS

Das Becken für diese Spezies sollte geräumig sein, um den Tieren ein freies Schwimmen zu ermöglichen, und mit üppiger Vegetation sowie mit aus Wurzeln gebildeten Verstecken ausgestattet sein. Es empfiehlt sich ein weicher Boden- grund und starke Beleuchtung. Die Wassertemperatur muss um die 25 °C gehal- ten werden, bei einem neutralen pH-Wert und einer Härte um 10 °dGH.

Trichogaster microlepis

Visitenkarte

Deutscher Name
Mondschein-fadenfisch, Mondschein-gurami

Herkunft
Thailand und Kambodscha

Körperlänge
bis zu 15 cm

Haltung
schwierig

Aufenthalts-bereich
Beckenober-fläche

Vergesell-schaftung
in großen Becken möglich

Diese in Thailand und Kambodscha beheimatete Fadenfischart sieht schlank und sehr grazil aus. Der Fisch weist einen hohen und länglichen, an den Seiten stark zusammengedrückten Körper auf. Der Kopf endet leicht spitz am schrägen oberständigen Mund. Die Augen sind sehr groß, bei gesunden Individuen mit roter Iris. Die Bauchflossen sind fadenförmig und können mehr als 20 cm lang werden. Die Färbung ist einheitlich Silbrig, mit hellblauen Reflexen. Die jungen Exemplare zeigen seitlich schwach entwickelte Streifen. Beim Männchen sind die Fäden der Bauchflossen orangefarben oder rot, während sie bei den Weibchen gelblich sind. Die Rückenflosse der Männchen ist höher und spitz zulaufend.

NAHRUNG Die Fütterung dieser Fische erweist sich als einfach, weil sie wirklich alle Arten von Nahrung aufnehmen: von pflanzlicher Nahrung über Flockenfutter bis hin zu gefriergetrockneter Nahrung.

VERHALTEN Diese Tiere sind von friedlichem Wesen und erschrecken leicht. Nur während der Paarungszeit zeigen die Männchen ein starkes Revierverhalten. Die Fische können daher auch mit anderen ruhigen Arten zusammen gehalten werden, sofern das Becken über genügend Raum verfügt, dass eine Aufteilung in einzelne Reviere möglich ist.

FORTPFLANZUNG Das Männchen baut nahe der Wasseroberfläche ein Schaumnest, in dem das Weibchen die Eier ablegt. Das Schlüpfen der Brut erfolgt nach zwei Tagen. Nachdem die Jungfische das Nest verlassen haben, muss man das Männchen aus dem Becken entfernen. Die Jungen werden am besten mit Infusorien und Nauplien, aber auch mit gefriergetrocknetem Futter ernährt. Man sollte bei der Aufzucht unbedingt beachten, dass die Jungfische in ihrer sechsten Lebenswoche eines der empfindlichsten Entwicklungsstadien ihres Lebens durchmachen: die Bildung des Labyrinths. In dieser Zeit sind sie besonders empfindlich gegenüber Temperaturschwankungen, es ist daher ratsam, das Zuchtbecken abzudecken und für Warmluft an der Oberfläche zu sorgen.

ÄHNLICHE ARTEN *Trichogaster leeri, der Mosaikfadenfisch (auf dem Foto oben),* weist sehr ähnliche Merkmale und Ansprüche an die Haltung wie *T. microlepis* auf. Er kann im Lauf von Jahren bis zu 25 cm heranwachsen und weist einen hohen und abgeflachten Körper auf, mit gut entwickelter Rücken- und Afterflosse. Die Bauchflossen sind zu feinen, beweglichen Tastfäden verlängert. Wie der deutsche Name Mosaikfadenfisch besagt, unterscheidet sich diese Art *T. microlepis* vorwiegend durch ihr spektakuläres Kleid. Es zeigt eine olivgrüne Grundfärbung und ist mit perlmuttfarbenen Pünktchen, die sich auch über die Flossen ausbreiten, dicht übersät; ein dunkler Streifen verläuft längs über den Körper vom Mund bis zum Schwanz; bei den erwachsenen Tieren zeigen sich Kehle und Bauch sowie die vordere Partie der Afterflosse leuchtend rot. Auch der Mosaikfadenfisch lässt sich in Gefangenschaft leicht vermehren: das Männchen baut zu diesem Zweck ein Schaumnest, das bis zu 2000 Eier aufnehmen kann. Diese Fische sind sehr widerstandsfähig und durchaus friedlich. Sie sollten vor turbulenten, schnell schwimmenden, aufdringlichen Mitbewohnern des Beckens geschützt werden.

TECHNISCHE TIPPS

Das Beckenwasser sollte für diese Spezies am besten stehend oder nur leicht bewegt sein. Das Becken muss mit Schwimmpflanzen und dichten, im Boden gut wurzelnden Pflanzenbüscheln eingerichtet sein; die Beleuchtung des Raumes sollte unterschiedliche Nischen aufweisen. Die Wassertemperatur kann zwischen 22 und 28 °C liegen, bei einem pH-Wert von 6 bis 8 und gemäßigter Härte.

Wissenschaftliches Artenverzeichnis
Fische – Pflanzen – Wirbellose